U0258946

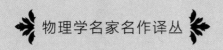

物理学名家名作译丛

〔美〕弗里德瓦特·温特贝格　著

刘　盼　刘辰程　熊文彬　译

惯性约束聚变
释放热核能量

The Release of Thermonuclear Energy by Inertial Confinement

中国科学技术大学出版社

安徽省版权局著作权合同登记号：第 12242178 号

图书在版编目(CIP)数据

惯性约束聚变释放热核能量 /（美）弗里德瓦特·温特贝格（Friedwardt Winterberg）著；刘盼，刘辰程，熊文彬译. -- 合肥：中国科学技术大学出版社，2024.11. --（物理学名家名作译丛）. -- ISBN 978-7-312-06082-3

Ⅰ. O571.44

中国国家版本馆 CIP 数据核字第 2024LS0926 号

惯性约束聚变释放热核能量
GUANXING YUESHU JUBIAN SHIFANG REHE-NENGLIANG

出版	中国科学技术大学出版社 安徽省合肥市金寨路 96 号,230026 http://press.ustc.edu.cn https://zgkxjsdxcbs.tmall.com
印刷	合肥市宏基印刷有限公司
发行	中国科学技术大学出版社
开本	787 mm×1092 mm 1/16
印张	14.25
字数	349 千
版次	2024 年 11 月第 1 版
印次	2024 年 11 月第 1 次印刷
定价	68.00 元

内 容 简 介

本书从物理原理和设计上对惯性约束聚变进行全面介绍。全书分为 12 章和附录。前 5 章介绍热核反应的物理原理。第 6、7 章介绍泰勒-乌拉姆构型氢弹的原理。第 8～10 章介绍非裂变点火的物理原理和设计。第 11、12 章介绍 2009 年以前的研究动态和展望。附录介绍超级马克斯发生器点火与 DT 聚变-裂变混合概念的比较。

本书可作为武器设计专业人员的参考书,也可作为核物理、等离子体物理、辐射流体力学、高能物理专业研究生的参考书。

译　者　序

　　可控热核聚变一直是物理学领域的研究热点和难点。在 21 世纪之初,可控热核聚变的实现是第四次工业革命的重要标志之一。本书作者温特贝格具有深厚的物理理论基础,早年作为物理大师海森伯(量子力学的创建者之一,诺贝尔物理学奖获得者,同时也是二战期间德国研究原子弹的技术负责人)的博士生,很早就对热核聚变进行了深入的研究。作者独立发现了惯性约束聚变的原理,斯图加特大学图书馆保存着他的这一成果。后来作者到美国进行访问,他的观点得到美国"氢弹之父"泰勒的认可,泰勒热情地挽留他在美国进行研究工作。作者在惯性约束方向上的许多重要研究成果(有些并没有发表)写入了本书。

　　在本书的前 5 章中,作者系统介绍了热核反应的基本物理原理,包含热核燃烧、等离子体物理、辐射流体力学、辐射输运与辐射不透明度、冲击波与爆震物理、状态方程,同时也介绍了计算流体物理中的人工黏性(该部分内容是冯·诺依曼在美国"曼哈顿工程"中提出的解决流体力学计算的重要方法)等重要内容,这些都为研究聚变物理提供了重要的理论储备。在第 6、7 章中,作者详细介绍了美国泰勒-乌拉姆(T-U)构型氢弹的原理,这些均由作者独立完成,美国"氢弹之父"泰勒认同了作者的物理阐述,并提供了相关图片资料。在第 7 章中,作者对1952 年美国试验的迈克装置进行物理建模和数量级粗估,得到的结果与试验结果近似,这一方面非常具有参考价值。在第 8~10 章中,作者主要介绍没有裂变情况下的聚变点火原理和物理设计,基本上脱胎于作者对泰勒-乌拉姆构型氢弹的认识,从不同的技术角度阐述可控热核聚变的实现方式与途径。在第 11、12 章中,作者介绍了 2009 年以前的研究动态以及展望,时间虽然过去了十多年,但目前研究聚变的技术路线基本上均在书中得到介绍,目前研究的难点仍然是书中提到的难点。

　　在本书的附录中,作者简单介绍了美国在 20 世纪七八十年代的核试验计划"百人队长-岩盐"(Centurion-Halite)。作者通过公布的该核试验相关资料自行设计了利用脉冲能源技术实现可控热核聚变的方案。最近天府创新能源研究院彭先觉院士也创新性地提出了利用 Z 箍缩技术实现可控热核聚变的方案。感兴趣的读者可以对两种方案进行比较,相信会得到很多物理认识。

在本书中，作者参考了 J. Lindl、E. M. Campbell、G. B. Zimmennan、M. Tabak 等研究人员的研究成果，这些研究人员早期是美国洛斯阿拉莫斯实验室和劳伦斯利弗莫尔实验室的重要武器设计师，后来是美国点火攻关计划的首席科学家。同时作者也采用了 LA-8000-C Los Alamos Scientific Laboratory 和 S-RD-1(Secret Restricted Nuclear Weapons Data) NP-18252(2007 年解密)等重要数据文件来支撑自己的理论体系。

总体而言，本书是为数不多经过独立且深入思考、从新的思维体系对惯性约束聚变的多种技术方法原理进行深入全面的介绍、不同于之前的书籍。它从更高层面介绍惯性约束聚变，不限于某一种方式(例如激光聚变)，而是包含了脉冲能源驱动的聚变-裂变混合以及其他方法。惯性约束聚变领域缺乏这种从基本原理进行深入思考的书籍。本书可以帮助读者从物理原理上对多种惯性约束聚变方法进行深入思考并探索新的惯性约束聚变途径。

阅读本书内容需要较好的基础物理知识，例如核物理、辐射流体力学、等离子体物理、凝聚态物理知识。但是作者考虑到广大读者的知识层面，在前言、导论部分尽量用科普式的语言，在第6、7章把美国氢弹的设计原理讲得深入浅出，而且采用了数量级上粗估的方式，让更多的读者明白其中的原理。

2021 年，美国劳伦斯利弗莫尔实验室在国家点火装置上产生了超过 1 MJ(兆焦)能量的聚变产额，鼓舞了很多可控热核聚变研究人员。想要理解惯性约束聚变的物理原理，分析点火中的关键因素，本书是一本很好的参考书。

本书的翻译出版有助于国内从事可控热核聚变物理特别是惯性约束聚变物理研究的人员较快地掌握该领域的理论基础，理解有关工作的进展、前沿和潜在方向。本书可以作为武器设计专业人员的参考书，同时也可以作为核物理、等离子体物理、辐射流体力学和高能量密度物理专业研究生的参考书。

本书的第一译者刘盼精读本书原著，并推导了本书的所有物理模型和公式，整体翻译了本书的所有内容。英语翻译专业的译者刘辰程翻译了本书的序、前言等内容，并对书中的人名、事件进行了大量的注解，同时录入了书中的部分方程和公式。熊文彬翻译了本书 2.1～2.3 节的内容。中国科学技术大学出版社对本书的出版给予了大力支持，为本书的出版提供了很多方便之处，译者谨表示由衷的感谢。

译者在这里要指出，本书中给出很多人名，有的在物理学词典中有固定译法，有的在其他学科书籍上有固定译法，那么译者将会直接给出对应中文。但是有的人名作者没有给出参考文献出处,有的人名当前我们国家没有固定中文翻译,这时译者就保留原本的英文,请读者谅解。

本书主要从物理基本理论上阐述惯性约束聚变的物理过程,实际上,对惯性约束聚变需要从超算模拟程序上获得更多的认识。世界各国都在"疯狂"加快超级计算机的发展速度,发展更高速、更高效、更节能的下一代超算技术。作为世界核强国,美国尽管已经多年没有进行核试验,但其掌握着用超级计算机模拟核爆炸的技术,其核武器的可靠性、战斗力和核技术并未因此受到影响。从这个意义上说,正是超级计算机及其程序支撑着美国的核武库。目前,美国的三大核武器研发机构——洛斯阿拉莫斯、劳伦斯利弗莫尔和桑迪亚国家实验室都在进行超级计算机模拟热核聚变方面的研究工作。

惯性约束聚变是一门涉及很多物理学分支的交叉学科,在该领域内很多物理学名词直到 2020 年才确定下来,还有不少物理学名词并未确定。译者的知识范围有限,书中存在不当和错误之处在所难免,恳请读者不吝指正。本书的出版得到了四川省自然科学基金(编号:2024NSFSC0503)的资助。

刘 盼

于成都

序

10 岁的时候，我就热衷于太空飞行研究。当时，我收到一份生日礼物，那是一本关于太空飞行可行性的畅销书。从这本书中，我第一次听说奥伯特(Oberth)[1]和戈达德(Goddard)[2]这两位科学家以及明白用多级火箭抵达月球的可能性。这时，哈恩(Hahn)[3]和斯特拉斯曼(Strassmann)[4]宣布发现了核裂变和通过链式反应制造原子弹的可能性。

1929 年，我出生于德国；1955 年，我在海森伯的指导下获得物理学博士学位。受 1952 年美国进行的 1500 万吨氢弹试验的启发[5]，自 1954 年以来，我一直对惯性约束热核反应中的非裂变点火方式非常感兴趣。当时，美国的所有核聚变研究都是保密的，但我却独自发现了惯性约束的基本原理、古德利(Guderley)会聚冲击波和瑞利(Rayleigh)内爆壳解决方案。1956 年，我在冯·魏茨泽克(von Weizsäcker)[6]组织的马克斯·普朗克研究所的一次会议上介绍了我在哥廷根的发现。这次会议的摘要仍然存在并保存在斯图加特大学图书馆中。

随后，由于我在 1958 年第二届联合国关于和平利用原子能大会上发表了一篇论文，谈论了 NERVA 型[7]核火箭反应堆的重要性，我受美国政府"回形针行动"[8]之邀来到美国。在圣迭戈，我遇到了特德·泰勒(Ted Taylor)[9]和弗里曼·戴森(Freeman Dyson)[10]，当时他们正在研究著名的"猎户座核火箭计划"[11]。这个概念通常归功于乌拉姆(Ulam)，但正如我从与海森伯的对话中了解到的，沃纳·冯·布劳恩(Wernher von Braun)曾在 1942 年左右访问过柏林的海森伯，向海森伯提出了类似的想法。由于我的想法是使用古德利会聚冲击波进行非核点

---

① 奥伯特，德国火箭专家，欧洲火箭之父，现代航天学奠基人之一，是与齐奥尔科夫斯基和戈达德齐名的航天先驱。——译者注
② 戈达德，美国物理学家，火箭工程学的先驱。——译者注
③ 哈恩，德国放射化学家和物理学家。——译者注
④ 斯特拉斯曼，德国物理化学家。——译者注
⑤ 根据美国后期公布的数据，该次试验的当量约为 1040 万吨 TNT。——译者注
⑥ 冯·魏茨泽克，德国物理学家。——译者注
⑦ NERVA(Nuclear Engine for Rocket Vehicle Application，火箭飞行器用核引擎)是美国原子能委员会和美国国家航空航天局旗下的项目。——译者注
⑧ 回形针行动是第二次世界大战末期美国吸收纳粹德国科学家的一项计划。当时及战后，美国通过回形针行动，将大批德国火箭技术专家及高级研究人员转移至美国。——译者注
⑨ 特德·泰勒，美国核物理学家。——译者注
⑩ 弗里曼·戴森，英裔美籍数学物理学家、数学家和作家。——译者注
⑪ "猎户座核火箭计划"是 1958 年开始的核动力火箭计划，该计划被用于发射大型载人行星际探索飞船，可以用 125 天飞到火星，用 3 年飞到土星。——译者注

火,特德·泰勒和弗里曼·戴森对我的想法很感兴趣,想要我加入他们的研究小组。但由于这一计划是保密的,再加上我还不是美国公民,加入他们项目组的计划不了了之。

10年后,也就是1967年,我发现了一种新的可能性,那就是在高压马克斯发生器的驱动下,用强流相对论电子束和离子束进行热核微爆炸的非裂变点火。这种点火概念不仅可以用于核聚变能量的可控释放,还可以用于航天器的推进,即用磁镜来代替猎户座核火箭的推板,用来反射热核微爆炸的等离子体火球。

英国星际学会在1978年的代达罗斯星际飞船研究中采纳了这一想法,用贫中子 D^3He 炸药代替了富中子氘氚(DT)热核炸药。与 DT 反应释放的能量有80%进入中子不同, D^3He 反应中的大部分能量进入 α 粒子,α 粒子可以被磁镜偏转。但由于 ^3He 并非随处可见,因此有人提议从木星的大气层中"开采"它。

利用物质-反物质湮灭反应推动航天器的研究也已经在进行,但由于大量生产反物质的巨大技术问题,这可以被归入科幻领域,空间扭曲驱动、穿越虫洞的太空飞行和其他没有任何实验证据支持的幻想也是如此。只有使用纳克数量的反物质点燃裂变-聚变微爆炸的想法似乎有一些可靠的潜力,但即使这样,纳克数量的反物质的生产和储存也带来了严重的技术问题。

我们没有理由期待新的物理学基本定律(这可能导致推进力的突破)仍然在等待着我们。就像美洲只被发现过一次,很有可能所有与推进有关的基本物理定律都被发现了,这对我们的想象力提出了挑战,让我们无法确定这些定律是否足以发明推进系统,从而最终将我们带到附近太阳系的类地行星。

我将以弗里曼·戴森的儿子乔治·戴森(George Dyson)在其著作《猎户座计划——原子宇宙飞船的真实故事》(Project Orion—the Real Story of the Atomic Spaceship)中所记录的一段想象中的特德·泰勒与弗里曼·戴森的谈话来结束这篇序言,然后是特德·泰勒的一个梦:"弗里曼对猎户座的希望是基于这样一个事实,即似乎没有任何自然法则禁止建造无裂变炸弹",并且相信"改进核装置的设计(通过减少因裂变而产生的总产额的部分)可以达到 10^2 到 10^3 的折减系数。这种对小型无裂变炸弹的信念已经基本消失"。"特德(泰勒)是一个例外。他仍然相信小而干净的炸弹可以推动猎户座,但他仍然比以往任何时候都更担心,在我们摆脱战争习惯之前,这种装置将不可避免地被用作武器。有很多不同的途径可以最终得到非常干净的炸弹,"他说,"你能制造一次千吨级的爆炸,其中裂变产额为零,这在核扩散方面是个坏消息,但能把猎户座变成非常干净的东西吗?""弗里曼认为特德错了,特德希望弗里曼是对的。"在我看来,弗里曼错了。

许多年后,在他去世前不久,特德说道:"我昨晚做了一个梦,梦见一种新型核武器,我真的很害怕。"他告诉我们,当他醒来时,他写下了自己的梦,这似乎在科学上是合理可行的。那是什么? 我们永远无法确定,但我有一个猜测。这是化学超级炸药的可能性(解释见11.6节),其威力足以点燃热核炸弹。

前　　言

随着激光和电脉冲能源技术的飞速发展,小型热核爆炸装置的无裂变点火成为一种真正的可能性,许多为大型热核爆炸装置开发的想法可能适用于热核微爆炸。裂变触发的热核爆炸装置受"临界质量的苛刻条件①"(弗里曼)的制约,这意味着总爆炸的规模(裂变加聚变)至少与裂变触发器的爆炸一样大。有了无裂变触发装置,这种苛刻条件就可以被打破,为小型热核爆炸装置开辟前景,适用于从轻核聚变中提取能量的商业活动,其中释放的能量是裂变触发的大型热核爆炸装置的一百万分之一。对于热核微爆炸来说,所谓的"第一壁的问题"比磁等离子体约束装置要轻得多。但是,即使是大型热核爆炸装置,也不仅仅有军事用途,还有"犁铧(plowshare)②",用于建造运河、开采行星体,并最终用于偏转彗星或小行星撞击体。

我试图对整个问题进行概述和介绍,包括核物理学、等离子体物理学、激光和电脉冲能源技术方面的内容。当今的热点是寻找无裂变的小型热核爆炸装置。在第一次成功的裂变引发的大型热核爆炸(迈克试验)之后近50年,这一目标仍未实现,可看出这一计划的困难性。本书以一种简单的方式呈现,即使是具有工程背景的非物理学家也能理解。考虑到我涵盖的范围非常大,我无法在参考文献列表中给予每个人适当的荣誉,我只列出必要的参考文献。我必须为提出许多我自己的想法而道歉,其中一些是以前从未发表过的。

与其他主要集中在等离子体物理学方面的文章不同,本书的重点是实现点火的各种方法。随着能量的增加,点火变得更加容易,利用裂变爆炸的大脉冲能源则相当容易。在没有大脉冲能源的情况下,热核点火和燃烧的等离子体物理学变得非常重要,需要进行非常详细的分析以确定点火所需的最小能量和功率。这种情况类似于内燃机的物理学。尽管空气和燃料的复杂湍流混合尚未得到完全理解,但它仍然能工作,因为它足够大。裂变引发的热核爆炸也应该如此。因此可以预期,足够大的脉冲能源,无论是电子的、光子的还是其他方面的,都将大

---

① 弗里曼的原文直译为暴政或者苛政,这是弗里曼的比喻。实际上临界质量是构成热核爆炸装置的关键因素,也是较为苛刻的条件。后续章节中该词也译为苛刻条件。——译者注

② 美国核试验的名称。——译者注

大降低热核微爆炸的点火难度。这正是大脉冲能源的主要"工程"硬件方面,它在有关惯性约束聚变的其他文献中没有得到必要的处理,本书的目的是帮助填补这一空白。

我想对"人造热核聚变之父"爱德华·泰勒(Edward Teller)表示诚挚的感谢,感谢他允许我将他的研究照片列入书中。这张照片是在他取得突破性发现的时候拍摄的。这对汉斯·贝特(Hans Bethe)来说是一个巨大的惊喜,就像发现了核聚变一样。我还要感谢我的老师维尔纳·海森伯(Werner Heisenberg),他曾告诉我沃纳·冯·布劳恩第一个提出利用核能进行火箭推进的想法。

目　　录

第1章 导　　论

随着 1938 年哈恩(Hahn)和斯特拉斯曼(Strassmann)发现核裂变现象,以及裂变炸药的发展,许多物理学家产生了将裂变炸药作为"火柴"来点燃更大的热核炸药的想法。但是单纯用热核聚变炸药包围裂变炸药,聚变炸药在着火之前会被炸飞。继乌拉姆(Ulam)完成初步工作之后,泰勒(Teller)于 1951 年解决了这个问题。在泰勒-乌拉姆构型中,爆炸的裂变弹释放~5×10^7 K 黑体辐射,而释放的辐射用来内爆并点燃热核炸药。尽管辐射具有较大的能流密度,但其压强仍然很小,因此足以限制在由固体壁构成的黑腔内。无论实现热核点火的构型是什么,惯性力都必须将热核炸药长时间固定在一起,用来产生较大的热核增益(热核能量输出与点火能量输入之比)。因此,我们可以说惯性约束不同于磁约束(或恒星中的引力约束)。当然,磁约束是惯性约束在地面条件下可控释放热核能量的主要竞争对手。

与化学燃烧相比,热核燃烧的一个基本问题是:反应截面为 1 亿分之一,点火温度却高10 万倍。由于每个反应释放的能量要大 100 万倍,热核燃烧的点火难度要大 1000 万倍。

氢弹黑腔点火概念通过热核微爆炸的点火方式发展成为首选的无裂变(激光或粒子束)聚变概念。然而,少数研究人员认为,辐射内爆黑腔概念(用于大型热核爆炸装置时同样好)没有利用从磁约束研究中获得的经验教训,强磁场可以解决黑腔概念所遇到的一些困难。

惯性约束聚变概念的基本原理可以概括如下:点火温度最低的热核燃料是按

$$D + T \longrightarrow n + \alpha + \varepsilon_0 \tag{1.1}$$

反应的氘和氚的化学计量混合物,其中 $\varepsilon_0 = 17.6$ MeV 是所释放的能量,有 80% 进入中子,剩下的 20% 进入 α 粒子。能量倍增因子定义为

$$F = \frac{E_{out}}{E_{in}} \tag{1.2}$$

其中 E_{in} 是点火所需的输入能量,E_{out} 是释放的聚变能量,将输入能量转换为 DT(点火温度为 T)的热能 E_T 的转换效率定义为

$$\varepsilon = \frac{E_T}{E_{in}} \tag{1.3}$$

因此得到

$$E_{out} = \frac{F}{\varepsilon} E_T \tag{1.4}$$

半径为 r 的 DT 球体中的热能沉积为(k 为玻尔兹曼常量)

$$E_T = \frac{4\pi}{3} r^3 3nkT \tag{1.5}$$

其中 n 是 DT 的原子数密度,对于液态(或固态)DT,$n = n_0 = 5 \times 10^{22}$ cm^{-3}。在 DT 球体中释放的聚变能量为

$$E_{out} = \frac{4\pi}{3} r^3 \frac{n^2}{4} \langle \sigma v \rangle \varepsilon_0 \tau \tag{1.6}$$

其中 $\langle \sigma v \rangle$ 是平均核反应截面与离子速度的乘积,τ 是惯性约束时间:

$$\tau = \frac{r}{a} \tag{1.7}$$

其中

$$a = \sqrt{\frac{3kT}{M}} \tag{1.8}$$

为热膨胀速度。将式(1.5)和式(1.6)代入式(1.4)可得

$$n\tau = \frac{F}{\varepsilon} \frac{12kT}{\varepsilon_0 \langle \sigma v \rangle} \tag{1.9}$$

当 $T \approx 10^8$ K 时,可得 $\langle \sigma v \rangle \approx 10^{-15}$ cm^3/s,从而可以获得劳森(Lawson)判据

$$n\tau = 6 \frac{F}{\varepsilon} \times 10^{13} \text{ s/cm}^3 \tag{1.10}$$

用式(1.7)和式(1.8)表示 τ,并使用式(1.9),则输入能量为

$$E_{\text{in}} = \frac{E_\text{T}}{\varepsilon} = \frac{F^3}{\varepsilon^4} \frac{4\pi kT}{n^2} \left(\frac{3kT}{M}\right)^{3/2} \left(\frac{12kT}{\varepsilon_0 \langle \sigma v \rangle}\right)^3 \tag{1.11}$$

代入 $\langle \sigma v \rangle \simeq 10^{-15}$ cm^3/s 以及 $n_0 = 5 \times 10^{22}$ cm^{-3}(液体 DT 密度),可得

$$E_{\text{in}} \approx 2 \frac{F^3}{\varepsilon^4} \left(\frac{n_0}{n}\right)^2 \text{ [MJ]} \tag{1.12}$$

当 $F = 1$ 时,输入的能量与输出的能量平衡。如果 $\varepsilon = 1$,则可以得到 $E_{\text{in}} \simeq 2$ MJ,这是适中的能量。DT 球的半径是由式(1.5)得到的,设 $E_\text{T} = E_{\text{in}}$,我们可以得到 $r \simeq 0.1$ cm。当 $a = \sqrt{3kT/M} \simeq 10^8$ cm/s 时,得到 $\tau \approx 10^{-9}$ s。

因此,即使最小输入能量相当小,也必须在 $\sim 10^{-9}$ s 的时间内将其转移到 $\sim 10^{-2}$ cm^2 的面积上,功率 $P \approx E_{\text{in}}/\tau = 10^{15}$ W,功率通量密度 $\Phi = P/r^2 = 10^{17}$ W/cm^2。

将式(1.7)代入式(1.10)中,$a \approx 10^8$ cm/s,得

$$nr \simeq 6 \frac{F}{\varepsilon} \times 10^{21} \text{ [cm}^{-2}] \tag{1.13}$$

或者用密度 ρ 表示 n($n = L\rho/A$,L 为阿伏伽德罗常数,对 DT 混合物,$A = 2.5$):

$$\rho r \simeq 4 \frac{F}{\varepsilon} \times 10^{-2} \text{ [g/cm}^2] \tag{1.14}$$

通常假定 $F/\varepsilon \approx 3$ 为下限,因此

$$\rho r \geqslant 0.1 \text{ [g/cm}^2] \tag{1.15}$$

在这些简单估计中,我们忽略了聚变反应中带电 α 粒子的自加热效应。与不带电的中子不同,α 粒子即使在一个很小的 DT 球中也能被阻止。3.5 MeV 的 α 粒子的阻止射程为

$$\lambda \simeq \frac{n_0}{n} T^{3/2} \times 10^{-12} \text{ [cm]} \tag{1.16}$$

当 $T \simeq 10^8$ K 时

$$\lambda \simeq \frac{n_0}{n} \text{ [cm]} \tag{1.17}$$

液体 DT 的密度为 ~ 0.1 g/cm^3,因此

$$\lambda \rho \simeq 0.1 \text{ [g/cm}^2] \tag{1.18}$$

聚变 α 粒子大量阻止时,我们可以假设 $r \simeq 10\lambda$,将式(1.15)替换为

$$\rho r \geqslant 1 \text{ [g/cm}^2] \tag{1.19}$$

鉴于式(1.15)是无自加热热核燃烧的最低条件,扩散燃烧需要条件(1.19),即热核爆震波的

点火。

在强磁场的存在下,如果离子的拉莫尔(Larmor)半径小于阻止长度,则会出现不同的情况。在这种情况下,即使 $\rho r < 1$ [g/cm²]也可能发生扩散的热核燃烧。大型热核爆炸装置始终满足式(1.19)的要求,但磁场的存在对于无裂变触发的热核微爆炸非常重要。

对于热核微爆炸来说,同样重要的是达到比固体密度更高的密度。由式(1.12)可知

$$E_{in} \propto \frac{1}{n^2} \tag{1.20}$$

结合 $nr = $ 常数,可得

$$P = \frac{E_{in}}{\tau} \propto \frac{1}{n} \tag{1.21}$$

$$\Phi = \frac{P}{\pi r^2} \propto n \tag{1.22}$$

$$\tau \propto \frac{1}{n} \tag{1.23}$$

点火所需能量的减少被达到更高密度的困难部分抵消,这需要对热核燃料进行预压缩,而预压缩热核燃料也需要能量。

最后,我们必须解决点火问题。一个爆炸的裂变弹的温度的数量级为～5×10^7 K。根据斯特藩-玻尔兹曼定律,这意味着辐射通量 $\Phi = \sigma T^4 \approx 4 \times 10^{19}$ W/cm²,大于上述最小估计值 $\Phi \approx 4 \times 10^{17}$ W/cm²。这就解释了为什么裂变炸药可以用于热核点火。相比之下,化学高爆炸药的辐射通量可以忽略不计,但流体动力能流 $\Phi = \varepsilon v$ 并不小,其中 ε 是化学炸药的能量密度,v 是爆炸速度。典型值为 $\varepsilon \simeq 3 \times 10^4$ J/cm³ 和 $v \simeq 3 \times 10^5$ cm/s,结果为 $\Phi \approx 10^{10}$ W/cm²。这一数据是相当大的,但对于热核点火来说,仍然有几个数量级的差距。然而,通过会聚冲击波来"聚焦"该能量,温度与 $r^{-0.8}$ 成比例上升(r 为到会聚中心的距离),接近热核点火的条件。

化学能密度和核能密度之间存在巨大差距。对于化学能,能量密度为 $10^{11} \sim 10^{12}$ erg/cm³,但对于核能,能量密度为 10^{18} erg/cm³(大约大 6 个数量级)。这一差距可以通过粒子束的能量密度来弥补,从激光束一直到快速移动的固体弹丸,目标是产生具有点火所需强度的粒子束。这里的突破可能导致热核微爆炸点火的突破。

最后,我们想提及的是,点火能量的供应时间必须短于辐射损失时间。对于黑体辐射和半径为 r 的球体,这个时间 τ_B 由下式得出($\sigma = 5.75 \times 10^{-5}$ erg/(cm²·s·K⁴)):

$$\frac{4\pi}{3} r^3 \frac{3nkT}{\tau_B} = 4\pi r^2 \sigma T^4 \tag{1.24a}$$

或者从下式中得出:

$$\tau_B = \frac{nkr}{\sigma T^3} = 2.4 \times 10^{-12} \frac{nr}{T^3} \text{ [s]} \tag{1.24b}$$

以 $T = 5 \times 10^7$ K 为例,我们可以得出

$$\tau_B = 2 \times 10^{-13} r \text{ [s]} \tag{1.24c}$$

τ_B 不应短于～10^{-9} s,这时 $r \gtrsim 50$ m,值太大了,没有实际意义。幸运的是,对于氢等离子体和小尺寸等离子体而言,情况要好得多,因为对于惯性约束聚变的密度和尺寸而言,等离子体远未处于热力学平衡状态,基本上通过自由跃迁轫致辐射来辐射,等离子体对此辐射是透明的。辐射损失时间为

$$\tau_R = \frac{3nkT}{\varepsilon_r} \tag{1.25}$$

其中

$$\varepsilon_r = bn^2 \sqrt{T}, \quad b = 1.42 \times 10^{-27} \text{ [cgs]}$$

或者

$$\tau_R = 2.9 \times 10^{11} \frac{\sqrt{T}}{n} \text{ [s]} \tag{1.26}$$

与 r 无关。以 $n = 5 \times 10^{22}$ cm^{-3} 和 $T = 10^8$ K 为例，我们发现 $\tau_R = 4 \times 10^{-8}$ s，比式(1.7)给出的膨胀时间 $\tau = r/a$ 长，$a \approx 10^8$ cm/s，即 $\tau \sim 10^{-9}$ s。

将这些时间与"封装"（即包裹在金属外壳中）的 DT 球体的热传导损失时间进行比较也很有意义。可以得出

$$\tau_c = \frac{r^2}{\chi} \simeq 2.1 \times 10^{-10} \frac{nr^2}{T^{5/2}} \text{ [s]} \tag{1.27}$$

在强磁场 H 的存在下（强磁场 H 由穿过球体的大电流产生，并垂直于热流方向），时间为

$$\tau_{c\perp} = \frac{r^2}{\chi_\perp} \simeq 1.76(Hr)^2 \frac{\sqrt{T}}{n} \text{ [s]} \tag{1.28}$$

其中 χ 为无磁场时等离子体中的导热系数，$\chi_\perp$ 为有磁场时的导热系数。在没有磁场的情况下，数值相同时，$\tau_c \simeq 5 \times 10^{-9}$ s。但当磁场为 $H \simeq 5 \times 10^6$ G 时，$\tau_{c\perp} \simeq 6 \times 10^{-8}$ s。对于聚变反应速率达到最大值的温度的大约 10 倍的温度，$\tau_c \simeq 2 \times 10^{-11}$ s，$\tau_{c\perp} \simeq 5 \times 10^{-8}$ s，这表明了对磁化 DT 等离子体球进行封装的优势。

参 考 文 献

[1]　Caldirola P, Knoepfel H. Physics of High Energy Density[M]. New York：Academic Press，1971.

[2]　Basov N G, Kroklin O N//Grivet P, Bloembergen N. 3rd Intern. Conf. Quantum Electronics, Paris 1963. Paris：Dunot，1964.

[3]　Winterberg F. Phys. Rev.，1968，174：212.

[4]　Nuckolls J H, Wood L, Thiessen A, et al. Nature，1972，239：139.

[5]　Brueckner K A, Jorna S. Rev. Mod. Phys.，1974，46：325.

[6]　Linhart J G. Plasma Physics[M]. Brussels：EURATOM，1969.

[7]　Lindl J D, McCory R L, Campbell E M. Physics Today，1992，45(9)：32.

[8]　Lindl J D//Caruso A, Sindoni E. International School of Plasma Physics Piero Caldirola：Inertial Confinement Fusion (1988). Bologna：Editrice Compositoxi，1988：617-631.

[9]　Lindl J D. Inertial Confinement Fusion[M]. New York：AIP Press，Springer，1998.

[10]　Drake R P. High-Energy-Density Physics[M]. Berlin-Heidelberg：Springer，2006.

第 2 章 核裂变和聚变反应

2.1 核 结 合 能

在第一性近似计算时,原子核可以看作由核物质组成的球形液滴①。原子核的半径是

$$R = R_0 A^{1/3}, \quad R_0 = 1.4 \times 10^{-13} \text{ cm} \tag{2.1}$$

其中 A 是原子序数。式(2.1)表达了重要的结果,即核体积与中子和质子的数量成比例。

对于较小的 A 值,结合能 E 与 A 成正比,这一比例为 $E/A \simeq 6 \sim 8$ MeV。在液滴模型中,无论是中子还是质子,任何核子都与数量有限的相邻核子相互作用。它们之间作用力达到饱和,并且增加一个核子使结合能增加 $6 \sim 8$ MeV,与已有核子的数目无关。此外,和在液滴中一样,必须有一个与 $R^2 \propto A^{2/3}$ 成正比的负表面能贡献,因为表面附近的粒子具有不饱和价。

对于 Z 个质子和 N 个中子,$Z + N = A$,结合能的体积相关部分应该只是 Z/A 或者 N/A 的函数:

$$\frac{E^{\text{体积}}}{A} = f\left(\frac{N}{A}\right) \tag{2.2}$$

此外,如果质子和中子之间存在力的对称性,则式(2.2)中的函数只取决于差值 $N - Z$,并且必须是该差值的偶函数:

$$\frac{E^{\text{体积}}}{A} = f\left(\frac{N-Z}{N+Z}\right)^2 = -a + b\left(\frac{N-Z}{N+Z}\right)^2 + \cdots \tag{2.3}$$

最后,必须考虑质子之间的静电斥力。这种效应对轻核影响不大,但对重核很重要。对于半径为 R 的均匀带电球体,库仑斥力产生正能量:

$$E_{\text{el.}} = \frac{3e^2}{5R_0} \frac{Z^2}{A^{1/3}} \tag{2.4}$$

由于质子之间的静电斥力,最小能量的位置由轻核的 $N = Z$ 转移到重核的 $N = 1.4Z$。重核中中子相对质子的过剩对中子的核链式反应具有重要影响。

总结对结合能的不同贡献,可以得出

$$\frac{E}{A} = -a + b\left(\frac{N-Z}{N+Z}\right)^2 + cA^{-1/3} + \frac{3}{5}\frac{e^2}{R_0}\frac{Z^2}{A^{4/3}} \tag{2.5}$$

其中 $a = 15.74, b = 22, c = 16.5$。在图 2.1 中,对于自然界中发现的元素周期系中的稳定(或几乎稳定)核,绘制了平均结合能 E/A 与 $N + Z$ 的函数关系。在铁元素附近,结合能曲线在 $A \approx 50$ 处有一个最小值。曲线表明,能量可以通过(a) $A \leqslant 50$ 的轻核的聚变和(b) $A > 50$ 的重核的裂变释放。曲线还表明,按每个核子计,轻核的聚变比重核的裂变能释放更多的能量。

质子和中子之间的作用力是短程的,可以用汤川势近似描述:

---

① 该模型为液滴模型。——译者注

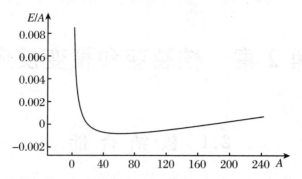

图 2.1 平均核结合能 E/A(单位为 MeV)作为 A 的函数

$$V = \frac{g}{r}\mathrm{e}^{-\kappa r} \tag{2.6}$$

其中 $\kappa = 1/R_0$，g 为强耦合常数。后者类似于质子(或电子)的电荷 e，其中电势为库仑电势 $V = e/r$，精细结构常数 $e^2/(\hbar c) = 1/137$ 是电磁耦合常数强度的量度。相比之下，对于强耦合常数，有 $g^2/(\hbar c) \approx 10$。

式(2.6)形式的核力是普通(维格纳(Wigner))力和交换(马约拉纳(Majorana)、海森伯(Heisenberg)和巴特莱特(Bartlett))力的混合，混合方式的选择是为了使力达到饱和。汤川势(2.6)实际上只适用于点荷(就像库仑势一样)，但由于核子的行为更像是半径为 $R_0 = 1.4 \times 10^{-13}$ cm 的扩展物体，因此相互作用最好用势阱来描述，最简单的是深度为 $V_0 \simeq 20$ MeV、半径为 R_0 的势阱。通过对所有核子的势阱的叠加，可以得到一个深度为 $20 \sim 30$ MeV、半径为 $R = R_0 A^{1/3}$ 的势阱。

根据不确定性原理，对于这个阱中质量为 M 的核子来说，有

$$MRv \simeq \hbar \tag{2.7}$$

我们可以估计它的速度为

$$v \simeq \frac{\hbar}{MR} \approx \frac{c}{10} \tag{2.8}$$

其中 $c = 3 \times 10^{10}$ cm/s 是光速。相比之下，氢原子最低轨道上的电子的速度为 $v/c = 1/137$。因此，核中核子的动能是原子中电子的动能的 $\simeq 1.836 \times 10^3 \times (137/10)^2 \simeq 3.5 \times 10^5$ 倍。氢原子中电子的动能的数量级为 10 eV，原子核中核子的动能的数量级为 MeV。这就解释了为什么原子核中储存的能量比电子壳层中储存的能量多得多。

2.2 核 反 应

两个碰撞原子核之间的核反应具有以下事件序列：

1. 在非弹性碰撞后，两个原子核合并成一个较大的原子核，称为复合核。

2. 短时间后，通常为 $R/v \approx 10^{-21}$ s($R \approx 10^{-12}$ cm，$v \approx c/10$)数量级，复合核要么衰变为其他几个核，要么在放出伽马辐射后衰变为基态。

反应可以是外反应也可以是内反应。在已经研究过的许多反应中，一个小原子核与一个大得多的原子核碰撞。在大多数情况下，大原子核的原子序数变化很小。这一规则的一个例外是核裂变，复合核分裂成两个大碎片。

对于高碰撞能量，核反应截面等于几何截面：

$$\sigma = \pi R^2 \tag{2.9}$$

当 $R \approx 10^{-12}$ cm 时，可以得出 $\sigma \approx 10^{-24}$ cm^2。10^{-24} cm^2 的截面称为 1 靶恩(1 b)。

对于较低的能量，截面可以变得更大。这发生在核共振能量附近，即复合核的激发核态的能量。在共振能量附近，复合核的寿命可以变得比 $R/v \approx 10^{-21}$ s 大得多，而且是 $\hbar/\Delta E$ 的数量级，其中 ΔE 是共振的宽度(这是时间-能量不确定性关系 $\Delta E \Delta t \simeq \hbar$ 的结果)。因此截面可以变得比几何截面大许多倍。

在能量为 E_0 的共振附近，复合核 P 衰变为反应产物 Q 的截面 $\sigma(\mathrm{P,Q})$ 由布莱特-维格纳(Breit-Wigner)公式给出：

$$\sigma(\mathrm{P,Q}) = \pi \lambda_\mathrm{P}^2 (2l+1) \frac{\Gamma^\mathrm{P} \Gamma^\mathrm{Q}}{(E-E_0)^2 + \Gamma^2/4} \tag{2.10}$$

在这个方程中，$\lambda_\mathrm{P} = \hbar/(MAv) = \hbar/\sqrt{2MAE}$，其中 v 是相对碰撞速度，E 是碰撞能量，M 是质子质量，MA 是原子序数为 A_1、A_2 的碰撞核的约化原子量，$A = A_1 A_2/(A_1 + A_2)$。Γ^P 是形成复合核 P 的碰撞核的反应宽度(能量)，Γ^Q 是衰变为反应产物 Q 的复合核的宽度。此外，$\Gamma = \Gamma^\mathrm{P} + \Gamma^\mathrm{Q}$ 是反应的总宽度。因子 Γ^P/Γ 和 Γ^Q/Γ 则表示(1) 形成复合核的概率和(2) 随后衰变为反应产物的概率。最后 l 是碰撞核的角动量量子数。根据量子力学，角动量数 l 的状态有 $2l+1$ 个可能的取向，在这些取向下复合核可以形成。对于热核反应，只有角动量为零的状态才重要。其原因是，对于非零角动量，反应核必须克服排斥离心势和排斥库仑势，从而使复合核形成概率 Γ^P/Γ 的减小因子比截面的增加因子 $2l+1$ 大得多。

由于克服库仑势垒的概率很小，可以得出 $\Gamma^\mathrm{P} \ll \Gamma^\mathrm{Q}$ 和 $\Gamma \simeq \Gamma^\mathrm{Q}$。于是定义穿透库仑势垒概率的透射系数为

$$T(E) \equiv \frac{\Gamma^\mathrm{P}}{\Gamma} \tag{2.11}$$

可以将式(2.10)写为

$$\sigma(\mathrm{P,Q}) = \pi \lambda_\mathrm{P}^2 T(E) \frac{\Gamma \Gamma^\mathrm{Q}}{(E-E_0)^2 + \Gamma^2/4} \tag{2.12}$$

能量 $E \ll E_0$ 时，上式近似为

$$\sigma(\mathrm{P,Q}) \simeq \pi \lambda_\mathrm{P}^2 T(E) \frac{\Gamma \Gamma^\mathrm{Q}}{E_0^2} \tag{2.13}$$

根据时间-能量不确定性关系，我们得到

$$\Delta E \approx E_0 \approx MAv^2 \approx \frac{\hbar}{\Delta t} = \Gamma \tag{2.14}$$

根据位置-动量不确定性关系，且 $R = R_0(A_1 + A_2)^{1/3}$，可得

$$MARv \simeq \hbar \tag{2.15}$$

由式(2.14)式和式(2.15)，可得

$$\Gamma \simeq \frac{\hbar^2}{MAR^2} \tag{2.16}$$

因此可得

$$\frac{\Gamma \Gamma^\mathrm{Q}}{E_0^2} \simeq \frac{\Gamma^\mathrm{Q}}{\Gamma} \simeq \frac{\Gamma^\mathrm{Q} MAR^2}{\hbar^2} \tag{2.17}$$

为了简单起见，通过将 $\Gamma \equiv \Gamma^\mathrm{Q}$ 作为朝向 Q 的核反应的宽度来消去上标 Q，并得出

$$\sigma = \pi \lambda_\mathrm{P}^2 T(E) \frac{\Gamma MAR^2}{\hbar^2} \tag{2.18}$$

接下来我们要计算透射系数 $T(E)$。情况如图 2.2 所示。经典地,对于 $E > Z_1 Z_2 e^2/R$,能量大于库仑势垒,$T(E) = 1$,但对于 $E > Z_1 Z_2 e^2/R$,能量不足以克服库仑势垒,$T(E) = 0$,其中 Z_1、Z_2 是两个碰撞核的电荷数。但由于量子力学隧道效应,即使 $E < Z_1 Z_2 e^2/R$,也存在有限的穿透概率。

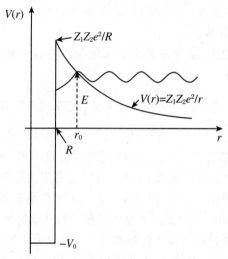

图 2.2　两个原子核碰撞时的核势和库仑势

透射系数可通过碰撞核的约化质量 MA 的单粒子薛定谔方程计算:

$$\nabla^2 \psi + \frac{MA}{\hbar^2}(E - V)\psi = 0 \tag{2.19}$$

其中

$$V(r) = \begin{cases} -V_0, & r < R \\ Z_1 Z_2 e^2/r, & r > R \end{cases}$$

对于零角动量 s 波,$\psi = \psi(r)$。设 $\psi = u/r$,方程(2.19)变为

$$\frac{\mathrm{d}^2 u}{\mathrm{d} r^2} + \frac{2MA}{\hbar^2}(E - V)u = 0 \tag{2.20}$$

为了计算透射系数,需要得到式(2.20)从经典转折点 $r = r_0 = Z_1 Z_2 e^2/R$ 到 $r = R$ 的解 $u(r)$。如 $V(r)$ 是 r 的缓变函数,则可通过 WKB 方法计算波函数振幅的减小。在这个近似中,在区域 $R < r < r_0$(其中 $E < V$),有

$$u(r) \sim \exp\left[\pm \int \sqrt{\frac{2MA}{\hbar^2}(E - A)}\, \mathrm{d} r \right] \tag{2.21}$$

透射系数是波函数振幅的平方从 $r = r_0$ 到 $r = R$ 的减小。它由下式给出:

$$T(E) = \exp\left[-2 \int_R^{r_0} \sqrt{\frac{2MA}{\hbar^2}(V - E)}\, \mathrm{d} r \right] \tag{2.22}$$

由 $V = Z_1 Z_2 e^2/r$ 和 $E = Z_1 Z_2 e^2/r_0$,可以得到

$$T(E) = \exp\left[-2 \sqrt{\frac{2MAZ_1 Z_2 e^2}{\hbar^2}} \int_R^{r_0} \left(\frac{1}{r} - \frac{1}{r_0} \right)^{1/2} \mathrm{d} r \right] \tag{2.23}$$

式(2.23)中的积分可以通过将替换公式 $r = r_0 \cos^2 \phi$ 代入进行计算:

$$\int_R^{r_0} \left(\frac{1}{r} - \frac{1}{r_0} \right)^{1/2} \mathrm{d} r = \sqrt{r_0} \left(\phi_0 - \frac{1}{2}\sin 2\phi_0 \right) \tag{2.24}$$

其中 $\cos^2\phi_0 = R/r_0$。在热核过程的重要核反应中，$R/r_0 \ll 1$，于是

$$2\phi_0 - \sin2\phi_0 \simeq \pi - 4\sqrt{R/r_0} \tag{2.25}$$

通过这种近似，我们最终得到了所谓的伽莫夫（Gamow）系数：

$$T(E) \simeq \exp\left[-\frac{\pi e^2\sqrt{2MAZ_1Z_2}}{\hbar\sqrt{E}} + \frac{4e\sqrt{2MAZ_1Z_2R}}{\hbar}\right] \tag{2.26}$$

从式（2.26）可以看出，$T(E) = 1$ 对应 $E = (\pi/4)^2 Z_1Z_2 e^2/R$ 而不是经典极限中的 $E = Z_1Z_2 e^2/R$。产生这种差异的原因是 WKB 方法在经典转折点附近不是很精确。

用伽莫夫系数计算式（2.18）：

$$\sigma(E) \simeq \frac{\pi}{2}\frac{\Gamma}{E}R^2\exp\left[\frac{4e\sqrt{2MAZ_1Z_2R}}{\hbar} - \frac{\pi e^2\sqrt{2MAZ_1Z_2}}{\hbar\sqrt{E}}\right] \tag{2.27}$$

其中 $R = R_0(A_1 + A_2)^{1/3}$。从式（2.15）和式（2.16）可以看出

$$\Gamma = \frac{\hbar v}{R} \tag{2.28}$$

因此，截面（2.27）的形式为（a、b 为常数）

$$\sigma(v) = \frac{a}{v}e^{-b/v} \tag{2.29}$$

对于不带电中子的核反应，$T(E) = 1$。截面为

$$\sigma(v) = \frac{a}{v} \tag{2.30}$$

对于大速度，$e^{-b/v} \to 1$，从而对中子和带电粒子均有 $\sigma \propto 1/v$。图 2.3 以任意单位显示了带电核-核和不带电中子-核碰撞的截面的依赖性。在大碰撞速度的极限下，截面变得等于几何截面：

$$\sigma = \pi R^2 = \pi R_0^2(A_1 + A_2)^{2/3} \tag{2.31}$$

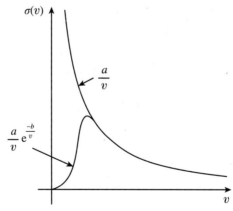

图 2.3　任意单位的作为碰撞速度 v 的函数的核-核反应截面
$\sigma = (a/v)e^{-b/v}$ 和中子-核反应截面 $\sigma = a/v$

对热核过程具有重要意义的核反应是

$$\mathrm{D + T} \longrightarrow {}^4\mathrm{He} + \mathrm{n} + 17.6~\mathrm{MeV} \tag{1}$$

$$\mathrm{D + D}\left\{\begin{array}{ll}\mathrm{T + H} + 4~\mathrm{MeV} & 50\% \\ {}^3\mathrm{He} + \mathrm{n} + 3.25~\mathrm{MeV} & 50\%\end{array}\right. \tag{2}$$

$$D + {}^3He \quad \left< \begin{array}{l} {}^4He + H + 18.4 \text{ MeV} \\ {}^7Be + n + 3.4 \text{ MeV} \end{array} \right. \qquad \text{小比例} \qquad (3)$$

$$D + {}^6Li \quad \left< \begin{array}{l} {}^7Li + n + 3.4 \text{ MeV} \\ 2{}^4He + 22.4 \text{ MeV} \end{array} \right. \qquad \text{小比例} \qquad (4)$$

$$T + T \longrightarrow {}^4He + 2n + 11.3 \text{ MeV} \qquad (5)$$

$$H + {}^{11}B \longrightarrow 3{}^4He + 8.7 \text{ MeV} \qquad (6)$$

$$H + {}^{15}N \longrightarrow {}^4He + {}^{12}C + 4.84 \text{ MeV} \qquad (7)$$

在反应(2)中,两个分支以大致相等的概率出现,而反应(3)和(4)的第二个分支的概率很小。

对于前三个最重要的反应有

$$D + T \longrightarrow ({}^4He + 3.6 \text{ MeV}) + (n + 14.1 \text{ MeV}) \qquad (1a)$$

$$D + D \quad \left< \begin{array}{l} (T + 1.0 \text{ MeV}) + (H + 3.0 \text{ MeV}) \\ ({}^3He + 0.8 \text{ MeV}) + (n + 2.45 \text{ MeV}) \end{array} \right. \qquad (2a)$$

$$D + {}^3He \longrightarrow ({}^4He + 3.7 \text{ MeV}) + (H + 14.7 \text{ MeV}) \qquad (3a)$$

对于进入带电聚变产物的能量的分数 f,我们可以得到

$$DT: \quad f = 0.2$$
$$DD: \quad f = 0.66$$
$$D^3He: \quad f = 1.0$$

图 2.4 显示了一些重要反应的截面与碰撞能量的函数关系。对于 $H^{11}B$ 反应,截面与式 (2.27)给出的截面大不相同。原因是近似 $E \ll E_0$(E_0 是核共振的能量)是无效的,事实上,在 600 keV 下的 $H^{11}B$ 反应中,$\sigma(E)$ 的较大值是由于该能量下的共振。

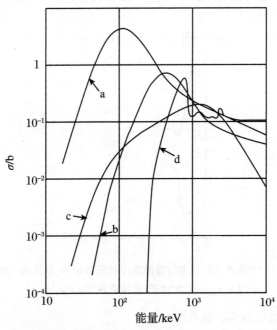

图 2.4　一些重要热核反应的截面 σ(单位为靶恩(b),1 b $= 10^{-24}$ cm²):
(a) D + T —→ ⁴He + n; (b) D + ³He —→ ⁴He + p; (c) D + D —→
T + p 或 ³He + n; (d) p + ¹¹B —→ 3⁴He

在所有反应中,DT 反应具有最大的截面,其最大值处于最低的能量下。其次是 D^3He 反应。在 $10\sim100$ keV 内 DD 反应在所有天然物质中具有最大的截面。D^3He、$H^{11}B$ 和 $H^{15}N$ 反应的特点是不产生中子。

在热核过程中中子诱发反应

$$^6Li + n \longrightarrow {}^4He + T + 4.8 \text{ MeV} \tag{8}$$

对"干式"氢弹的封闭链过程

$$
\begin{array}{c}
T + D \longrightarrow {}^4He + n + 17.6 \text{ MeV} \\
\uparrow \qquad\qquad\qquad\qquad \downarrow \\
4.8 \text{ MeV} + T + {}^4He \longleftarrow {}^6Li + n
\end{array}
\tag{9}
$$

起着重要作用。为了使其发挥作用,中子不应丢失。实际上,由于几何结构的有限性,总是会有一些中子损失。这些损失必须由一些中子增殖物质来补偿,例如 ^{238}U(快裂变)或 $^9Be((n,2n)$ 反应)。

2.3　裂变链式反应

核裂变爆炸中的裂变链式反应可以用单速中子扩散模型来描述。如果 n 是每单位体积的中子数,v_0 是中子速度,那么不定向的中子通量由以下公式给出:

$$\phi = n v_0 \tag{2.32}$$

裂变中子的 $v_0 \approx 10^9$ cm/s。在扩散近似下,中子流矢量为

$$j = -D\mathrm{grad}\phi \tag{2.33}$$

其中 $D = 1/(3N\sigma_s)$ 是中子扩散系数,N 是裂变炸药的原子数密度,σ_s 是核散射截面。

中子平衡由如下方程控制:

$$\frac{\partial n}{\partial t} + \mathrm{div}j = S \tag{2.34}$$

其中 S 是中子源项,在裂变链式反应中

$$S = (\nu - 1)N\sigma_f \phi \tag{2.35}$$

在式(2.35)中,$\nu > 1$ 是核裂变反应中释放的中子数,σ_f 是裂变截面。根据定义

$$B_0^2 = 3\sigma_s \sigma_f N^2 (\nu - 1) \tag{2.36}$$

从式(2.32)~式(2.36)得

$$\nabla^2 \phi + B_0^2 \phi = \frac{1}{Dv_0}\frac{\partial \phi}{\partial t} \tag{2.37}$$

对于一个无限大的裂变组件,$\nabla^2 \phi = 0$,式(2.37)的解为

$$\phi = \phi_0 e^{\lambda_0 t} \tag{2.38}$$

其中

$$\lambda_0 = N\sigma_f v_0 (\nu - 1) \tag{2.39}$$

金属铀的 $N = 4.5 \times 10^{22}$ cm^{-3}。截面由式(2.9)给出:$\sigma_f = \pi R^2 = 2.3 \times 10^{-24}$ cm^2。此外,对于 $\sim$2 MeV 的裂变中子,$v_0 = 2 \times 10^9$ cm/s,且 $\nu \simeq 2.5$,因此 $\lambda_0 \simeq 3 \times 10^8$ s^{-1}。指数增长时间 $\tau = 1/\lambda_0 \simeq 3 \times 10^{-9}$ s。

为了计算中子链增长的临界尺寸,我们在式(2.37)中设 $\partial \phi / \partial t = 0$,因此有

$$\nabla^2 \phi + B_0^2 \phi = 0 \tag{2.40}$$

对于球形组件,式(2.40)的解为

$$\phi = A\frac{\sin B_0 r}{r} \tag{2.41}$$

根据输运理论(超出扩散近似),必须在距离 $d = 0.71/(N\sigma_s)$ 处(从半径为 R_0 的球体表面测量)设 $\phi = 0$。因此,设 $R_0 + d$ 处 $\phi = 0$,从式(2.41)得到临界半径为

$$R_0 = \frac{\pi}{B_0} - d = \frac{1}{N}\left\{\frac{\pi}{[3\sigma_s\sigma_f(\nu-1)]^{1/2}} - \frac{0.71}{\sigma_s}\right\} \tag{2.42}$$

为了求出时间依赖解,我们设

$$\phi = A\frac{\sin Br}{r}e^{\lambda t} \tag{2.43}$$

并将式(2.43)代入式(2.37)。可以得到

$$B^2 = \left(\frac{\pi}{R+d}\right)^2 = B_0^2 - \frac{\lambda}{Dv_0} \tag{2.44}$$

这里 R 大于临界值 R_0。由式(2.44)可得(通过使用 B_0 的表达式并忽略 d)

$$\lambda = \lambda_0\left[1 - \left(\frac{R_0}{R}\right)^2\right] \tag{2.45}$$

正如预期的那样,从式(2.45)得出结论,有限组件中的链式反应上升得不太快。对于略高于临界半径的情况,设 $R = R_0 + \Delta R$,其中 $\Delta R/R_0 \ll 1$,e 倍增长时间为

$$t_e = \frac{1}{\lambda} \simeq \frac{1}{\lambda_0}\frac{R_0}{2\Delta R} \tag{2.46}$$

例如,若 $\Delta R/R_0 = 0.05$,则 $t_e = 10/\lambda_0$。这意味着在临界半径以上,半径增加5%将使裂变链的 e 倍时间增加5倍(与无限组件的增长时间相比)。当 $\sigma_s \simeq \sigma_f = 2.7 \times 10^{-24}$ cm^2 时,从式(2.42)得出铀球的临界半径 $R_0 \simeq 7.5$ cm。更小的临界半径是可能的,要么用中子反射器(例如金)包围铀球,要么用高爆炸药将其压缩到固态密度以上。

为了启动中子雪崩,必须提供一个中子源。钋-铍 (α,n) 中子源是理想的,因为钋是一个纯 α 粒子发射体。可以在最高临界状态下激活该源,方法是用吸收 α 粒子的箔片将钋和铍分离,在铀球的亚临界部分聚集的最后一刻打破该箔。或者可以使用小型加速器管,将氘核加速到 LiD 靶上,通过 DD 核反应产生中子。

更小的临界质量也可以通过使用超铀元素实现,如锎或锔,它们每次裂变释放更多的中子,并且/或者具有更大的截面,但这些元素的生产成本很高。

2.4　热　核　反　应

如果一组可能发生核反应的原子核被加热到高温,原子核的热运动可以激烈到足以通过克服它们之间的库仑斥力而发生核反应。正如图 2.4 中的一些内热反应的截面所示,这需要超过 ~ 10 keV 的能量,对应的温度为 $\sim 10^8$ K。

为了计算热核反应速率,我们假设第一类核处于静止状态,第二类核以速度 $v = (2E/(MA))^{1/2}$ 朝第一类核运动,其中 E 是相互碰撞的能量,MA 是碰撞核的约化质量。一方面,如果第一类核的数密度为 n,假定它处于静止状态,那么它对第二类核具有宏观截面 $\Sigma = n_1\sigma(E)$。另一方面,第二类核对第一类核有一个不定向的粒子通量 $\phi = n_2 v$,导致两者之间的反应速率

$$N = \Sigma\phi = n_1 n_2 \sigma v \tag{2.47}$$

然而,这只有在所有核具有相同的速度时才是正确的。实际上,核有一个麦克斯韦速度分布。于是由于 σ 是 E 的函数,因此 σv 必须对麦克斯韦速度分布取平均数。

对于质量为 m、温度为 T 的粒子气体,麦克斯韦速度分布由下式给出(k 为玻尔兹曼常量):

$$\mathrm{d}n = 4\pi n \left(\frac{m}{2\pi kT}\right)^{3/2} \mathrm{e}^{-mv^2/(2kT)} v^2 \mathrm{d}v \tag{2.48}$$

在式(2.48)中,n 是每单位体积的粒子总数,$\mathrm{d}n$ 是在速度区间 $v \sim v + \mathrm{d}v$ 内的部分。设 $v = (2E/(MA))^{1/2}$ 和 $n = n_2$,可从式(2.48)得出第二类核的微分粒子通量:

$$v\mathrm{d}n_2 = \frac{4n_2}{(2\pi MA)^{1/2}(kT)^{3/2}} \mathrm{e}^{-E/(kT)} E\mathrm{d}E \tag{2.49}$$

然后将式(2.49)乘以 $n_1\sigma(E)$ 并对 E 积分,得出反应速率:

$$N = \frac{4n_1 n_2}{(2\pi MA)^{1/2}(kT)^{3/2}} \int_0^\infty \mathrm{e}^{-E/(kT)} \sigma(E) E\mathrm{d}E \tag{2.50}$$

将式(2.50)与式(2.47)进行比较,得出 σv 的平均值如下所示:

$$\langle \sigma v \rangle = \frac{4}{(2\pi MA)^{1/2}(kT)^{3/2}} \int_0^\infty \mathrm{e}^{-E/(kT)} \sigma(E) E\mathrm{d}E \tag{2.51}$$

为了计算积分(2.51),必须代入由式(2.27)给出的 $\sigma(E)$ 表达式。

被积函数是 E 的函数,可以写成

$$f(E) = a\exp\left(-\frac{E}{kT} - \frac{b}{E^{1/2}}\right) \tag{2.52}$$

其中

$$a = \frac{\pi}{2} \Gamma R^2 \exp\left[\frac{4e(2MAZ_1 Z_2 R)^{1/2}}{\hbar}\right]$$

$$b = \frac{\pi e^2 (2MA)^{1/2} Z_1 Z_2}{\hbar}$$

被积函数是两个函数的乘积:(1) 麦克斯韦速度分布乘以碰撞速度,(2) 与碰撞速度相关的截面。两个函数都在一定的速度处取一个最大值,乘积函数在两者之间有一个尖锐的最大值(图 2.5)。如果两个函数都最优重叠,则乘积的积分最大。这就解释了为什么反应速率首先随温度升高而升高,但在一定温度以上会下降。

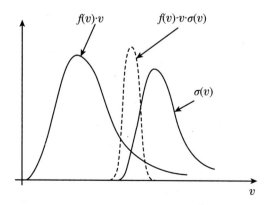

图 2.5　麦克斯韦速度分布 $f(v)$ 乘以碰撞速度 v、核截面 $\sigma(v)$ 以及两者的乘积

　　由于乘积函数有一个尖锐的最大值，积分 $\int_0^\infty f(E)\mathrm{d}E$ 可以用鞍点近似法计算。$f(E)$ 的最大值位于

$$E_\mathrm{m} = \frac{\left[\pi e^2 (MA)^{1/2} Z_1 Z_2 kT\right]^{2/3}}{(\sqrt{2}\,\hbar)^{2/3}} \tag{2.53}$$

将 $f(E)$ 在 $E = E_\mathrm{m}$ 附近展开，可得

$$f(E) = f(E_\mathrm{m}) + \frac{(E - E_\mathrm{m})^2}{2} f''(E_\mathrm{m}) + \cdots \tag{2.54}$$

通过定义 $\alpha = f(E)$，$\beta = f''(E_\mathrm{m})$ 就可以得到

$$\int_0^\infty f(E)\mathrm{d}E = \alpha \int_0^\infty \left[1 + \frac{(E - E_\mathrm{m})^2}{2} \frac{\beta}{\alpha} + \cdots \right]\mathrm{d}E \tag{2.55}$$

这一表达式可以近似为

$$\int_0^\infty f(E)\mathrm{d}E \simeq \alpha \int_0^\infty \exp\left[\frac{(E - E_\mathrm{m})^2}{2} \frac{\beta}{\alpha}\right]\mathrm{d}E \tag{2.56}$$

由于最大值的锐度，积分可以扩展到从 $-\infty$ 到 $+\infty$。在这种情况下，可使用公式 $\int_{-\infty}^{+\infty} \mathrm{e}^{-x^2}\mathrm{d}x = \sqrt{\pi}$ 计算积分，并得到

$$\int_0^\infty f(E)\mathrm{d}E = \sqrt{\frac{2\pi\alpha^3}{-\beta}} \tag{2.57}$$

当 $E = E_\mathrm{m}$ 时，代入由函数 $f(E)$ 获得的 α 和 β 的值，最后得

$$\langle \sigma v \rangle = \frac{(2\pi)^{4/3}}{3^{1/2}} \frac{e^{2/3} Z_1^{1/3} Z_2^{1/3} \Gamma R^2}{(MA\,\hbar)^{1/3} (kT)^{3/2}} \exp\left[\frac{4e(2MAZ_1Z_2R)^{1/2}}{\hbar} - 3\left(\frac{\pi^2 e^4 2MAZ_1^2 Z_2^2}{2\hbar^2 kT}\right)^{1/3}\right] \tag{2.58}$$

设

$$k_1 = \frac{4}{3^{5/2}} \frac{\hbar \Gamma R^2}{MAe^2 Z_1 Z_2} \exp\left[\frac{4e}{\hbar}(2MAZ_1Z_2R)^{1/2}\right]$$

$$k_2 = 3\left(\frac{\pi^2 e^4 MAZ_1^2 Z_2^2}{2\hbar^2 k}\right)^{1/3}$$

可使这个公式的形式简单许多。于是

$$\langle \sigma v \rangle = k_1 \frac{(k_2 T^{-1/3})^2}{\exp(k_2 T^{-1/3})} \tag{2.59}$$

引入变量

$$\left.\begin{array}{l} x = k_2 T^{-1/3} \\ y = \langle \sigma v \rangle / k_1 \end{array}\right\} \tag{2.60}$$

可以将式 (2.59) 写成

$$y = x^2 \mathrm{e}^{-x} \tag{2.61}$$

该函数的最大值在 $x = 2$ 处，此时 $y = 0.545$。因此，可以得出如下结论：

$$\langle \sigma v \rangle_\mathrm{max} = 0.545 k_1 \tag{2.62}$$

对应温度为

$$T_0 = (k_2/2)^3 \tag{2.63}$$

　　将式 (2.47) 的 σv 换为 $\langle \sigma v \rangle$，那么

$$N = n_1 n_2 \langle \sigma v \rangle \tag{2.64}$$

且热核能量的产生速率为

$$\varepsilon_f = N\varepsilon_0 = n_1 n_2 \langle \sigma v \rangle \varepsilon_0 \tag{2.65}$$

其中 ε_0 是在核反应中释放的能量。对于化学计量的双组分热核炸药,有 $n_1 = n_2 = n/2$ 和

$$\varepsilon_f = \frac{n^2}{4} \langle \sigma v \rangle \varepsilon_0 \tag{2.66}$$

但是如果炸药①是由相同的原子核组成的,例如氘,那么反应速率将增大为两倍。这样

$$\varepsilon_f = \frac{n^2}{2} \langle \sigma v \rangle \varepsilon_0 \tag{2.67}$$

表2.1列出了许多重要反应的热核反应速率常数。尽管式(2.27)对于 $H^{11}B$ 反应不正确,但仍然可以使用适当选择常数的公式(2.59)。图2.6显示了一些热核反应的 $\langle \sigma v \rangle$ 值。

表 2.1　热核反应速率常数

反应	$\varepsilon_0/\mathrm{MeV}$	$k_1/(\mathrm{cm^3 \cdot s})$	$k_2/\mathrm{K}^{1/3}$	T_0/K	$\langle \sigma v \rangle_{max}/(\mathrm{cm^3/s})$
DT	17.5	1.8×10^{-15}	1.8×10^3	8.0×10^8	$\simeq 10^{-15}$
DD	3.2	9.2×10^{-17}	3.0×10^3	3.6×10^9	5.0×10^{-17}
D^3He	18.3	4.5×10^{-16}	3.0×10^3	3.5×10^9	2.5×10^{-16}
$H^{11}B$	8.7	1.3×10^{-15}	2.8×10^3	3.0×10^9	7.4×10^{-16}

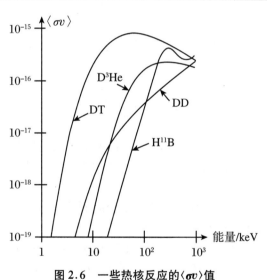

图 2.6　一些热核反应的 $\langle \sigma v \rangle$ 值

2.5　聚变链式反应

在聚变链式反应中,高能带电聚变产物原子核给其他原子核一个巨大的冲击,使它们的动能大于热能,从而使它们能够与其他原子核发生核反应。聚变链式反应的条件大致用如下不等式表示:

---

① 这里是热核反应中的炸药成分。——译者注

$$n\sigma > \frac{1}{E_0}\left|\frac{\mathrm{d}E}{\mathrm{d}x}\right| \tag{2.68}$$

其中 n 为粒子数密度,σ 为核反应截面,$\mathrm{d}E/\mathrm{d}x$ 为阻止本领,E_0 为带电聚变产物的初始动能。引入阻止本领截面 $\sigma_s = |\mathrm{d}E/\mathrm{d}x|/(nE_0)$ 很方便,因此式(2.68)变为

$$\sigma > \sigma_s \tag{2.69}$$

高能聚变产物的阻止(或者说减慢)主要是由其与电子的碰撞引起的。在低温非简并电子气中,电荷为 Ze、质量为 M 和能量为 E_0 的离子的阻止截面为

$$\sigma_s = \sigma_s^{(0)} = \frac{2\pi MZ^2 e^4}{mE_0^2}\ln\Lambda \tag{2.70}$$

其中 m 是电子质量,$\ln\Lambda \simeq 10$ 是库仑对数。典型值为 $\sigma_s \sim 10^{-21}\ \mathrm{cm}^2$,约为核反应截面 $\sigma \sim 10^{-24}\ \mathrm{cm}^2$ 的 10^3 倍。在这些条件下,不满足不等式(2.69),但在高密度或高温下,不等式(2.69)是成立的。

对于高密度,电子简并不能忽略。大致可以这样说:如果简并电子气的费米能量 E_f 接近 E_0,那么只有比例为 $1-E_f/E_0$ 的部分电子对阻止截面有贡献,因为当 $E<E_f$ 时,离子不会被电子散射。由于 E_f 随 n 的 2/3 次方增加,当 $n>10^{28}\ \mathrm{cm}^{-3}$ 时,对应于 $\sim 10^6$ 倍固体密度,聚变链式反应应该变得可能。

对于高温,可通过该极限下的阻止本领获得阻止本领截面:

$$\sigma_s = \frac{4}{3\sqrt{\pi}}\left(\frac{mE_0}{MkT}\right)^{3/2}\sigma_s^{(0)} \tag{2.71}$$

对典型值 $E_0 \sim 10^{-6}\ \mathrm{erg}$ 和 $M \sim 10^{-24}\ \mathrm{g}$,可以得到 $\sigma/\sigma_s^{(0)} \sim 10^{-3}$。因此,要满足式(2.69),必须有 $kT \geqslant 500\ \mathrm{keV}$。高密度和高温的组合可能是最佳选择,但过高的温度会破坏电子简并。

聚变链式反应需要组件尺寸大于

$$l = \frac{1}{n\sigma} \tag{2.72}$$

对于 $\sim 10^3$ 倍固体密度或 $n = 5 \times 10^{25}\ \mathrm{cm}^{-3}$(微爆炸聚变组件的建议值),需要 $l \simeq 2 \times 10^{-2}\ \mathrm{cm}$。对于球形组件,$l$ 等于组件的半径。让聚变链式反应从 $r \leqslant 1/(n\sigma)$ 传到 $r > 1/(n\sigma)$ 需要更大的半径。

在箍缩放电中情况明显更好,因为磁场可以径向困住带电聚变产物。在这种一维构型中,箍缩放电通道的长度只需大于 $l = 1/(n\sigma)$。

为了增加聚变链式反应的能量输出,组件甚至可以是亚临界的(即 $l<1/(n\sigma)$),因为对于亚临界能量倍增系数 $k<1$,总能量输出按系数 $1+k+k^2+k^3+\cdots = 1/(1-k)$ 增加。例如,如果 $k=1/2$,则能量输出将增加为 $1/(1-1/2)=2$ 倍。

2.6 裂变-聚变链式反应

如果裂变材料与产生中子的热核材料混合(均质或非均质),并且密度和温度足够高,那么释放中子的热核聚变反应将导致裂变反应,从而提高混合物的温度。由于热核过程在 $\langle\sigma v\rangle$ 尚未达到其最大值的范围内随温度的高功率上升,较高的温度将增大热核材料的中子产生速率,加快裂变反应速率等。这种通过放热和升温将裂变和聚变过程耦合起来的反应称为裂变-聚变链式反应。它有效地增加了中子增殖因数,从而降低了临界质量。对于高密度尤其如此。

　　为了分析这一过程，我们考虑裂变(^{233}U、^{235}U、^{239}Pu)和聚变(DT)材料的混合物。对于给定的压强，裂变材料和聚变材料中的原子数密度分别为 N_U 和 N_h。引入混合参数 $x(0<x<1)$，每单位体积可裂变核和可聚变核的数量分别为 $(1-x)N_U$ 和 xN_h，无限延伸混合物中的中子链反应由以下方程确定：

$$\frac{1}{v_0}\frac{\partial \phi}{\partial t} = (\nu - 1)(1 - x)N_U\sigma_f\phi + S \tag{2.73}$$

(v_0 为裂变中子速度，ν 为裂变中子增殖因数，σ_f 为裂变截面，ϕ 为中子通量)，其中(对于DT)

$$S = \frac{1}{4}x^2 N_h^2 \langle \sigma v \rangle \tag{2.74}$$

是 DT 聚变反应中子的源项。

　　我们对 $1\sim10$ keV($10^7\sim10^8$ K)的温度范围感兴趣。其中 $\langle \sigma v \rangle$ 随温度的变化而迅速上升(T 的单位为 keV)：

$$\langle \sigma v \rangle \simeq 1.1 \times 10^{-20} T^{4.37} \tag{2.75}$$

有了式(2.74)和式(2.75)，式(2.73)变为

$$\frac{1}{v_0}\frac{\partial \phi}{\partial t} = (\nu - 1)(1 - x)N_U\sigma_f\phi + 2.75 \times 10^{-21} x^2 N_h^2 T^{4.37} \tag{2.76}$$

接下来我们需要一个 T 和 ϕ 之间的关系。只要 $N_e kT > aT^4$(N_e 为电子数密度，$a = 7.76 \times 10^{-15}$ erg/(cm$^3 \cdot$ K)为斯特藩-玻尔兹曼常数)，裂变和聚变反应释放的热量大部分会转化为动能。如果不满足这个不等式，热量主要进入黑体辐射，由于 T^4 的依赖性，此时温度上升缓慢。从条件 $N_e kT > aT^4$ 即 $N_e > (a/k)T^3$ 出发，当 $T = 10^7$ K(1 keV)时，$N_e > 5 \times 10^{22}$ cm^{-3}；当 $T = 10^8$ K(10 keV)时，$N_e > 5 \times 10^{25}$ cm^{-3}。对中间温度 $T = 5 \times 10^7$ K，仅需要 $N_e > 5 \times 10^{24}$ cm^{-3}。

　　裂变过程每立方厘米每秒释放的能量为

$$\varepsilon_f(1 - x)N_U\sigma_f\phi$$

其中 $\varepsilon_f = 180$ MeV $= 2.9 \times 10^{-4}$ erg 为裂变能。DT 聚变反应中每立方厘米每秒释放的能量为

$$\varepsilon_\alpha S = \frac{1}{4}\varepsilon_\alpha x^2 N_h^2 \langle \sigma v \rangle = 2.75 \times 10^{-21} \varepsilon_\alpha x^2 N_h^2 T^{4.37}$$

其中 $\varepsilon_\alpha = 17.6$ MeV $= 2.8 \times 10^{-5}$ erg 为聚变反应能。有了这个热源，混合物的温度就会升高

$$3k\left[g(1 - x)N_U + xN_h\right]\frac{\partial T}{\partial t}$$
$$= \varepsilon_f(1 - x)N_U\sigma_f\phi + 2.75 \times 10^{-21} \varepsilon_\alpha x^2 N_h^2 T^{4.37} \tag{2.77}$$

其中 g 是裂变材料在温度 T 下的电离程度，$g \approx 10$ 是一个可能值。

　　将 $f(T) = T^{4.37}$ 在 $T = T_0(>1$ keV$)$ 附近展开成泰勒级数，可得

$$T^{4.37} = 常数 + 4.37 T_0^{3.37} T \tag{2.78}$$

将式(2.78)代入式(2.76)和式(2.77)，可得

$$\frac{\partial \phi}{\partial t} = \alpha_1\phi + \beta_1 T + \gamma_1 \tag{2.79}$$

$$\frac{\partial T}{\partial t} = \alpha_2\phi + \beta_2 T + \gamma_2 \tag{2.80}$$

其中

$$\alpha_1 = (\nu - 1)(1 - x)N_U \sigma_f v_0$$

$$\beta_1 = 1.2 \times 10^{-20} v_0 x^2 N_h^2 T_0^{3.37}$$

$$\alpha_2 = \frac{\varepsilon_f (1 - x)N_U \sigma_f}{3k[g(1 - x)N_U + xN_h]}$$

$$\beta_2 = \frac{1.2 \times 10^{-20} \varepsilon_a x^2 N_h^2 T_0^{3.37}}{3k[g(1 - x)N_U + xN_h]}$$

此外，γ_1、γ_2 是常数，其值并不重要。

从式(2.79)和式(2.80)中消去 ϕ，可得

$$\ddot{T} - (\alpha_1 + \beta_2)\dot{T} + (\alpha_1\beta_2 - \alpha_2\beta_1)T + \alpha_1\gamma_2 - \alpha_2\gamma_1 = 0 \tag{2.81}$$

式(2.81)的通解是非齐次方程的特解和齐次方程的通解之和。非齐次方程的一个特解为

$$T = \frac{\alpha_1\gamma_2 - \alpha_2\gamma_1}{\alpha_2\beta_1 - \alpha_1\beta_2} = 常数 \tag{2.82}$$

常数 γ_1、γ_2 进入其中，但这些常数不进入齐次方程的解

$$T = 常数 \times e^{\lambda t} \tag{2.83}$$

其中

$$\lambda = \frac{\alpha_1 + \beta_2}{2} + \left[\left(\frac{\alpha_1 + \beta_2}{2}\right)^2 + \alpha_2\beta_1 - \alpha_1\beta_2\right]^{1/2} \tag{2.84}$$

当 $x = 0$ 时，也就是对于一个纯裂变组件，我们得到

$$\lambda = \lambda_0 = (\nu - 1)N_U \sigma_f v_0 \tag{2.85}$$

与式(2.39)是一样的。

如果没有与聚变过程的耦合，那么

$$\lambda_1 = \alpha_1 = \lambda_0(1 - x) \tag{2.86}$$

如果与聚变过程存在耦合，则可以定义比值

$$f = \frac{\lambda}{\lambda_0} \tag{2.87}$$

由此可以通过以下方式获得有效中子增殖因数 ν^*：

$$\nu^* - 1 = (\nu - 1)f \tag{2.88}$$

引入辅助函数

$$F(x) = \frac{x^2}{g + [x/(1 - x)]N_h/N_U} \frac{N_h^2}{N_U^2} \tag{2.89}$$

于是表达式可以写成

$$\alpha_2 = 2.1 \times 10^8 \varepsilon_f \sigma_f (N_U/N_h)^2 F(x)/x^2 \tag{2.90}$$

$$\beta_2 = 2.5 \times 10^{-12} \varepsilon_a T_0^{3.37} N_U F(x)/(1 - x) \tag{2.91}$$

对于 $x \sim 0.5$ 和 $1\,\text{keV} < T < 10\,\text{keV}$，可以算出

$$\alpha_1\beta_2 \ll \alpha_2\beta_1$$

$$\left(\frac{\alpha_1 + \beta_2}{2}\right)^2 \ll \alpha_2\beta_1$$

于是可以推出近似结果

$$\lambda \gtrsim (\alpha_2\beta_1)^{1/2} \tag{2.92}$$

根据定义(2.87)和 $N_h/N_U \simeq 43$(见 3.10 节)，对于 $f = f(x)$，得

$$f(x) \gtrsim 11.2 \left[\frac{x^2(1-x)}{1+3.3x} \right]^{1/2} T_0^{1.68} \tag{2.93}$$

该函数的最大值在 $x = 0.57$ 处,此时

$$f(x) \gtrsim 2.48 T_0^{1.68} \tag{2.94}$$

根据式(2.36)和式(2.88),B_0^2 通过乘以 $f(x)$ 而增加。

如果当 $f=1$ 时临界半径为 $R_0 = \pi/B_0$,那么当 $f>1$ 时临界半径为 $R = R_0/\sqrt{f}$。如果当 $x=1$ 时临界质量为 M_0,则 $f>1$ 且 $0<x<1$ 时临界质量等于 M:

$$\frac{M}{M_0} = (1-x)f^{-3/2} = 0.43 f^{-3/2} \tag{2.95}$$

此外,如果裂变-聚变组件同时被压缩到固体密度以上($\rho>\rho_0$),则临界质量进一步降至 $(\rho_0/\rho)^2$。如果加热是通过压缩完成的,例如通过超高速撞击,则这一点尤其正确。在那里,用 DT 壳将 DT 与裂变材料分开可能是有利的。作为一个例子,我们取 $T_0 = 1$ keV,其中 $f=2.48$,得到 $M/M_0 \simeq 0.1$,即临界质量减少为 $\sim 1/10$。但当 $T_0 = 2$ keV 时,$f=8.55$,$M/M_0 \simeq 2\times10^{-2}$。由于式(2.88)中 $\nu = 2.5$,因此第一个示例中 $\nu^* = 3.72$,第二个示例中 $\nu^* = 12.7$。

如果没有所述裂变-聚变过程时的临界质量为 ~ 10 kg,则在第二个示例中,临界质量将降低至 $\simeq 200$ g。在 $\sim 2\times10^{13}$ dyn/cm^2 的冲击压下,可裂变材料被压缩至约 5 倍固体密度,进一步将临界质量降低至 $\sim 1/25$,即 ~ 10 g。

参 考 文 献

[1] Gamow G, Teller E. Physical Review, 1938, 53: 608.

[2] Gamow G, Critchfield C L. Theory of Atomic Nucleus and Nuclear Energy-Sources[M]. Oxford: The Clarenclon Press, 1949.

[3] Sänger E. Astronautica Acta, 1955, 1: 61.

[4] Glasstone S, Edlund M C. The Elements of Nuclear Reactor Theory[M]. New York: D. Van Nostrand Company, Inc., 1952.

[5] Gryzinskii M. Physical Review, 1958, 111: 900.

[6] Winterberg F. Nuclear Science and Engineering, 1976, 59: 68.

[7] Miley G H. Fusion Energy Conversion[M]. Westmont: American Nuclear Society, 1976.

第 3 章　热核等离子体

3.1　电　离　温　度

在热核爆炸核心的高温下,所有物质都处于等离子体状态,这一状态由正离子和负电子组成。但电离并不一定是完全的,这是原子核被剥夺所有电子的状态。在存在重元素的情况下尤其如此,就像在裂变-聚变等离子体中那样。

总电离温度的下限可以从 Z 倍带电核的最低玻尔轨道上的电子的结合能获得:

$$E_0 = \frac{me^4}{2\hbar^2}Z^2 = 2.2 \times 10^{-11} Z^2 \ [\mathrm{erg}] \tag{3.1}$$

(m 为电子质量,e 为电子电荷,$\hbar = h/(2\pi)$,h 为普朗克常量)。完全电离所需的能量更大,因为不仅最里面的电子要被移去,而且有束缚不太强的外层电子。考虑到这一点,总电离能量为

$$E_i \simeq 2.2 \times 10^{-11} Z^{2.42} \ [\mathrm{erg}] \tag{3.2}$$

等离子体在温度 T 下的平均动能为 $3kT/2$。由于在碰撞过程中动量是守恒的,因此通过碰撞引起电离的运动粒子的能量必须是 E_i 的两倍。因此我们必须设 $3kT_i/2 = 2E_i$,并且得到电离温度为

$$T_i = 2.1 \times 10^5 Z^{2.42} \ [\mathrm{K}] \tag{3.3}$$

对于氢($Z=1$)来说,完全电离的温度应该为 $T_i = 2.1 \times 10^5$ K;而对于铀($Z=92$)来说,完全电离的温度则为 $T_i \simeq 10^{10}$ K。在由轻元素组成的热核等离子体中,往往 $T > T_i$,但在裂变爆炸的等离子体中,有 $T_i \lesssim 10^8$ K,离完全电离还有很大的差距。

对于部分电离的等离子体,电离程度可以从萨哈(Saha)电离方程获得。而在热核等离子体的物理中,$T > T_i$,萨哈电离方程并不重要。

3.2　等离子体状态方程

等离子体的行为在许多方面与由 n 个离子和 nZ 个电子组成的单原子分子气体相似。对于理想气体,其有状态方程

$$p = (1 + Z)nkT \tag{3.4}$$

同样地,单原子分子气体的能量密度由 $\varepsilon = (3/2)nkT$ 这一方程给出,Z 次电离的等离子体的能量密度为

$$\varepsilon = \frac{3(1 + Z)}{2}nkT = \frac{3}{2}p \tag{3.5}$$

通过引入等离子体密度 $\rho = nMA$,可以得到其他有用的公式,其中 M 是质子质量,A 是原子量。用密度表达(c_V 表示定容比热),有

$$\varepsilon = \rho c_V T \tag{3.6a}$$

$$c_V = \frac{3(1+Z)k}{2AM} = \frac{3(1+Z)}{2A}R \tag{3.6b}$$

其中 $R = k/M = 8.3 \times 10^7$ erg/(g·K)为气体常数。状态方程(3.4)可以写成如下形式：

$$\frac{p}{\rho} = \frac{2}{3}c_V T \tag{3.7}$$

对于以黑体辐射为主的热力学平衡的高温等离子体,能量密度为

$$u = aT^4 \tag{3.8}$$

($a = 7.67 \times 10^{-15}$ erg/(cm³·K⁴))。辐射压为

$$p = \frac{u}{3} \tag{3.9}$$

因此

$$pT^{-4} = \text{常数} \tag{3.10}$$

对于理想气体,绝热变化导致关系式

$$pT^{-\gamma/(\gamma-1)} = \text{常数} \tag{3.11}$$

其中 $\gamma = c_p/c_V$ 是比热比。对于等离子体,和单原子分子气体一样,$\gamma = 5/3$,$pT^{-5/2} = $ 常数。但这不适用于辐射主导的等离子体,在这类等离子体中,$4 = \gamma/(\gamma-1)$,即 $\gamma = 4/3$。

等离子体是否以辐射为主取决于辐射平均自由程,即光子的吸收长度。如果等离子体的尺寸比这个长度小,那么等离子体与黑体辐射不平衡,可以将其与理想的单原子分子气体一样处理,比热比 $\gamma = 5/3$。

对于任意数量的自由度 f,有

$$\gamma = \frac{2+f}{f} \tag{3.12}$$

对于单原子分子气体(和简并费米气体),$\gamma = 5/3$,但是对于 $\gamma = 4/3$ 的黑体辐射,$f = 6$。

3.3　微观等离子体理论

在本节中,我们考虑在电场(E)和磁场(H)中电子和离子(构成等离子体的粒子)的运动。利用静电 cgs 单位,电荷为 Ze、质量为 m 的粒子的(非相对论)运动方程为

$$m\frac{\mathrm{d}\boldsymbol{v}}{\mathrm{d}t} = Ze\left(\boldsymbol{E} + \frac{1}{c}\boldsymbol{v} \times \boldsymbol{H}\right) \tag{3.13}$$

如果 $H = 0$ 或者 $\boldsymbol{v} /\!/ \boldsymbol{H}$,那么

$$m\frac{\mathrm{d}\boldsymbol{v}}{\mathrm{d}t} = Ze\boldsymbol{E} \tag{3.14}$$

假设 $E = $ 常数,因此

$$\left.\begin{array}{l} \boldsymbol{v} = \dfrac{Ze\boldsymbol{E}}{m}t \\[3mm] \boldsymbol{r} = \dfrac{1}{2}\dfrac{Ze\boldsymbol{E}}{m}t^2 \end{array}\right\} \tag{3.15}$$

如果 $E = 0$,那么

$$m\frac{\mathrm{d}\boldsymbol{v}}{\mathrm{d}t} = \frac{Ze}{c}\boldsymbol{v} \times \boldsymbol{H} \tag{3.16}$$

由于 $(\boldsymbol{v} \times \boldsymbol{H}) \perp \boldsymbol{v}$,$|\boldsymbol{v}|$ 是常数,由

$$\frac{mv_{\perp}^2}{r} = \frac{Zev_{\perp}|H|}{c} \tag{3.17}$$

得（r_L 为拉莫尔半径）

$$r = r_L = \frac{mv_{\perp}c}{ZeH} \tag{3.18}$$

如果 $v_{/\!/}$ ＝ 常数，其中 $v_{/\!/} /\!/ H$，则运动轨迹是一条螺旋线，其升角 α 由 $\tan\alpha = v_{/\!/}/v_{\perp}$ 给出。

设 $v_{\perp} = r_L\omega_c$，ω_c 为回旋加速器频率，得

$$\omega_c = \frac{ZeH}{mc} \tag{3.19}$$

如果 E 和 H 在时间和空间中为常数，那么

$$v = v' + c\frac{E \times H}{H^2} \tag{3.20}$$

将式(3.20)代入式(3.13)，得

$$\frac{dv'}{dt} = \frac{Ze}{m}\left[E + \frac{1}{c}(v' \times H) + \frac{1}{H^2}(E \times H) \times H\right] \tag{3.21}$$

如果 $H \cdot E = 0 (H \perp E)$，则 $(E \times H) \times H = -H^2 E$，从而

$$\frac{dv'}{dt} = \frac{Ze}{m}v' \times H \tag{3.22}$$

这一方程描述了具有拉莫尔半径(3.18)的圆周运动，其叠加在与 H 和 E 均垂直的漂移运动

$$v_D = c\frac{E \times H}{H^2}, \quad v_D = c\frac{E}{H} \tag{3.23}$$

上。

回旋粒子的磁矩定义为

$$\mu = IS \tag{3.24}$$

其中 $I = Ze\nu_c = Ze\omega_c/(2\pi)$ 是回旋粒子产生的电流，$S = \pi r_L^2$ 是被电流包围的区域面积。可得

$$\mu = \pi r_L^2 \frac{Ze\omega_c}{2\pi} = \frac{1}{2}\frac{mv_{\perp}^2 c}{H} \tag{3.25}$$

由于（V 为电压）

$$\begin{aligned}\frac{d}{dt}\left(\frac{1}{2}mv_{\perp}^2\right) &= VI = \oint E \cdot ds \cdot I \\ &= -\frac{1}{c}\int \frac{\partial H}{\partial t} \cdot dS \cdot I \\ &= \frac{\mu}{c}\frac{dH}{dt}\end{aligned} \tag{3.26}$$

由此可见

$$\frac{d}{dt}\left(\frac{\mu}{c}H\right) = \frac{d}{dt}\left(\frac{1}{2}mv_{\perp}^2\right) \tag{3.27}$$

或者

$$\frac{d\mu}{dt} = 0 \tag{3.28}$$

因此

$$\mu = 常数 \tag{3.29}$$

然而,这一结果仅近似成立,因为在式(3.26)中假定了在旋转期间 $\oint \boldsymbol{E} \cdot \mathrm{d}\boldsymbol{s}$ 中的拉莫尔半径保持不变。因此人们称 μ 为"绝热"不变量,这意味着 H 在回旋粒子运动一周的时间内变化缓慢。

然而,如果 H 在空间中变化缓慢,那么 μ 还是一个绝热不变量。为此,考虑一个带电粒子进入磁镜的运动(图 3.1)。在圆柱坐标中,$\mathrm{div}\boldsymbol{H} = 0$ 意味着

$$\frac{1}{r} \frac{\partial}{\partial r}(rH_r) + \frac{\partial H}{\partial z} = 0 \tag{3.30}$$

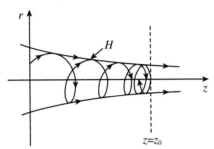

图 3.1　磁镜

当 $\partial H/\partial z$ 为常数时

$$H_r = -\frac{r}{2} \frac{\partial H}{\partial z} \tag{3.31}$$

设 $r = r_L$,可得

$$H_r = -\frac{r_L}{2} \nabla_{/\!/} H \tag{3.32}$$

和

$$m \frac{\mathrm{d}v_{/\!/}}{\mathrm{d}t} = \frac{e}{c} v_\perp H_r = -\frac{e}{c} v_\perp \frac{r_L}{2} \nabla_{/\!/} H \tag{3.33}$$

或者

$$m \frac{\mathrm{d}v_{/\!/}}{\mathrm{d}t} = -\frac{\mu}{c} \nabla_{/\!/} H \tag{3.34}$$

将上式乘以 $v_{/\!/}$,得

$$\frac{\mathrm{d}}{\mathrm{d}t}\left(\frac{1}{2} mv_{/\!/}^2\right) = -\frac{\mu}{c} \frac{\partial H}{\partial z} v_{/\!/} = -\frac{\mu}{c} \frac{\partial H}{\partial z} \frac{\mathrm{d}z}{\mathrm{d}t} = -\frac{\mu}{c} \frac{\mathrm{d}H}{\mathrm{d}t} \tag{3.35}$$

由式(3.25)和

$$\frac{\mathrm{d}}{\mathrm{d}t}\left(\frac{1}{2} mv_\perp^2 + \frac{1}{2} mv_{/\!/}^2\right) = 0 \tag{3.36}$$

得

$$\frac{\mathrm{d}}{\mathrm{d}t}\left(\frac{1}{2} mv_{/\!/}^2\right) = -\frac{\mathrm{d}}{\mathrm{d}t}\left(\frac{1}{2} mv_\perp^2\right) = -\frac{\mathrm{d}}{\mathrm{d}t}\left(\frac{\mu}{c} H\right) \tag{3.37}$$

再次代入式(3.35)(如同绝热近似下),得

$$\mu = 常数 \tag{3.38}$$

如果 θ 是 $\boldsymbol{v}$ 和 z 轴的夹角,则

$$\frac{v_\perp}{v} = \sin \theta \tag{3.39}$$

我们有 $\sin^2\theta = (v_\perp/v)^2$，并且 $v_\perp^2/H$ 为常数（μ 为不变量），那么

$$\sin^2\theta = \frac{H}{H_0}\sin^2\theta_0 \tag{3.40}$$

其中 $\sin\theta_0 = v_\perp/v$ 和 H_0 是粒子进入磁镜的初始值，$H > H_0$。当 $\sin\theta = 1$，也就是 $\theta = 90°$ 时，发生全反射。如果 H_m 是最强镜场，当 $H_m > H_0$ 时，所有满足

$$\sin^2\theta_0 > \frac{H_0}{H_m} \tag{3.41}$$

的粒子发生反射。每秒内立体角 $\mathrm{d}\Omega = 2\pi\sin\theta_0\mathrm{d}\theta_0$ 中"击中"磁镜的粒子数与 $\cos\theta_0\mathrm{d}\Omega$（$v_\perp^{(0)}/v = \cos\theta_0$）成正比，相应的反射系数是

$$R = \frac{\int_{\theta_0=\theta_1}^{\pi/2}\cos\theta_0\mathrm{d}\Omega}{\int_{\theta_0=0}^{\pi/2}\cos\theta_0\mathrm{d}\Omega} = 1 - \frac{H_0}{H_m}, \quad \sin^2\theta_1 = \frac{H_0}{H_m} \tag{3.42}$$

对于两面磁镜（间距为 L）之间的粒子，有纵向绝热不变量

$$v_{/\!/}L = 常数 \tag{3.43}$$

它可以这样看：对于两个相互接近的磁镜，其相对速度为

$$V = -\frac{\mathrm{d}L}{\mathrm{d}t} \tag{3.44}$$

但我们也可以计算反射导致的纵向粒子速度的变化：

$$\frac{\mathrm{d}v_{/\!/}}{\mathrm{d}t} = \frac{v_{/\!/}}{2L}2V \tag{3.45}$$

或者

$$\frac{\mathrm{d}v_{/\!/}}{\mathrm{d}t} = -\frac{v_{/\!/}}{L}\frac{\mathrm{d}L}{\mathrm{d}t} \tag{3.46}$$

由此得到式(3.43)。

在磁通管中的粒子总数不变的情况下，我们可以得到

$$nLr^2 = 常数 \tag{3.47}$$

再结合 $\mathrm{div}\boldsymbol{H} = 0$，得

$$Hr^2 = 常数 \tag{3.48}$$

如果 $H = 常数$，则

$$L \propto \frac{H}{n} \propto \frac{1}{n} \tag{3.49}$$

结合 $v_{/\!/}L = 常数$，并且

$$T_{/\!/} \propto v_{/\!/}^2 \tag{3.50}$$

对于两个磁镜间的粒子，有

$$T_{/\!/} \propto n^2 \tag{3.51}$$

对于磁通管中的粒子，$H = H(t)$，我们有 $\mu = 常数$，因此

$$v_\perp^2 \propto H \tag{3.52}$$

粒子的数量满足

$$nr^2 = 常数 \tag{3.53}$$

因为式(3.48)，有

$$H \propto n \tag{3.54}$$

以及

$$v_\perp^2 \propto n \tag{3.55}$$

因此

$$T_\perp \propto n \tag{3.56}$$

将式(3.51)和式(3.56)与绝热状态变化的一般公式

$$T \propto n^{\gamma-1} = n^{2/f} \tag{3.57}$$

相比较(f 为自由度数),我们可以发现,在式(3.51)中,粒子气体表现得像 $f=1$ 的一维气体;在式(3.56)中,粒子气体则像 $f=2$ 的二维气体。

还有一种垂直于磁场的漂移运动,它在热核构型中十分重要。它发生在垂直于磁场方向的磁场梯度上。由于磁矩恒定,它是由力

$$F_\perp = -\frac{\mu}{c}\nabla_\perp H \tag{3.58}$$

引起的。该力对粒子轨迹的影响可以通过将 E 替换为 $-(\mu/(cZe))\nabla_\perp H$ 从式(3.23)得到。结果为

$$v_D = \frac{\mu}{Ze}\frac{H \times (\nabla_\perp H)}{H^2} \tag{3.59}$$

或者由 $\mu = mv_\perp^2 c/(2H)$ 和 $r_L = mv_\perp c/(ZeH)$,得

$$\frac{v_D}{v_\perp} = \frac{r_L}{2}\frac{H \times (\nabla_\perp H)}{H^2}, \quad \frac{v_D}{v_\perp} = \frac{r_L}{2}\frac{\nabla_\perp H}{H} \tag{3.60}$$

3.4 德拜长度

从宏观层面来说,等离子体总是电中性的。即使是正、负电荷的微小分离也会导致巨大的静电力,试图恢复电中性。但在小范围内,热运动会破坏电中性。

如果每单位体积中的所有电子电荷 $n_e e$ 相对于离子背景电荷在一个方向上移动距离 x,则这种电荷分离产生的电场 E 由泊松方程确定:

$$\mathrm{div}E = 4\pi n_e e \tag{3.61}$$

由此可见

$$E = 4\pi n_e e x \tag{3.62}$$

电势为

$$V = \int_0^x E\mathrm{d}x = 2\pi n_e e x^2 \tag{3.63}$$

如果能量 $eV = 2\pi n_e e^2 x^2$ 是沿 x 方向热运动所提供的,则设 $eV = \frac{1}{2}kT$,并从式(3.63)得到

$$x = \lambda_D = \sqrt{\frac{kT}{4\pi n_e e^2}} \tag{3.64}$$

距离 λ_D 被称为德拜(Debye)长度,在尺度小于 λ_D 的情况下,电中性被破坏。这意味着在等离子体中,在尺度大于 λ_D 的情况下,离子的静电势是被屏蔽的。因此一个带 Z 个电荷的离子的离子势由以下公式推算出:

$$V(r) = \frac{Ze}{r}\mathrm{e}^{-r/\lambda_D}, \quad \lambda_D = \sqrt{\frac{kT}{4\pi n_e e^2}} \tag{3.65}$$

每单位体积有 n 个离子,被 nZ 个电子屏蔽。举个例子,假定 $T\sim10^8$ K, $n\simeq5\times10^{22}$ cm^{-3}, $Z=1$,可得 $\lambda_D\sim10^{-6}$ cm。倘若德拜长度与粒子之间的平均距离

$$d = n^{-1/3} \tag{3.66}$$

可比,那么只有 $\lambda_D>d$,我们才会说是等离子体。如果 $\lambda_D<d$,那么这个等离子体就是非理想的。在 $d\sim10^{-7}$ cm, $\lambda_D\sim10^{-6}$ cm 的特定例子中,等离子体是理想的。然而,从式(3.65)可以看出,过低的温度和过高的密度都会使等离子体变成非理想的。

3.5　宏观等离子体理论

只要等离子体是理想的,即 $\lambda_D>n^{-1/3}$,它就可以通过离子和电子的双流体模型来描述。下面是有外力和摩擦的离子和电子的欧拉方程。下标 i 代表离子,下标 e 代表电子:

$$n_i m_i\left(\frac{\partial \boldsymbol{v}_i}{\partial t} + (\boldsymbol{v}_i \cdot \nabla)\boldsymbol{v}_i\right) = n_i Ze\left(\boldsymbol{E} + \frac{1}{c}\boldsymbol{v}_i \times \boldsymbol{H}\right) - \nabla p_i + \boldsymbol{P}_{ie} \tag{3.67a}$$

$$n_e m_e\left(\frac{\partial \boldsymbol{v}_e}{\partial t} + (\boldsymbol{v}_e \cdot \nabla)\boldsymbol{v}_e\right) = - n_e e\left(\boldsymbol{E} + \frac{1}{c}\boldsymbol{v}_e \times \boldsymbol{H}\right) - \nabla p_e + \boldsymbol{P}_{ei} \tag{3.67b}$$

根据牛顿的作用力 = 反作用力原理,对于摩擦项 $\boldsymbol{P}_{ie}$ 和 $\boldsymbol{P}_{ei}$,可得

$$\boldsymbol{P}_{ie} + \boldsymbol{P}_{ei} = \boldsymbol{0} \tag{3.67c}$$

引入

$$\rho = n_i m_i + n_e m_e \quad \text{（质量密度）}$$

$$\boldsymbol{v} = \frac{1}{\rho}(n_i m_i \boldsymbol{v}_i + n_e m_e \boldsymbol{v}_e) \quad \text{（质心速度）}$$

$$\boldsymbol{j} = e(n_i Z\boldsymbol{v}_i - n_e \boldsymbol{v}_e) \quad \text{（电流密度）}$$

$$\rho_e = e(Zn_i - n_e) \quad \text{（电荷密度）}$$

并假设电中性,即 $Zn_i = n_e$,通过将式(3.67a)与式(3.67b)相加,并忽略 $\boldsymbol{v}_e$ 和 $\boldsymbol{j}$ 的二次项,可得

$$\rho\left[\frac{\partial \boldsymbol{v}}{\partial t} + (\boldsymbol{v} \cdot \nabla)\boldsymbol{v}\right] = - \nabla p + \frac{1}{c}\boldsymbol{j} \times \boldsymbol{H} \tag{3.68}$$

其中 $p = p_e + p_i$。将式(3.67a)乘以 Zm_e,将式(3.67b)乘以 m_i,然后第二个式子减去第一个式子,和之前一样忽略 $\boldsymbol{v}_e$ 和 $\boldsymbol{j}$ 的二次项,可得

$$\frac{m_i m_e}{Ze^2\rho}\frac{\partial \boldsymbol{j}}{\partial t} = \boldsymbol{E} + \frac{1}{c}\boldsymbol{v} \times \boldsymbol{H} - \frac{1}{\sigma}\boldsymbol{j} + \frac{1}{Ze\rho}\left[m_i \nabla p_e - Zm_e \nabla p_i - \frac{1}{c}(m_i - Zm_e)\boldsymbol{j} \times \boldsymbol{H}\right] \tag{3.69}$$

在式(3.69)中,我们作了一个"碰撞假设", σ 仍有待确定:

$$\boldsymbol{P}_{ei} = - \boldsymbol{P}_{ie} = \frac{1}{\sigma}en_e\boldsymbol{j} \tag{3.70}$$

方程(3.68)和方程(3.69)必须由以下内容补充:

1. $n_e = Zn_i$ 条件下的状态方程

$$p = p_e + p_i = n_e kT + n_i kT = (1 + Z)n_i kT \tag{3.71}$$

2. 连续性方程

$$\frac{\partial \rho}{\partial t} + \nabla \cdot (\rho \boldsymbol{v}) = 0 \tag{3.72}$$

3. 能量方程(热力学第一和第二定律)。

4. 麦克斯韦方程组,在静电 cgs 单位制下为

$$\mathrm{div}E = 4\pi e(Zn_i - n_e)$$

$$\mathrm{div}H = 0$$

$$-\frac{1}{c}\frac{\partial H}{\partial t} = \mathrm{curl}E \tag{3.73}$$

$$\frac{4\pi}{c}j + \frac{1}{c}\frac{\partial E}{\partial t} = \mathrm{curl}H$$

如果 $v = 0$,那么由式(3.68)我们得到

$$\frac{1}{c}j \times H = \nabla p \tag{3.74}$$

此外,如果 $\partial E/\partial t = 0$,那么 $(4\pi/c)j = \mathrm{curl}H$,于是

$$\mathrm{curl}(H \times \mathrm{curl}H) = 0 \tag{3.75}$$

如果 $\mathrm{curl}H = 0$,那么就没有任何电流流经等离子体,很容易满足式(3.75)的条件,但若 $H \times \mathrm{curl}H = 0$,这一条件也能满足。在这一情况下(称为无力磁场),电流和磁场线平行。

对于 $v = 0$,忽略 m_e/m_i 阶数项,并用式(3.74)来表示 $j \times H$,从式(3.69)可以得到

$$\frac{1}{\sigma}j = E - \frac{1}{en_e}\nabla p_i \tag{3.76}$$

在恒压下,我们得到

$$j = \sigma E \tag{3.77}$$

这表明 σ 是导电率,式(3.69)是广义欧姆定律。

由麦克斯韦方程 $(4\pi/c)j = \mathrm{curl}H$,可以算出电阻损耗:

$$j \cdot E = \frac{j^2}{\sigma} = \frac{1}{\sigma}\left(\frac{c}{4\pi}\right)^2(\mathrm{curl}H)^2 \tag{3.78}$$

如果 $v \neq 0$,那么可以从式(3.69)得到(忽略 $\partial j/\partial t$ 和压强梯度项)

$$j = \sigma\left(E + \frac{1}{c}v \times H\right) \tag{3.79}$$

由式(3.79)和麦克斯韦方程 $-(1/c)\partial H/\partial t = \mathrm{curl}E$ 消去 E,可得

$$-\frac{1}{c}\frac{\partial H}{\partial t} = \frac{1}{\sigma}\mathrm{curl}j - \frac{1}{c}\mathrm{curl}v \times H \tag{3.80}$$

由式(3.80)和麦克斯韦方程 $(4\pi/c)j = \mathrm{curl}H$ 消去 j,可得

$$\frac{\partial H}{\partial t} = \mathrm{curl}v \times H - \frac{c^2}{4\pi\sigma}\mathrm{curl}\,\mathrm{curl}H \tag{3.81}$$

由矢量恒等式 $\mathrm{curl}\,\mathrm{curl} = \mathrm{grad}\,\mathrm{div} - \nabla^2$ 以及 $\mathrm{div}H = 0$,最后可以得到

$$\frac{\partial H}{\partial t} = \mathrm{curl}v \times H + \frac{c^2}{4\pi\sigma}\nabla^2 H \tag{3.82}$$

设 $r = R\xi, v = U\mu, t = (R/U)\tau$,其中 R 和 U 分别是所考虑问题的特征长度和速度,我们可以将式(3.82)改写为

$$\frac{\partial H}{\partial \tau} = \mathrm{curl}\mu \times H + \frac{1}{Rem}\nabla^2 H \tag{3.83}$$

其中 curl 和 ∇^2 运算是关于 ξ 的,且

$$Rem = \frac{4\pi UR}{c^2} \tag{3.84}$$

是磁雷诺数。如果 $Rem \gg 1$,那么

$$\frac{\partial H}{\partial t} \simeq \mathrm{curl}\, v \times H \tag{3.85a}$$

如果 $Rem \ll 1$,那么

$$\frac{\partial H}{\partial t} \simeq \frac{c^2}{4\pi\sigma} \nabla^2 H \tag{3.85b}$$

后者对于 $v = 0$ 是完全正确的。

从式(3.85b),我们可以得到磁场在导电等离子体中穿透和耗散的特征扩散时间 $t_0 = (R/U)\tau$:

$$t_0 = \frac{4\pi\sigma R^2}{c^2} \tag{3.86}$$

当 $Rem \gg 1$ 时,等离子体受磁场拖曳;当 $Rem \ll 1$ 时,磁场被耗散;当 $Rem = 1$ 时,可以得到在磁流体发电机中实现的稳态情况,这发生在地球液态金属核心中,形成地球磁场。

对于 $H \perp j$ 的特殊情况,我们可以得到 $(H \cdot \nabla)H = 0$,并且由于 $H \times \mathrm{curl} H = \nabla(H^2/2) - (H \cdot \nabla)H$,因此

$$H \times \mathrm{curl} H = \nabla(H^2/2) \tag{3.87}$$

那么在这种情况下,我们可以引入磁压的概念:

$$p_H = \frac{H^2}{8\pi} \tag{3.88}$$

因此静磁学方程(3.74)化为

$$\nabla(p + p_H) = 0 \tag{3.89}$$

即得 $p + p_H =$ 常数。最后的结果可以应用于描述箍缩效应,即表面电流 I 沿着等离子体圆柱体(图3.2)流动。由

$$\frac{4\pi}{c} j = \mathrm{curl} H \tag{3.90}$$

得到

$$\int \frac{4\pi}{c} j \cdot \mathrm{d}S = \int \mathrm{curl} H \cdot \mathrm{d}S = \oint H \cdot \mathrm{d}s \tag{3.91}$$

或者

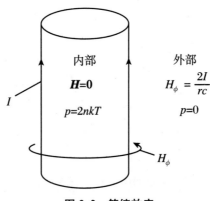

图 3.2　箍缩效应

$$\frac{4\pi}{c}I = 2\pi rH \qquad (3.92)$$

因此

$$H = \frac{2I}{rc} \qquad (3.93)$$

在等离子体柱内,假设 $Z=1$,可得

$$p = 2nkT, \quad p_H = 0 \qquad (3.94)$$

而在等离子体柱外,有

$$p = 0, \quad p_H = \frac{H^2}{8\pi} = \frac{I^2}{2\pi r^2 c^2} \qquad (3.95)$$

由 $p + p_H =$ 常数得在等离子体-真空边界处有

$$(p + p_H)_{内} = (p + p_H)_{外} \qquad (3.96)$$

或者

$$2nkT = \frac{H^2}{8\pi} \qquad (3.97)$$

或者

$$p = 2nkT = \frac{I^2}{2\pi r_0^2 c^2} \qquad (3.98)$$

在单位箍缩长度的离子和电子的总数 $N = \pi r_0^2 n$ 的情况下,我们可以得到贝内特(Bennett)关系

$$4NkT = \frac{I^2}{c^2} \qquad (3.99)$$

如果 I 以安培为单位测量,那么式(3.99)变成

$$I^2 = 400NkT \qquad (3.100)$$

应该指出的是,在大电流下达到的高温完全是由磁压缩造成的,因为没有电阻型加热直接进入贝内特方程。

一个重要的参数是 β 因子:

$$\beta = \frac{p}{p_H} \qquad (3.101)$$

其中 p 为内部等离子体压,p_H 为外部作用的磁压。根据式(3.97),对于箍缩效应,$\beta=1$。

箍缩效应是等离子体磁约束的一个例子,流经等离子体的电流建立了一个磁场,其磁压达到 $H^2/(8\pi)$,这对等离子体施加了约束力。但等离子体也可以被外部施加的磁场约束。正如我们稍后可以看到的,这两种情况都与热核微爆炸有关。

关于等离子体磁约束的微观工作,可以得出以下结论:从式(3.67a)和式(3.67b)可以看出,大致可以得出 $v_e/v_i \sim \sqrt{m_i/m_e} \gg 1$,这意味着电流主要由电子携带。由于电子与离子的拉莫尔半径之比 $r_{Le}/r_{Li} \sim (m_e v_e)/(m_i v_i) \sim \sqrt{m_e/m_i} \ll 1$,电子和磁力线紧紧地结合在一起,离子通过静电力固定在电子上,以维持电子-离子等离子体的电中性。

最后,我们总结一下所谓的磁流体动力学(MHD)近似下的宏观等离子体方程,这对大多数高密度热核等离子体来说是足够的:

1. 欧姆定律与麦克斯韦方程组的结合:

$$\mathrm{div}\boldsymbol{H} = 0$$

$$\frac{\partial \boldsymbol{H}}{\partial t} = \mathrm{curl}\boldsymbol{v} \times \boldsymbol{H} + \frac{c^2}{4\pi\sigma}\,\nabla^2\boldsymbol{H}\Bigg\} \tag{3.102}$$

2. 运动方程与麦克斯韦方程组的结合(ν 为运动黏度)：

$$\frac{\partial \boldsymbol{v}}{\partial t} + (\boldsymbol{v}\cdot\mathrm{grad})\boldsymbol{v} = -\frac{1}{\rho}\mathrm{grad}p - \frac{1}{4\pi\rho}\boldsymbol{H}\times\mathrm{curl}\boldsymbol{H} + \nu\,\nabla^2\boldsymbol{v} \tag{3.103}$$

3. 连续性方程

$$\frac{\partial \rho}{\partial t} + \mathrm{div}(\rho\boldsymbol{v}) = 0 \tag{3.104}$$

4. 能量方程(s 为比熵，κ 为导热系数)

$$\rho T\left(\frac{\partial s}{\partial t} + \boldsymbol{v}\cdot\mathrm{grad}s\right) = \mathrm{div}(\kappa\,\mathrm{grad}T) + \frac{c^2}{16\pi^2\sigma}(\mathrm{curl}\boldsymbol{H})^2 + \frac{\rho\nu}{2}(\mathrm{curl}\boldsymbol{v})^2 \tag{3.105}$$

5. 状态方程

$$p = p(\rho, T) \tag{3.106}$$

对于 10 个未知数 $\boldsymbol{v}$、$\boldsymbol{H}$、p、ρ、s、T 等，一共有 10 个方程。在 MHD 近似下，麦克斯韦方程组中的位移电流被忽略，并假定是电中性的。

3.6　热核等离子体的磁流体动力学

在热核等离子体的高温下，我们可以将电导率设定为无限大。在没有黏性耗散和热传导的情况下，磁流体动力学方程为

$$\frac{\partial \boldsymbol{H}}{\partial t} = \mathrm{curl}\boldsymbol{v}\times\boldsymbol{H}, \quad \mathrm{div}\boldsymbol{H} = 0 \tag{3.107}$$

$$\frac{\partial \boldsymbol{v}}{\partial t} + (\boldsymbol{v}\cdot\nabla)\boldsymbol{v} = -\frac{1}{\rho}\nabla p - \frac{1}{4\pi\rho}\boldsymbol{H}\times\mathrm{curl}\boldsymbol{H} \tag{3.108}$$

$$\frac{\partial \rho}{\partial t} + \nabla\cdot(\rho\boldsymbol{v}) = 0 \tag{3.109}$$

$$p = p(\rho) \tag{3.110}$$

后者在这里是等熵状态方程。由欧拉导数

$$\frac{\mathrm{d}}{\mathrm{d}t} = \frac{\partial}{\partial t} + (\boldsymbol{v}\cdot\nabla) \tag{3.111}$$

得

$$\begin{aligned}\frac{\mathrm{d}\boldsymbol{H}}{\mathrm{d}t} &= \frac{\partial \boldsymbol{H}}{\partial t} + (\boldsymbol{v}\cdot\nabla)\boldsymbol{H} \\ &= \mathrm{curl}\boldsymbol{v}\times\boldsymbol{H} + (\boldsymbol{v}\cdot\nabla)\boldsymbol{H}\end{aligned} \tag{3.112}$$

由矢量恒等式

$$\mathrm{curl}\boldsymbol{v}\times\boldsymbol{H} = (\boldsymbol{H}\cdot\nabla)\boldsymbol{v} - (\boldsymbol{v}\cdot\nabla)\boldsymbol{H} + \boldsymbol{v}\,\mathrm{div}\boldsymbol{H} - \boldsymbol{H}\,\mathrm{div}\boldsymbol{v}$$

以及

$$\mathrm{div}\boldsymbol{H} = 0$$

我们将式(3.112)写成

$$\frac{\mathrm{d}\boldsymbol{H}}{\mathrm{d}t} = (\boldsymbol{H}\cdot\nabla)\boldsymbol{v} - \boldsymbol{H}\,\mathrm{div}\boldsymbol{v} \tag{3.113}$$

此外，由于

$$\begin{aligned} \frac{\mathrm{d}\rho}{\mathrm{d}t} &= \frac{\partial\rho}{\partial t} + \boldsymbol{v}\cdot\mathrm{grad}\rho \\ &= -\,\mathrm{div}\rho\boldsymbol{v} + \boldsymbol{v}\cdot\mathrm{grad}\rho \\ &= -\,\rho\,\mathrm{div}\boldsymbol{v} \end{aligned} \tag{3.114}$$

因此

$$\begin{aligned} \frac{\mathrm{d}\boldsymbol{H}}{\mathrm{d}t} &= (\boldsymbol{H}\cdot\nabla)\boldsymbol{v} - \boldsymbol{H}\mathrm{div}\boldsymbol{v} \\ &= (\boldsymbol{H}\cdot\nabla)\boldsymbol{v} + \frac{\boldsymbol{H}}{\rho}\frac{\mathrm{d}p}{\mathrm{d}t} \end{aligned} \tag{3.115}$$

或者

$$\frac{\mathrm{d}}{\mathrm{d}t}\left(\frac{\boldsymbol{H}}{\rho}\right) = \left(\frac{\boldsymbol{H}}{\rho}\cdot\nabla\right)\boldsymbol{v} \tag{3.116}$$

式(3.116)的物理解释如下：考虑一个随流体运动的液丝的变化 δ（图3.3），有

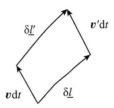

图 3.3　随流体运动的液丝的变化向量

$$\delta\underline{l}' - \delta\underline{l} = \frac{\mathrm{d}\delta\underline{l}}{\mathrm{d}t}\cdot\mathrm{d}t = (\boldsymbol{v}' - \boldsymbol{v})\mathrm{d}t$$

但是

$$\boldsymbol{v}' = \boldsymbol{v} + (\delta\underline{l}\cdot\nabla)\boldsymbol{v}$$

因此可以看出

$$\frac{\mathrm{d}\delta\underline{l}}{\mathrm{d}t} = (\delta\underline{l}\cdot\nabla)\boldsymbol{v}$$

或者说 δl 被"冻结"在流体中。根据式(3.116)，同样的情况也发生在 H 上。磁场被"冻结"在其中的等离子体称为磁化等离子体。

接下来我们考虑磁化等离子体的小振幅扰动。一共有三种模式：(1) 横向阿尔芬(Alfvén)波；(2) 沿力线的纵向声波；(3) 垂直于力线的纵向"混合"磁声波。

模式从线性化方程组获得，其中 $h \ll H_0$ 是施加在 H_0 上的磁场扰动，就像 $\rho \ll \rho_0$ 是施加在 ρ_0 上的密度扰动，并且忽略了所有小的非线性项：

$$\frac{\partial\boldsymbol{h}}{\partial t} = \mathrm{curl}(\boldsymbol{v}\times\boldsymbol{H}_0) \tag{3.117}$$

$$\frac{\partial\boldsymbol{v}}{\partial t} = -\frac{1}{\rho_0}\mathrm{grad}p - \frac{1}{4\pi\rho_0}\boldsymbol{H}_0\times\mathrm{curl}\boldsymbol{h} \tag{3.118}$$

$$\frac{\partial\rho}{\partial t} + \rho_0\mathrm{div}\boldsymbol{v} = 0 \tag{3.119}$$

由 $\mathrm{grad}p = (\partial p/\partial\rho)\mathrm{grad}\rho = a^2\mathrm{grad}\rho$ 和 $\boldsymbol{u} = \boldsymbol{H}_0/\sqrt{4\pi\rho_0}$，其中 a 和 u 分别是声速和阿尔芬

速度,从式(3.117)~式(3.119)中消去 ρ 和 h,得到波动方程:

$$\frac{\partial^2 \boldsymbol{v}}{\partial t^2} = a^2 \operatorname{grad} \operatorname{div} \boldsymbol{v} + \boldsymbol{u} \times \operatorname{curl} \operatorname{curl}(\boldsymbol{u} \times \boldsymbol{v}) \tag{3.120}$$

1. $\operatorname{div} \boldsymbol{v} = 0$ 的横向阿尔芬波沿力线传播。它服从波动方程

$$\frac{\partial^2 \boldsymbol{v}}{\partial t^2} = \boldsymbol{u} \times \operatorname{curl} \operatorname{curl}(\boldsymbol{u} \times \boldsymbol{v}) \tag{3.121}$$

如果 $\boldsymbol{u}$ 沿 x 轴方向,且 $\boldsymbol{v}$ 垂直于 $\boldsymbol{u}$,那么式(3.121)变为

$$-\frac{1}{u^2}\frac{\partial^2 v}{\partial t^2} + \frac{\partial^2 v}{\partial x^2} = 0 \tag{3.122}$$

这一式子描述了以阿尔芬速度 $u = H_0 / \sqrt{4\pi\rho_0}$ 传播的平面阿尔芬波。

2. $\boldsymbol{v}$ 平行于 $\boldsymbol{H}_0$,且 $\boldsymbol{u} \times \boldsymbol{v} = \boldsymbol{0}$ 的声波服从波动方程

$$\frac{\partial^2 \boldsymbol{v}}{\partial t^2} = a^2 \operatorname{grad} \operatorname{div} \boldsymbol{v} \tag{3.123}$$

或者

$$-\frac{1}{a^2}\frac{\partial^2 v}{\partial t^2} + \frac{\partial^2 v}{\partial x^2} = 0 \tag{3.124}$$

3. 对于垂直于 $\boldsymbol{H}_0$ 传播的纵波,我们将波动方程(3.120)改写如下:

$$\frac{\partial^2 \boldsymbol{v}}{\partial t^2} = a^2 \operatorname{grad} \operatorname{div} \boldsymbol{v} + \boldsymbol{u} \times \operatorname{curl} \operatorname{curl}(\boldsymbol{u} \times \boldsymbol{v})$$

$$= (a^2 + u^2) \operatorname{grad} \operatorname{div} \boldsymbol{v} - \boldsymbol{u}(\boldsymbol{u} \cdot \nabla) \operatorname{div} \boldsymbol{v} - \boldsymbol{u} \times (\boldsymbol{u} \cdot \nabla) \operatorname{curl} \boldsymbol{v} \tag{3.125}$$

如果 $\boldsymbol{u} \perp \boldsymbol{k}$,则 $\boldsymbol{u} \cdot \boldsymbol{k} = 0$,因此 $\boldsymbol{u} \cdot \nabla = 0$,于是波动方程变为

$$\frac{\partial^2 \boldsymbol{v}}{\partial t^2} = (a^2 + u^2) \operatorname{grad} \operatorname{div} \boldsymbol{v} \tag{3.126}$$

且相速度 $a^* = \sqrt{a^2 + u^2}$。(对于斜向 $\boldsymbol{H}_0$ 传播的波,情况更为复杂。)

对于等熵状态方程,有 $p \propto \rho^\gamma$(γ 为比热比),并且 $\partial p/\partial \rho = \gamma p/\rho$。声速与阿尔芬速度之比就是

$$\frac{a}{u} = \sqrt{\frac{\gamma\beta}{2}} \tag{3.127}$$

其中 $\beta = p/p_H$,$p_H = H^2/(8\pi)$。对于单原子分子气体,若 $\beta = 1$,则 $a \approx u$。

3.7 静电和电磁等离子体扰动

最大的静电等离子体扰动源于电子和离子之间的电荷分离。假设 $H = 0$,$\sigma = \infty$,$\nabla p_e = \nabla p_i = 0$,式(3.69)变为

$$\frac{m_i m_e}{Ze^2\rho}\frac{\partial \boldsymbol{j}}{\partial t} = \boldsymbol{E} \tag{3.128}$$

由 $m_i \gg m_e$,我们可以假设离子保持静止,$\boldsymbol{j} = -n_e e\boldsymbol{v} = -Zn_i e\boldsymbol{v}$,其中 $\boldsymbol{v}$ 是电子速度。由 $\rho \simeq n_i m_i$,设 $m_e \equiv m$,可以从式(3.69)得到

$$m\frac{\partial \boldsymbol{v}}{\partial t} = -e\boldsymbol{E} \tag{3.129}$$

从麦克斯韦方程

$$\frac{4\pi}{c}\boldsymbol{j} + \frac{1}{c}\frac{\partial \boldsymbol{E}}{\partial t} = 0 \tag{3.130}$$

和 $\boldsymbol{j} = -n_{\mathrm{e}}e\boldsymbol{v}$ 可以得到

$$\frac{\partial \boldsymbol{E}}{\partial t} = 4\pi n_{\mathrm{e}}e\boldsymbol{v} \tag{3.131}$$

消去式(3.129)和式(3.131)的 $\boldsymbol{E}$,可以得到

$$\ddot{\boldsymbol{v}} + \omega_{\mathrm{p}}^2 \boldsymbol{v} = 0 \tag{3.132}$$

其中

$$\omega_{\mathrm{p}} = \sqrt{\frac{4\pi n_{\mathrm{e}}e^2}{m}} \tag{3.133}$$

是电子等离子体频率。比较式(3.133)和德拜长度(3.64),我们会发现 $\lambda_{\mathrm{D}}\omega_{\mathrm{p}} = \sqrt{kT/m}$ 是热电子速度。

下一步我们推导电磁等离子体波的方程,如前所述,假设 $H = 0$,$\sigma = \infty$。根据麦克斯韦方程组

$$\frac{4\pi}{c}\boldsymbol{j} + \frac{1}{c}\frac{\partial \boldsymbol{E}}{\partial t} = \mathrm{curl}\boldsymbol{H} \tag{3.134}$$

$$-\frac{1}{c}\frac{\partial \boldsymbol{H}}{\partial t} = \mathrm{curl}\boldsymbol{E} \tag{3.135}$$

通过消去 $\boldsymbol{H}$ 和应用 $\mathrm{div}\boldsymbol{E} = 0$,我们得到

$$\frac{4\pi}{c^2}\frac{\partial \boldsymbol{j}}{\partial t} + \frac{1}{c^2}\frac{\partial^2 \boldsymbol{E}}{\partial t^2} = -\mathrm{curl\,curl}\boldsymbol{E} = \nabla^2 \boldsymbol{E} \tag{3.136}$$

对于 $\sigma = \infty$,欧姆定律(3.69)($n_{\mathrm{e}} = Zn_{\mathrm{i}}$,$\rho = n_{\mathrm{i}}m_{\mathrm{i}}$)为

$$\frac{\partial \boldsymbol{j}}{\partial t} = \frac{\omega_{\mathrm{p}}^2}{4\pi}\boldsymbol{E} \tag{3.137}$$

将式(3.137)代入式(3.136)中,可以得到

$$-\frac{1}{c^2}\frac{\partial^2 \boldsymbol{E}}{\partial t^2} + \nabla^2 \boldsymbol{E} = \frac{\omega_{\mathrm{p}}^2}{c^2}\boldsymbol{E} \tag{3.138}$$

设 $\boldsymbol{E} = A\mathrm{e}^{\mathrm{i}(kx-\omega t)}$,可以从式(3.138)得到

$$\frac{\omega^2}{c^2} - k^2 = \frac{\omega_{\mathrm{p}}^2}{c^2} \tag{3.139}$$

并且可以得到相速度

$$V = \frac{\omega}{k} = \frac{c}{\sqrt{1 - \omega_{\mathrm{p}}^2/\omega^2}} \tag{3.140}$$

当 V 为实数时,$\omega > \omega_{\mathrm{p}}$,当 $\omega < \omega_{\mathrm{p}}$ 时为全反射。当 $\omega < \omega_{\mathrm{p}}$ 时,k 值变为虚数,由此 $\mathrm{e}^{\mathrm{i}kx}$ 随着波穿透等离子体的深度变为 $\mathrm{e}^{-\kappa x}$($d = 1/\kappa$):

$$d = \frac{c}{\omega_{\mathrm{p}}}\frac{1}{\sqrt{1 - \omega^2/\omega_{\mathrm{p}}^2}} \tag{3.141}$$

忽略欧姆定律(3.69)中的 $(4\pi/\omega_{\mathrm{p}}^2)\partial \boldsymbol{j}/\partial t$ 对 $(1/\sigma)\boldsymbol{j}$ 的影响,得到

$$\frac{\partial \boldsymbol{j}}{\partial t} = \sigma\frac{\partial \boldsymbol{E}}{\partial t} \tag{3.142}$$

之后代入式(3.136),得到

$$k^2 = \frac{\omega^2}{c^2} + \mathrm{i}\,\frac{4\pi\sigma\omega}{c^2} \tag{3.143}$$

对于强波衰退

$$k^2 = \mathrm{i}\,\frac{4\pi\sigma\omega}{c^2} \tag{3.144}$$

因此

$$\kappa = \frac{1}{c}\,\sqrt{2\pi\sigma\omega} \tag{3.145}$$

这就是众所周知的趋肤效应。

接下来我们对欧姆定律作更优的近似：

$$\frac{4\pi}{\omega_{\mathrm{p}}^2}\,\frac{\partial \boldsymbol{j}}{\partial t} = \boldsymbol{E} - \frac{1}{\sigma}\boldsymbol{j} \tag{3.146}$$

对 $\boldsymbol{j} \propto \mathrm{e}^{-\mathrm{i}\omega t}$，有

$$\left(-\frac{4\pi\mathrm{i}\omega}{\omega_{\mathrm{p}}^2} + \frac{1}{\sigma}\right)\boldsymbol{j} = \boldsymbol{E} \tag{3.147}$$

将式(3.147)代入式(3.134)，可得

$$\left(\frac{kc}{\omega}\right)^2 = 1 - \left(\frac{\omega_{\mathrm{p}}}{\omega}\right)^2 \frac{1}{1 + \mathrm{i}\omega_{\mathrm{p}}^2/(4\pi\omega\sigma)} \tag{3.148}$$

如果 $\omega_{\mathrm{p}}^2/(4\pi\omega\sigma) \ll 1$，那么近似有

$$\left(\frac{kc}{\omega}\right)^2 \simeq 1 - \left(\frac{\omega_{\mathrm{p}}}{\omega}\right)^2 \left(1 - \frac{\mathrm{i}\omega_{\mathrm{p}}^2}{4\pi\omega\sigma}\right)$$

$$= 1 - \left(\frac{\omega_{\mathrm{p}}}{\omega}\right)^2 + \mathrm{i}\left(\frac{\omega_{\mathrm{p}}}{\omega}\right)^2 \frac{\omega_{\mathrm{p}}^2}{4\pi\omega\sigma} \tag{3.149}$$

由于式(3.149)的虚部和实部相比较小，可得

$$\frac{kc}{\omega} \simeq \left[1 - (\omega_{\mathrm{p}}/\omega)^2\right]^{1/2} \left\{1 - \mathrm{i}\,\frac{(\omega_{\mathrm{p}}/\omega)^2\left[\omega_{\mathrm{p}}^2/(8\pi\sigma\omega)\right]}{1 - (\omega_{\mathrm{p}}/\omega)^2}\right\} \tag{3.150}$$

式(3.150)的虚部导致了衰减系数

$$\kappa = \frac{1}{c}\,\frac{(\omega_{\mathrm{p}}/\omega)^2\left[\omega_{\mathrm{p}}^2/(8\pi\sigma\omega)\right]}{\left[1 - (\omega_{\mathrm{p}}/\omega)^2\right]^{1/2}} \tag{3.151}$$

在4.2节中，我们将证明 σ 与电子-离子碰撞频率 ν 的关系为 $\sigma = \omega_{\mathrm{p}}^2/(4\pi\nu)$。这为式(3.151)提供了一种特别简单的形式：

$$\kappa = \frac{\nu}{2c}\,\frac{(\omega_{\mathrm{p}}/\omega)^2}{\left[1 - (\omega_{\mathrm{p}}/\omega)^2\right]^{1/2}} \tag{3.152}$$

最后，我们给出等离子体频率的数值表达式：

$$\nu_{\mathrm{p}} = \frac{\omega_{\mathrm{p}}}{2\pi} = 8.97 \times 10^3\, n_{\mathrm{e}}^{1/2} \tag{3.153}$$

3.8　磁流体动力学不稳定性

在热核微爆炸的背景下，有两种特别重要的磁流体动力学不稳定性需要注意。它们出现在3.5节所述的箍缩放电中，如图3.4所示。第一个不稳定性(图3.4(a))是所谓的腊肠

（sausage）或 $m=0$ 不稳定性,而第二个不稳定性（图 3.4(b)）是所谓的扭曲（kink）或 $m=1$ 不稳定性。在这两种情况下,不稳定性都源于圆柱体箍缩放电柱的磁压和等离子体压的不稳定平衡。在 $m=0$ 不稳定性中,箍缩放电的局部收缩使磁压高于等离子体压,并有切断电流（磁场源）的趋势。在 $m=1$ 不稳定性中,磁压在弯曲放电通道的凹面侧增加,像 $m=0$ 不稳定性中那样试图破坏电流。不稳定性增长的速度由磁压 $p_H = H^2/(8\pi)$ 超过等离子体压

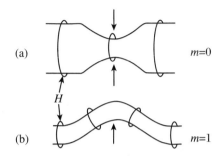

图 3.4　箍缩放电中 $m=0$ 和 $m=1$ 不稳定性

p 的程度决定。对于 $p_H \gg p$,我们得到速度

$$a = \sqrt{\frac{p_H}{\rho}} = \frac{1}{\sqrt{2}} v_A \tag{3.154}$$

其中 $v_A = H/\sqrt{4\pi\rho}$ 是阿尔芬速度。因此通过 $m=0$ 或 $m=1$ 不稳定性破坏半径 r 的箍缩放电通道所需时间的数量级为

$$\tau_{\text{inst.}} \simeq \frac{r}{v_A} \tag{3.155}$$

$m=0$ 和 $m=1$ 不稳定性都可以通过三种方式抑制：

1. 通过在箍缩放电通道内夹带一个轴向磁场 H_z,其强度与箍缩放电的角向磁场 H_ϕ 的强度相当：

$$H_z \gtrsim H_\phi \tag{3.156}$$

2. 通过轴向剪切流 $v_z(r)$,其停滞压 $\frac{1}{2}\rho v_z^2$ 大于箍缩放电的磁压：

$$\frac{1}{2}\rho v_z^2 \gtrsim \frac{H_\phi^2}{8\pi} \tag{3.157}$$

3. 通过放电通道的快速旋转,使离心力等于磁压梯度：

$$\frac{\rho v_\phi^2}{r} = \nabla\left(\frac{H^2}{8\pi}\right) \tag{3.158}$$

3.9　辐　射　压

完全电离等离子体上的辐射压由力密度计算：

$$f = \frac{1}{c} j \times H \tag{3.159}$$

用麦克斯韦方程

$$\frac{4\pi}{c} j = \text{curl} H - \frac{1}{c}\frac{\partial E}{\partial t} \tag{3.160}$$

表达 j，然后使用另一个麦克斯韦方程

$$\frac{1}{c}\frac{\partial H}{\partial t} + \mathrm{curl}E = 0 \tag{3.161}$$

可以得到

$$f = \frac{1}{4\pi}\left[(\mathrm{curl}H)\times H - \frac{1}{c}\frac{\partial E}{\partial t}\times H\right] \tag{3.162}$$

接下来，使用恒等式

$$-\frac{1}{c}\frac{\partial E}{\partial t}\times H = \frac{1}{c}E\times\frac{\partial H}{\partial t} - \frac{1}{c}\frac{\partial}{\partial t}(E\times H) \tag{3.163}$$

我们可以省略式中的最后一项，因为对于电磁波其时间平均值消失了。因此我们有

$$f = \frac{1}{4\pi}\left[(\mathrm{curl}H)\times H + (\mathrm{curl}E)\times E\right] \tag{3.164}$$

对于一个沿 x 轴传播的电磁波，这就变成了

$$f_x = -\frac{1}{4\pi}\left(\frac{\partial H_z}{\partial x}H_z + \frac{\partial H_y}{\partial x}H_y + \frac{\partial E_z}{\partial x}E_z + \frac{\partial E_y}{\partial x}E_y\right)$$

$$= -\frac{1}{8\pi}\frac{\partial}{\partial x}(H^2 + E^2) \tag{3.165}$$

由电磁波的能量密度

$$u = \frac{H^2 + E^2}{8\pi} \tag{3.166}$$

式(3.165)变为

$$f_x = -\frac{\partial u}{\partial x} \tag{3.167}$$

辐射能流密度为 $S = uc$，那么

$$f_x = -\frac{1}{c}\frac{\partial S}{\partial x} \tag{3.168}$$

如果电磁波的频率 ω 小于等离子体的频率 ω_p，那么随着等离子体电子加速到动能

$$\varepsilon = \frac{1}{n_e}\int_0^\infty f_x \mathrm{d}x = -\frac{1}{n_e c}\int_0^\infty \frac{\partial S}{\partial x}\mathrm{d}x = \frac{1}{n_e c}S = \frac{u}{n_e} \tag{3.169}$$

电磁波的振幅迅速下降，其中 S 是真空-等离子体界面处的辐射能通量密度，这时 $x = 0$。

3.10　冷物质的状态方程

针对内爆壳问题，以及冷 DT 的等熵压缩问题，我们需要用状态方程来解决。对于冷 DT 来说，它由费米状态方程（m 为电子质量）给出：

$$p = \frac{h^2}{5m}\left(\frac{3}{8\pi}\right)^{2/3}n^{5/3} \simeq 2.3\times10^{-27}n^{5/3}\ \left[\mathrm{dyn/cm^2}\right] \tag{3.170}$$

由于 $\gamma = 5/3$，其行为类似于单原子分子气体。

对于高 Z 材料（典型的内爆金属壳，特别是裂变壳），可以使用托马斯-费米状态方程。在最低近似下，其为

$$p = \frac{h^2}{5m}\left(\frac{3}{8\pi}\right)^{2/3}(nZ)^{5/3} \simeq 2.3\times10^{-27}(nZ)^{5/3}\ \left[\mathrm{dyn/cm^2}\right] \tag{3.171}$$

与单原子分子气体一样，对 n 具有相同的依赖性：$\gamma = 5/3$。对于一个特定的压强，有

$n \approx 10^{16} p^{3/5} / Z$。然而，根据式（3.2），$Z$ 应替换为 $Z^{2/2.42} \simeq Z^{0.83}$，以纳入内壳层电子的结合能，从而得到改进的公式 $n \approx 10^{16} p^{3/5} / Z^{0.83}$。因此，如果 DT 被压缩 ~$10^3$ 倍，那么压强为 ~10^{16} dyn/cm$^2 = 10^{10}$ atm，相同的压强将使 ^{235}U 压缩 ~23 倍。这意味着氢的压缩量是铀的 43 倍。

在其最低近似式（3.171）中，托马斯-费米状态方程仅适用于高压情况。在兆巴压强下，许多材料可以用 $p = A\rho^\gamma$ 形式的状态方程来更好地描述，其中 $\gamma = 10$，但在高爆炸药能够达到的更高压强（≈ 10 Mbar）下，有 $\gamma \approx 4$。因此函数 $\gamma \approx \gamma(p)$ 从 $p = 0$（不可压缩）的 $\gamma \approx \infty$ 开始，逐渐达到 $p \to \infty$ 的 $\gamma = 5/3$（费米气体）。

体积从 V_0 到 V 的等熵压缩能量由下式给出：

$$E = -\int_{V_0}^{V} p \, \mathrm{d}V \simeq \frac{pV}{\gamma - 1} \quad (V_0 \gg V) \tag{3.172}$$

参 考 文 献

［1］ Spitzer L, Jr. Physics of Fully Ionized Gases[M]. New York: Interscience Publishers, 1962.

［2］ Thompson W B. An Introduction to Plasma Physics[M]. Oxford: Pergamon Press, 1962.

［3］ Linhart J G. Plasma Physics[M]. Brussels: EURATOM, 1969.

［4］ Krall N A, Trivelpiece A W. Principles of Plasma Physics[M]. New York: McGraw Hill Book Company, 1973.

［5］ Landau L D, Lifshitz E M. Electrodynamics of Continuous Media[M]. Oxford: Pergamon Press, 1960.

［6］ Winterberg F. Beitr. Plasmaphys., 1985, 3: 117.

［7］ Arber T D, Howell D F. Phys. Plasmas, 1996, 3: 554.

［8］ Bradley R S. High Pressure Physics and Chemistry[M]. London: Academic Press, 1963.

第4章 热核等离子体中的碰撞过程

4.1 碰撞截面和平均自由程

在气体中,分子之间的力迅速减小,我们可以设碰撞截面 σ 为 $\sigma = \pi r_0^2$,其中分子半径 r_0 等于力的范围,这也意味着平均自由程为 $\lambda = 1/(n\sigma) = 1/(n\pi r_0^2)$。在等离子体中,电子和离子之间的力为库仑力,在德拜长度处被屏蔽,类似的碰撞截面和平均自由程的简单表达式难以给出。

在等离子体中,一个粒子从其轨迹上发生的巨大偏移可能来自与一个粒子的近距离相遇,或者来自与许多粒子的远距离相遇的累积效应。

在电子和离子近距离相遇中,在最近距离 b_0 处势能为 $E_{pot} = Ze^2/b_0$。通过令 E_{pot} 和粒子动能 $E_{kin} = (3/2)kT$ 相等,可以计算出 b_0:

$$b_0 = \frac{2Ze^2}{3kT} \tag{4.1}$$

然后将近距离相遇碰撞的碰撞截面设为

$$\sigma_c = \pi b_0^2 = \frac{4\pi}{9}\frac{Z^2e^4}{(kT)^2} \tag{4.2}$$

为了计算出远距离相遇的累积效应,我们用一条直线来模拟电子的轨迹(图4.1)。电子方向的离子电场为 $E = Ze/r^2$。电子轨迹的偏转是由电场的横向分量 $E_\perp = (Ze/r^2)\cos\phi$ 引起的,动量转移垂直于电子轨道:

$$\Delta p = \int_{-\infty}^{+\infty} E_\perp(t)\mathrm{d}t \tag{4.3}$$

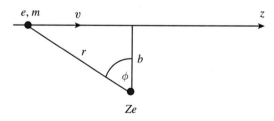

图 4.1 电子与离子之间的远距离碰撞

由 $b = r\cos\phi$,$z = b\tan\phi$(b 为影响参数)和 $\mathrm{d}t = (1/v)\mathrm{d}z$($v$ 为电子速度),有

$$\Delta p = \frac{Z^2e}{bv}\int_{-\pi/2}^{+\pi/2}\cos\phi\,\mathrm{d}\phi = \frac{2Ze^2}{bv} \tag{4.4}$$

大量远距离相遇的动量转移是随机的,均方动量变化等于相遇次数乘以每次相遇动量变化的平方。当电子移动距离 L 时,它与长度为 L、半径为 b、厚度为 $\mathrm{d}b$ 的圆柱形壳中的所有离子发生碰撞。电子与壳内离子的碰撞对 $(\Delta p)^2$ 的贡献是

$$\mathrm{d}(\Delta p)^2 = nL2\pi b\mathrm{d}b\frac{4Z^2e^4}{b^2v^2} \tag{4.5}$$

其中 n 是离子的数密度。那么 $(\Delta p)^2$ 的总变化可以由下式给出：

$$(\Delta p)^2 = \frac{8\pi n L Z^2 e^4}{v^2} \int_{b_{\min}}^{b_{\max}} \frac{\mathrm{d}b}{b} = \frac{8\pi n L Z^2 e^4}{v^2} \ln\Lambda \tag{4.6}$$

上式中，$\Lambda = b_{\max}/b_{\min}$，$\ln\Lambda$ 称为库仑对数。我们设 $b_{\max}$ 为德拜长度(3.65)，$b_{\min}$ 与式(4.1)中的 b_0 相等。因此

$$\Lambda = \frac{3}{4\sqrt{\pi}} \frac{1}{\sqrt{n}} \left(\frac{kT}{Ze^2}\right)^{3/2} \tag{4.7}$$

密集热核等离子体的一个典型值为 $\ln\Lambda \approx 10$。

从式(4.6)我们可以得到远距离碰撞的平均自由程 λ 的一个数值(通过令 L 等于 λ，$(\Delta p)^2$ 等于 p^2)。由于 $p^2 = m^2 v^2$，因此

$$m^2 v^2 = \frac{8\pi n \lambda Z^2 e^4}{v^2} \ln\Lambda \tag{4.8}$$

定义累积碰撞的截面 $\sigma_d = 1/(n\lambda)$，并设 $m^2 v^2 = 4E_{\mathrm{kin}}^2$，可以得到

$$\sigma_d = \frac{8\pi}{9} \frac{Z^2 e^4 \ln\Lambda}{(kT)^2} \tag{4.9a}$$

如果 $\ln\Lambda \approx 10$，可以得到 $\sigma_d \approx 20\sigma_c$。因此，远距离碰撞的累积效应更为重要，但这仅适用于理想等离子体。对于氢等离子体(kT 的单位用 keV)，有

$$\sigma_d \approx \frac{10^{-18}}{(kT)^2} \left[\mathrm{cm}^2\right] \tag{4.9b}$$

例如，如果 $kT = 10$ keV($\approx 10^8$ K)，那么 $\sigma_d \approx 10^{-20}$ cm^2。

由于碰撞截面与 T^2 成反比，平均自由程为

$$\lambda = 常数 \times \frac{T^2}{n} \tag{4.10}$$

对于氢等离子体，为(kT 的单位用 keV)

$$\lambda \approx \frac{10^{18}(kT)^2}{n} \tag{4.11}$$

4.2　电　导　率

在外加电场和碰撞引起的摩擦力作用下，电子的运动方程为

$$\frac{\mathrm{d}v}{\mathrm{d}t} = \frac{e}{m}E - \nu v \tag{4.12}$$

其中碰撞频率 ν 由 $\nu = n\sigma_d v_{\mathrm{th}}$ 给出，$v_{\mathrm{th}} = (3kT/m)^{1/2}$ 为热电子速度。对于稳态电子流，$\mathrm{d}v/\mathrm{d}t = 0$，且

$$v = \frac{eE}{m\nu} \tag{4.13}$$

设 $j = n_e v = Znev$ 和 $j = \sigma E$，其中 σ 为电导率，我们得到

$$\sigma = \frac{n_e e^2}{m\nu} = \frac{Zne^2}{m\nu} = \frac{(3kT)^{3/2}}{8\pi m^{1/2} Ze^2 \ln\Lambda} \tag{4.14}$$

用玻尔兹曼方程进行更严格的推导，可得到

$$\sigma = \frac{2(2kT)^{3/2}}{\pi^{3/2} m^{1/2} Ze^2 \ln\Lambda} \tag{4.15a}$$

这大约是式(4.14)的 5 倍。然而,如果考虑到电子与电子之间的碰撞,那么电导率只有大约一半。如果 T 的单位是 K,则(使用 cgs 单位)

$$\sigma = 1.38 \times 10^8 \frac{T^{3/2}}{Z\ln\Lambda} \left[\mathrm{s}^{-1}\right] \tag{4.15b}$$

4.3　热　传　导

根据基础的气体动理论,单原子分子气体的导热系数为

$$\kappa = \frac{1}{2} n_e \lambda k v_{\mathrm{th}} = \frac{1}{2} Z n \lambda k v_{\mathrm{th}} \tag{4.16}$$

其中 v_{th} 是热电子速度,热主要由电子传输。热通量矢量 Q 遵循傅里叶定律:$Q = -\kappa\mathrm{grad}T$。根据 $\lambda = 1/(n\sigma_{\mathrm{d}})$ 和 $v_{\mathrm{th}} = (3kT/m)^{1/2}$,可得

$$\kappa = \frac{1}{2} \frac{Zk}{\sigma_{\mathrm{d}}} \left(\frac{3kT}{m}\right)^{1/2} = \frac{3^{5/2}}{16\pi} \frac{k(kT)^{5/2}}{m^{1/2} Z e^4 \ln\Lambda} \tag{4.17a}$$

用玻尔兹曼方程进行推导,可以得到

$$\kappa \simeq 20 \left(\frac{2}{\pi}\right)^{3/2} \frac{k(kT)^{5/2}}{m^{1/2} Z e^4 \ln\Lambda} \tag{4.17b}$$

这大约是式(4.17a)的 30 倍。然而,上式必须乘以两个系数 0.42 和 0.22,因此乘以~0.1。于是式(4.17b)是式(4.17a)的 3 倍。如果 T 的单位是 K,那么可以得到

$$\kappa = 2 \times 10^{-5} \frac{T^{5/2}}{Z\ln\Lambda} \left[\mathrm{erg}/(\mathrm{s} \cdot \mathrm{K} \cdot \mathrm{cm})\right] \tag{4.18}$$

4.4　黏　　度

黏度的基础气体动理论表达式为

$$\eta = \frac{1}{3} \frac{M_i v_{\mathrm{th}}^i}{\sigma_{\mathrm{d}}^i} \tag{4.19}$$

其中 $v_{\mathrm{th}}^i = (3kT/M_i)^{1/2}$ 是离子热速度,$M_i = AM$ 是离子质量(A 为原子量,M 为氢原子质量),σ_{d}^i 是离子-离子碰撞截面。由于离子-离子相互作用的力与 $Z^2 e^2$ 成正比,而不是像电子-离子碰撞那样与 Ze^2 成正比,因此我们可以得到 $\sigma_{\mathrm{d}}^i = Z^2 \sigma_{\mathrm{d}}$。于是从式(4.19)可以得到

$$\eta = \frac{3^{3/2}}{8\pi} \frac{A^{1/2} M^{1/2} (kT)^{5/2}}{Z^4 e^4 \ln\Lambda} \tag{4.20a}$$

用玻尔兹曼方程得到的结果为

$$\eta = 0.406 \frac{A^{1/2} M^{1/2} (kT)^{5/2}}{Z^4 e^4 \ln\Lambda} \tag{4.20b}$$

近似为式(4.20a)的 2 倍。

4.5　热电子对冷离子的能量增益

如果将能量为 E 的冷离子放入温度为 T 的热等离子体中,或者说 $E \ll (3/2)kT$,那么等离子体电子会"加热"离子。离子的能量增益可写为

$$\frac{\mathrm{d}E}{\mathrm{d}t} = n_e \sigma_d v_{th} \left(\frac{3}{2} kT\right) \frac{m}{M_i} \tag{4.21}$$

其中 $v_{th} = (3kT/m)^{1/2}$ 是电子热速度，$m/M_i = m/(AM)$ 为电子与离子的质量比。$n_e v_{th}$ 因子是电子与离子碰撞的通量，在每次碰撞中将离子的能量提高 $(3/2)kT(m/M_i)$。在这里，我们必须区分被"加热"的离子的电荷 Z_i 和热等离子体的离子的电荷 Ze。根据 $n_e = Zn$ 和式 (4.9) 给出的 σ_d，可得

$$\frac{\mathrm{d}E}{\mathrm{d}t} = \frac{4\pi}{\sqrt{3}} \frac{ZZ_i^2 ne^4 \ln\Lambda}{A} \frac{m}{\sqrt{mkT}} \frac{m}{M} \tag{4.22a}$$

用玻尔兹曼方程可得到

$$\frac{\mathrm{d}E}{\mathrm{d}t} = 4\sqrt{2\pi} \frac{ZZ_i^2 ne^4 \ln\Lambda}{A} \frac{m}{\sqrt{mkT}} \frac{m}{M} \tag{4.22b}$$

放大为 $\sqrt{6/\pi} \simeq 1.4$ 倍。可以看出，随着等离子体温度的升高，加热效率降低，与 $1/\sqrt{T}$ 成正比。

下面给出一个更好的近似：

$$\frac{\mathrm{d}E}{\mathrm{d}t} = 4\sqrt{2\pi} \frac{ZZ_i^2 ne^4 \ln\Lambda}{A} \frac{m}{\sqrt{mkT}} \frac{m}{M} \left[1 - \frac{E}{(3/2)kT}\right] \tag{4.23}$$

上式考虑到了对于 $E = (3/2)kT$，必须设 $\mathrm{d}E/\mathrm{d}t = 0$。

4.6　冷电子造成的热离子的能量损失

如果 $E \gg (3/2)kT$，可以从式 (4.23) 得到

$$\frac{1}{E} \frac{\mathrm{d}E}{\mathrm{d}t} = -\frac{8\sqrt{2\pi}}{3\sqrt{m}} \frac{ZZ_i^2 ne^4 \ln\Lambda}{A} \frac{m}{\sqrt{mkT}} \frac{m}{M} \tag{4.24}$$

由 $E = (M_i/2) v_i^2$ 和离子速度 $v_i = \mathrm{d}x/\mathrm{d}t$，根据式 (4.24) 可计算出热离子在"较冷"的等离子体中的阻止射程：

$$\lambda_0 = -\left(\frac{1}{E} \frac{\mathrm{d}E}{\mathrm{d}x}\right)^{-1} = -\left(\frac{1}{E} \frac{\mathrm{d}E}{\mathrm{d}t} \frac{\mathrm{d}t}{\mathrm{d}x}\right)^{-1} = -v_i \left(\frac{1}{E} \frac{\mathrm{d}E}{\mathrm{d}t}\right)^{-1}$$

$$= \frac{3}{8\sqrt{\pi}} \frac{A^{1/2} E^{1/2} (kT)^{3/2}}{ZZ_i^2 ne^4 \ln\Lambda} \left(\frac{M}{m}\right)^{1/2} \tag{4.25}$$

该射程的形式为 $\lambda_0 = $ 常数 $\times T^{3/2}/n$，而不是平均自由程下的 T^2/n。

4.7　在强磁场存在下的输运系数

如果离子回旋频率 $\omega_i = ZeH/(AMc)$ 比离子-电子碰撞频率 $\nu_{ie} = v_{th}^i n_e \sigma_d = [3kT/(MA)]^{1/2} Zn\sigma_d$ 大，那么垂直于磁场的平面内的离子轨迹可以看作圆环，在时间 $\nu_{ii} = v_{th}^i n\sigma_d^i = [3kT/(MA)]^{1/2} Z^2 n\sigma_d$ 中每次离子-离子碰撞发生后被移动了离子的拉莫尔半径的距离。当垂直于 H 的热离子速度 $v_\perp^i = [2kT/(MA)]^{1/2}$ 时，我们得到

$$r_L = \frac{MAv_\perp^i c}{ZeH} = \frac{(2MAkT)^{1/2} c}{ZeH} \tag{4.26}$$

由于电子的拉莫尔半径小得多，因此离子的热传导占主导地位。为了计算垂直于强磁场的

导热系数 $\kappa_\perp$,必须在式(4.16)中作替换 $n_e \rightarrow n$,$\lambda \rightarrow r_L$ 和 $v_{th} = r_L \nu_{ii}$。因此,我们得到

$$\kappa_\perp = \frac{1}{2} n k r_L^2 \nu_{ii} \tag{4.27}$$

因此

$$\kappa_\perp = \frac{8\pi}{3^{3/2}} \frac{n^2 k (MA)^{1/2} Z^2 e^2 c^2 \ln\Lambda}{H^2 (kT)^{1/2}} \tag{4.28a}$$

用输运理论得到的正确表达式为

$$\kappa_\perp = \frac{8\sqrt{\pi}}{3} \frac{n^2 k (MA)^{1/2} Z^2 e^2 c^2 \ln\Lambda}{H^2 (kT)^{1/2}} \tag{4.28b}$$

从式(4.19)我们同样可以得到一个垂直于强磁场的黏度值 $\eta_\perp$,方法是作替换 $\sigma_d^i \rightarrow 1/(n r_L)$ 和 $v_{th}^i \rightarrow r_L \nu_{ii} = r_L v_{th}^i n \sigma_d^i = r_L v_{th}^i Z^2 n \sigma_d$,可以得到

$$\eta_\perp = \frac{1}{3} MA n r^2 \nu_{ii} = \frac{16\pi}{9\sqrt{3}} \frac{c^2 (MA)^{3/2} n^2 Z^2 e^2 \ln\Lambda}{H^2 (kT)^{1/2}} \tag{4.29a}$$

用输运理论得到的正确表达式为

$$\eta_\perp = \frac{2\sqrt{\pi}}{5} \frac{c^2 (MA)^{3/2} n^2 Z^2 e^2 \ln\Lambda}{H^2 (kT)^{1/2}} \tag{4.29b}$$

垂直于强磁场的热传导(其导热系数与 $1/H^2$ 成正比)不是观察到的那样,除非是在"静止"的等离子体中。所观察到的是 $1/H$ 的依赖性。这可以理解为小于德拜长度的距离上的电场造成的。这些微场是在式(3.62)中设 $x = \lambda_D$ 得到的:

$$E = \sqrt{4\pi n_e kT} \tag{4.30}$$

在静止的等离子体中,这些微场在离子周围是球对称的,但在轻微湍流的等离子体中则不是,湍流的尺度为德拜长度。在磁场存在的情况下,将出现垂直于 E 和 H 的漂移运动,如式(3.23)所示。由式(4.30),该漂移运动为

$$v_D = c \frac{\sqrt{4\pi n_e kT}}{H} \tag{4.31}$$

质量扩散电流由下式给出:

$$J = -D \operatorname{grad} n \tag{4.32}$$

其中 $D = (1/3)\lambda v_{th}^i$ 是无磁场时的扩散系数。在磁场存在的情况下,我们必须令 $\lambda \rightarrow r_L$ 和 $v_{th}^i \rightarrow r_L \nu_{ie}$,其中 $\nu_{ie} = v_{th}^i / \lambda$,因此

$$D_\perp = \frac{1}{3} \frac{r_L^2 v_{th}^i}{\lambda} \tag{4.33}$$

如果扩散由漂移运动(4.31)主导,我们应设 $\lambda \rightarrow \lambda_D$ 和 $v_{th}^i \rightarrow v_D$,因此

$$D_B = \frac{1}{3} \lambda_D v_D = \frac{c}{3} \frac{kT}{eH} \tag{4.34}$$

这是由玻姆(Bohm)得到的结果(除了系数是 1/16 而不是 1/3)。由 $v_\perp = [2kT/(MA)]^{1/2}$ 和 r_L,上式也可以写成($v_\perp^i \rightarrow (2/3)^{1/2} v_{th}^i$)

$$D_B = \frac{1}{6} Z r_L v_\perp = \frac{1}{3\sqrt{6}} Z r_L v_{th}^i \tag{4.35}$$

比值

$$\frac{D_B}{D_\perp} = \frac{1}{\sqrt{6}} \frac{Z\lambda}{r_L} \tag{4.36}$$

表示玻姆扩散相比"经典"扩散的增加。在玻姆扩散中,导热系数通过式(4.27)与式(4.36)相乘而增加:

$$\kappa_{\mathrm{B}} = \frac{1}{2\sqrt{6}} n k r_{\mathrm{L}} Z v_{\mathrm{th}}^{\mathrm{i}} = \frac{1}{2} \frac{c}{e} \frac{n k^2 T}{H} \tag{4.37}$$

最后,我们提一下热磁能斯特(Nernst)效应。在存在温度梯度和磁场的情况下,存在垂直于温度梯度和磁场的热磁电流。它由下列公式得出:

$$j_{\mathrm{N}} = \frac{3 k n_{\mathrm{e}} c}{2 H^2} H \times \mathrm{grad}\, T \tag{4.38}$$

4.8　集体碰撞——双流不稳定性

由于等离子体带电粒子之间的长程力,可能存在集体"碰撞效应",而在具有短程力的中性粒子气体中不存在这种效应。这些集体碰撞效应中最重要的是双流不稳定性。如果一束带电粒子(而不是单个粒子)与背景等离子体相互作用,就会发生这种效应。特别重要的是电子束与等离子体的集体相互作用。这对于使用强流相对论电子束的热核点火概念很有意义。

假设等离子体和电子束分别具有电子数密度 n_0 和 εn_0。电子束的速度是 v_0,电子束受到从 εn_0 和 v_0 开始的 n_1 和 v_1 的扰动。等离子体电子受到从 n_0 和 $v=0$ 开始的 n_2 和 v_2 的扰动。电子束(沿 x 方向移动)的运动和连续性的线性化方程为

$$\frac{\partial v_1}{\partial t} + v_0 \frac{\partial v_1}{\partial x} = -\frac{e}{m} E \tag{4.39a}$$

$$\frac{\partial n_1}{\partial t} + \varepsilon n_0 \frac{\partial v_1}{\partial x} + v_0 \frac{\partial n_1}{\partial x} = 0 \tag{4.39b}$$

而对于等离子体电子有

$$\frac{\partial v_2}{\partial t} = -\frac{e}{m} E \tag{4.40a}$$

$$\frac{\partial n_2}{\partial t} + n_0 \frac{\partial v_2}{\partial x} = 0 \tag{4.40b}$$

上述方程要用麦克斯韦方程

$$\frac{\partial E}{\partial t} = -4\pi j \tag{4.41a}$$

来补充,其中

$$j = -e(n_1 v_0 + \varepsilon n_0 v_1 + n_0 v_2) \tag{4.41b}$$

设

$$v_1, v_2, n_1, n_2, E = 常数 \times \mathrm{e}^{\mathrm{i}(kx-\omega t)} \tag{4.42}$$

从式(4.41a)和式(4.41b),我们可以得到

$$E = -\frac{4\pi e}{\mathrm{i}\omega}(n_1 v_0 + \varepsilon n_0 v_1 + n_0 v_2) \tag{4.43}$$

从式(4.39a)和式(4.40a),我们可以得到

$$-\mathrm{i}\omega v_1 + \mathrm{i}k_0 v_1 = -\frac{e}{m} E \tag{4.44a}$$

$$-\mathrm{i}\omega v_2 = -\frac{e}{m}E \tag{4.44b}$$

消去 E 后可以得到

$$v_2 = \frac{-\omega + kv_0}{\omega}v_1 \tag{4.45}$$

从式(4.39b),我们得到

$$-\mathrm{i}\omega n_1 + \mathrm{i}k\varepsilon n_0 v_1 + \mathrm{i}kv_0 n_1 = 0 \tag{4.46a}$$

因此

$$n_1 = -\frac{k\varepsilon n_0 v_1}{-\omega + kv_0} \tag{4.46b}$$

从式(4.43)、式(4.44a)、式(4.45)和式(4.46b),我们可以得到色散关系:

$$1 - \frac{\omega_{\mathrm{p}}^2}{\omega^2} - \frac{\varepsilon\omega_{\mathrm{p}}^2}{(\omega - kv_0)^2} = 0 \tag{4.47}$$

其中 $\omega_{\mathrm{p}}^2 = 4\pi n_0 e^2/m$。假定 $\varepsilon \ll 1$,并设 $\omega = \omega_{\mathrm{p}} + \Delta\omega$,$\Delta\omega \ll \omega_{\mathrm{p}}$,还设 $kv_0 \approx \omega_{\mathrm{p}}$,可以得到

$$1 - \frac{\omega_{\mathrm{p}}^2}{(\omega_{\mathrm{p}} + \Delta\omega)^2} - \frac{\varepsilon\omega_{\mathrm{p}}^2}{(\Delta\omega)^2} = 0 \tag{4.48}$$

令 $\Delta\omega/\omega_{\mathrm{p}} = x$,这就是

$$1 - \frac{1}{(1 + x)^2} - \frac{\varepsilon}{x^2} = 0 \tag{4.49}$$

当 $x \ll 1$ 时,可以通过 $(1 - x)^2 \simeq 1 - 2x$ 取近似。可以得到

$$x^3 = \frac{\varepsilon}{2} \tag{4.50}$$

或令 $\xi = (2^{1/3}/\varepsilon^{1/3})x$,得

$$\xi^3 = 1 \tag{4.51}$$

解为

$$\left.\begin{aligned}\xi_1 &= \mathrm{e}^{2\pi\mathrm{i}/3} = \cos 120° + \mathrm{i}\sin 120°\\\xi_2 &= \mathrm{e}^{4\pi\mathrm{i}/3} = \cos 240° + \mathrm{i}\sin 240°\\\xi_3 &= \mathrm{e}^{2\pi\mathrm{i}} = 1\end{aligned}\right\} \tag{4.52}$$

对于一个不断增长(因此不稳定)的波,有

$$\mathrm{e}^{-\mathrm{i}\omega t} = \mathrm{e}^{-\mathrm{i}(\omega_{\mathrm{p}} + \Delta\omega)t} = \mathrm{e}^{-\mathrm{i}\omega_{\mathrm{p}}t}\mathrm{e}^{-\mathrm{i}\omega_{\mathrm{p}}xt} \tag{4.53}$$

x 的虚部的形式为 $\mathrm{i}A$,或者说其中

$$\mathrm{e}^{-\mathrm{i}\omega_{\mathrm{p}}xt} = \mathrm{e}^{\omega_{\mathrm{p}}At} \tag{4.54}$$

那么可以得到

$$\mathrm{Im}x = \varepsilon^{1/3}2^{-1/3}\mathrm{Im}\xi_1 = \varepsilon^{1/3}2^{-1/3}\frac{\sqrt{3}}{2}\mathrm{i} = \mathrm{i}A \tag{4.55}$$

因此

$$\mathrm{e}^{\omega_{\mathrm{p}}At} = \exp\left(\frac{3^{1/2}}{2^{4/3}}\varepsilon^{1/3}\omega_{\mathrm{p}}t\right) \simeq \exp(0.7\varepsilon^{1/3}\omega_{\mathrm{p}}t) \tag{4.56}$$

集体阻止射程为

$$\lambda_{\mathrm{c}} = \frac{2^{4/3}}{3^{1/2}}\frac{c}{\varepsilon^{1/3}\omega_{\mathrm{p}}} \simeq 1.4\frac{c}{\varepsilon^{1/3}\omega_{\mathrm{p}}} \tag{4.57a}$$

对于相对论电子束,由于纵向电子质量 $m_{/\!/} = \gamma^3 m$,必须设 $\varepsilon^{1/3} \to \varepsilon^{1/3}/\gamma$。对于相对论电子

束,最快增长模式实际上与电子束反方向成约 45°角。横向质量由 $m_\perp = \gamma m$ 给出,必须在那里设 $\varepsilon \to \varepsilon/\gamma$。在液氢中,MeV 电子的射程非常小,远小于 1 cm。相比之下,冷物质中单个高能电子的射程要大几个数量级,并由如下近似公式给出:

$$\lambda^* \simeq \frac{1}{\rho}(0.543 E_0 - 0.16) \ [\text{cm}] \tag{4.57b}$$

其中 ρ 是冷物质的密度,E_0 是电子能量,单位为 MeV。因此液氢中单个 MeV 电子的射程大于 1 cm。

4.9　等离子体辐射

如果等离子体处于热力学平衡状态,它从表面以如下速率发射辐射(斯特藩-玻尔兹曼定律):

$$\phi = \sigma T^4, \quad \sigma = 5.75 \times 10^{-5} \ \text{erg}/(\text{cm}^2 \cdot \text{s} \cdot \text{K}^4) \tag{4.58}$$

这一定律可以用不同的方式来理解。在热力学平衡中,辐射是具有如下能量密度的黑体辐射:

$$\varepsilon_r = a T^4, \quad a = 7.67 \times 10^{-15} \ \text{erg}/(\text{cm}^3 \cdot \text{K}^4) \tag{4.59}$$

由式(4.59),式(4.58)可以写成如下表达式:

$$\phi = \frac{c}{4}\varepsilon_r = \frac{ac}{4}T^4 \tag{4.60}$$

因此,斯特藩-玻尔兹曼定律意味着光子是从热物体的表面元素发射的,每个光子都以光速发射,但在所有可能的方向上发射,从而产生系数 1/4。

只要光学平均自由程 $\lambda_{opt} = 1/(n\sigma_{opt})$ 不变,斯特藩-玻尔兹曼定律就成立,其中 λ_{opt} 是等离子体离子(对于可见光或不可见光)的光学截面,与线性等离子体尺寸相比较小。对于完全电离的等离子体,σ_{opt} 没有简单的含义。这里的辐射为轫致辐射,由电子与离子碰撞产生。为了计算轫致辐射率,我们参考图 4.1。假设离子处于静止状态,电子被离子的电场加速。根据拉莫尔公式,由于这种加速,电子辐射的能量是

$$\frac{\mathrm{d}w}{\mathrm{d}t} = \frac{2}{3}\frac{e^2}{c^3}\overline{\dot{v}^2} \tag{4.61}$$

加速度由以下公式给出:

$$\dot{v} = \frac{Ze^2}{mr^2} \tag{4.62}$$

于是可以得到

$$w = \frac{2}{3}\frac{Z^2 e^6}{m^2 c^3}\int_{-\infty}^{+\infty}\frac{\mathrm{d}t}{r^4} \tag{4.63}$$

设 $\mathrm{d}t = (1/v)\mathrm{d}z, r = b/\cos\phi, z = b\tan\phi$,可以得到

$$w = \frac{2}{3}\frac{Z^2 e^6}{m^2 c^3 v b^3}\int_{-\pi/2}^{+\pi/2}\cos^2\phi\,\mathrm{d}\phi = \frac{\pi}{3}\frac{Z^2 e^6}{m^2 c^3 v b^3} \tag{4.64}$$

总的轫致辐射损耗 W 是通过对所有电子 $n_e = Zn$ 与离子碰撞的贡献进行积分所得到的。当电子通量等于 $n_e v = Znv$ 时,我们得到

$$W = \int_{b_{min}}^{\infty} wZnv2\pi b\,\mathrm{d}b = \frac{2\pi^2}{3}\frac{Z^3 e^6 n}{m^2 c^3}\int_{b_{min}}^{\infty}\frac{\mathrm{d}b}{b^2} = \frac{2\pi^2}{3}\frac{Z^3 e^6}{m^2 c^3}\frac{n}{b_{min}} \tag{4.65}$$

事实上,我们应该取 $b_{max} = \lambda_D$ 而不是 $b_{max} = \infty$,但所产生的错误是微不足道的。对于 b_{min},我们设 $b_{min} = \hbar/(mv)$,即电子的德布罗意波长。因此我们有($h = 2\pi\hbar$)

$$W = \frac{4\pi^3}{3} \frac{Z^3 e^6}{m^2 c^3} nv \tag{4.66}$$

为了获得与每立方厘米所有离子碰撞产生的轫致辐射损失,必须将式(4.66)乘以 n。设 $v = \sqrt{3kT/m}$,最终得到

$$\varepsilon_r = \frac{4\pi^3}{3} \frac{Z^3 e^6 k^{1/2}}{m^{3/2} c^3 h} n^2 T^{1/2} = 2.1 \times 10^{-27} Z^3 n^2 T^{1/2} \quad [\text{erg}/(\text{cm}^3 \cdot \text{s})] \tag{4.67a}$$

一个更正确但相对复杂的计算结果为

$$\varepsilon_r = 1.42 \times 10^{-27} Z^3 n^2 T^{1/2} \quad [\text{erg}/(\text{cm}^3 \cdot \text{s})] \tag{4.67b}$$

根据 ε_r 的表达式,我们可以计算有效光学截面。如果我们将斯特藩-玻尔兹曼定律应用于厚度为 d 的无限平板,则单位面积发射的辐射为

$$\phi' = \phi(1 - e^{-n\sigma_{opt} d}) \tag{4.68}$$

其中 $\phi = \sigma T^4$。如果 $n\sigma_{opt} d \gg 1$ 或者说 $d \gg \lambda_{opt}$,那么 $\phi' = \phi$。如果 $n\sigma_{opt} d \ll 1$,我们可以展开式(4.68)中括号内的部分并得到

$$\phi' = \phi n\sigma_{opt} d = \sigma T^4 n\sigma_{opt} d \tag{4.69}$$

这是厚度为 d 的平板每单位面积发射的辐射能量。因此每单位体积辐射的能量为 ϕ'/d,它必须等于 ε_r。由此可知

$$\sigma_{opt} = 2.5 \times 10^{-23} Z^3 n T^{-3.5} \tag{4.70}$$

截面与密度 n 成正比似乎很奇怪。在恒星结构理论中,通常用不透明度系数代替 σ_{opt}:

$$\kappa = 7.23 \times 10^{24} \rho T^{-3.5} \sum_i \frac{w_i Z_i^2}{A_i} \frac{g}{t} \tag{4.71}$$

其中 w_i 是辐射等离子体中电荷为 Z_i 和原子序数为 A_i 的元素的相对分数,g 是 Gaunt 因子,t 是截断因子。对于完全电离的氢等离子体,$g/t \sim 1$。对于 κ,光程长度为 $\lambda_{opt} = (\kappa\rho)^{-1}$,$\sigma_{opt} = $ 常数 $\times \kappa = $ 常数 $\times \rho T^{-3.5}$。

对于未完全电离的等离子体(它们出现在核裂变爆炸中,也出现在恒星内部),我们仍然可以使用式(4.71),但在那里,g/t 因子变得很重要。

根据光子路径长度 λ_{opt} 的定义,可以用扩散方程计算等离子体内部的辐射通量,即

$$j_r = -\frac{\lambda_{opt} c}{3} \nabla(aT^4) \tag{4.72}$$

借助于式(4.23)和式(4.67b),我们可以证明电子温度 T_e 滞后于离子温度 T_i。原因主要是电子通过轫致辐射失去能量,而离子通过非弹性离子-电子碰撞失去能量。对于 n 个电荷 $Z = Z_i$、动能 $E = (3/2)kT_i$ 的离子的等离子体,能量损失根据式(4.23)为

$$n\frac{dE}{dt} = 4\sqrt{2\pi} \frac{Z^3 n^2 e^4 \ln\Lambda}{A\sqrt{mkT}} \frac{m}{M} \left(\frac{T_i}{T_e} - 1\right) \tag{4.73}$$

该表达式必须与轫致辐射损(4.67b)相等,设 $T = T_e$(cgs 单位):

$$\varepsilon_r = \alpha Z^3 n^2 \sqrt{T_e}, \quad \alpha = 1.42 \times 10^{-27} \quad [\text{cgs}] \tag{4.74}$$

那么

$$\left. \begin{array}{l} T_e^2 = \dfrac{B}{A}(T_i - T_e) \\[3mm] B = \dfrac{4\sqrt{2\pi} e^4 \ln\Lambda}{\sqrt{mk}\alpha(M/m)} \simeq 5.8 \times 10^9 \quad [\text{cgs}] \end{array} \right\} \tag{4.75}$$

求解 T_e, 可得

$$T_e = -\frac{B}{2A} + \sqrt{\left(\frac{B}{2A}\right)^2 + \frac{B}{A}T_i} \tag{4.76}$$

由校正系数

$$\gamma = \sqrt{\frac{T_e}{T_i}} \tag{4.77}$$

韧致辐射损失为

$$\varepsilon_r = \gamma\alpha Z^3 n^2 \sqrt{T} \tag{4.78}$$

4.10 辐射等离子体的冷却和坍缩

如果等离子体的辐射能量损失超过加热速率, 其温度就会下降, 如果受到作用在等离子体上的力的限制, 则等离子体可以被压缩到高密度. 我们必须分两种情况:

1. 等离子体受到流经等离子体的电流的磁约束.

2. 等离子体受到外加磁场的约束.

第一种情况对强电流箍缩放电很重要, 第二种情况则适用于加速到大速度的等离子体群聚到高密度.

在第一种情况下, 如果辐射损耗超过电阻加热, 则有

$$\frac{j^2}{\phi} < \varepsilon_r \tag{4.79}$$

其中 σ 和 ε_r 分别从式(4.15)和式(4.67b)获得. 设 $\sigma = aT^{3/2}/Z$, $\varepsilon_r = bZ^3 n^2 T^{1/2}$, a、b 为常数, 由式(4.79)有

$$j < \sqrt{ab}\, nTZ \tag{4.80}$$

将式(4.80)应用于线性箍缩放电时, 有

$$I = \pi r^2 j \tag{4.81}$$

因此式(4.80)变为

$$I < \sqrt{ab}\, Z\pi r^2 nT \tag{4.82}$$

此外, 由

$$\frac{H^2}{8\pi} = (Z+1)nkT \tag{4.83}$$

和

$$H = \frac{2I}{rc} \tag{4.84}$$

消去 H, 可得

$$\pi r^2 nT = \frac{I^2}{2kc^2(Z+1)} \tag{4.85}$$

通过代入式(4.82)并求解 I, 可以得到

$$I > \frac{2kc^2}{\sqrt{ab}}\frac{Z+1}{Z} \tag{4.86}$$

临界电流

$$I_{\text{PB}} = \frac{2kc^2}{\sqrt{ab}}\frac{Z+1}{Z} \tag{4.87}$$

也称为 Pease-Braginskii 电流,对于氢等离子体一般为~1.6×10^6 A。如果电流大于 Pease-Braginskii 电流,箍缩就会缩小,直到变成光学不透明的。但在现实情况下,坍缩可能不足以在短于不稳定性破坏箍缩的时间内发生。

Pease-Braginskii 电流(4.87)是针对完全电离的等离子体计算的。如果等离子体没有完全电离,并且含有高 Z 原子,那么辐射率就会高得多,坍缩的临界电流会小得多。因此,高度集中的重金属真空火花可能是 Pease-Braginskii 坍缩的一种表现形式。

高 Z 等离子体的大辐射损失率也可用于径向受约束的高速等离子体的轴向群聚。这是上述第二种情况的一个应用。图 4.2(a)解释了这一想法。一个具有可变注入速度 $v(t)$ 的高 Z 等离子体射流被射入一个磁螺线管。如果可变注入速度是

$$v(t) = \frac{L}{t_{\text{m}} - t} \tag{4.88}$$

其中 L 是螺线管的长度,那么构成射流的所有粒子同时到达螺线管的末端。一般来说,这是不可能的,因为轴向压缩射流中的密度会升高,压强也随之升高。但是,如果射流被辐射能量损失冷却,这是可能的。如果 $v_0 = L/t_{\text{m}}$ 是初始注入速度,则可以将式(4.88)写成

$$v(t) = v_0\left(1 - \frac{t}{t_{\text{m}}}\right)^{-1} \tag{4.89}$$

对于射流中的密度有

$$n = n_0\left(1 - \frac{t}{t_{\text{m}}}\right)^{-1} \tag{4.90}$$

能量方程是

$$T\frac{\partial s}{\partial t} = \frac{\partial q}{\partial t} \tag{4.91}$$

其中 $\partial q/\partial t$ 是每单位时间和质量射流增加或排出的热量。由辐射带走的热量,我们可以得到

$$\rho\frac{\partial q}{\partial t} = -bf(Z)n^2T^{1/2} \tag{4.92}$$

对于完全电离的等离子体,$f(Z) = Z^3$,但是对于高 Z、不完全电离的等离子体,$f(Z)$ 可以大得多。

我们假设一个单电离的高 Z 等离子体,其温度恒定为~10^5 K 量级,等离子体压 $p = 2nkT$。从热动力学关系 $T\text{d}s = c_V\text{d}t + p\text{d}(1/p)$ 可以得到 $T\text{d}s = -(p/\rho^2)\text{d}p$,因此从式(4.91)、式(4.92)可以得到

$$\frac{1}{n^2}\frac{\partial n}{\partial t} = \frac{bf(Z)}{2kT^{1/2}} \tag{4.93}$$

由式(4.90),我们可以看出

$$\frac{1}{n^2}\frac{\partial n}{\partial t} = \frac{1}{n_0 t_{\text{m}}} \tag{4.94}$$

和

$$\frac{2k}{bn_0 t_{\text{m}}} = \frac{f(Z)}{T^{1/2}} \tag{4.95}$$

或者

$$\frac{2k}{bn_0}\frac{v_0}{L} = \frac{f(Z)}{T^{1/2}} \tag{4.96}$$

或者

$$\frac{2k}{6n_{max}}\frac{v_{max}}{L} = \frac{f(Z)}{T^{1/2}} \tag{4.97}$$

我们假定 $n_{max} = 10^{18}$ cm^{-3}，当 $T = 10^5$ K 时，产生的等离子体压 $p_{max} = 2n_{max}kT \simeq 3 \times 10^7$ dyn/cm^2。因此螺线管磁场 $H \simeq 2.6 \times 10^4$ G 足以约束射流。我们最终从式(4.97)得到

$$L \simeq 6 \times 10^{-5}\frac{v_{max}}{f(Z)} \tag{4.98}$$

例如，如果 $v_{max} \simeq 10^9$ cm/s，$f(Z) \simeq 30$，我们得到 $L \simeq 30$ m。

辐射冷却不仅可以用于等离子体射流的轴向群聚，还可以通过将射流投射到磁镜（图 4.2(b)）中进行径向压缩，最后投射到坍缩的箍缩放电中（图 4.2(c)）。

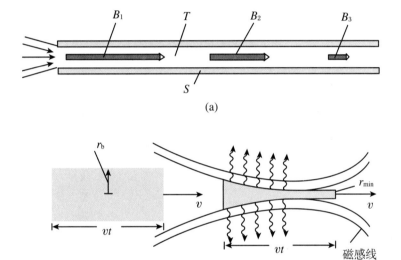

(a)

(b)

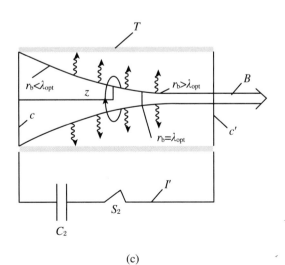

(c)

图 4.2　强等离子体射流的辐射冷却和压缩

4.11　冷物质中粒子的阻止截面

根据式(4.25)，"冷"等离子体中"热"离子的射程与 $T^{3/2}$ 成比例，其中 T 是等离子体温度。但根据式(2.70)，射程 $1/(n\sigma_s)$ 与 E_0^2 成比例，其中 E_0 为离子动能，而不是与 $E_0^{3/2}$ 成比例。等离子体中的平均自由程(4.10)与 T^2 成正比。为了解这些射程公式的差异和相似性，我们可以参考图4.3。

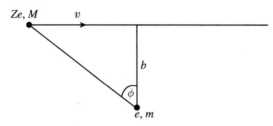

图4.3　冷物质中快离子的阻止

这里我们有一个快速高能离子弹丸，它穿过冷的电子气。如果靶等离子体的原子数密度为 n，则每立方厘米将有 nZ 个电子。以速度 v 运动的离子的质量为 M，电荷为 eZ_i。和4.1节中平均自由程的计算一样，我们可以得到

$$\Delta p = \frac{Z_i e^2}{bv}\int_{-\pi/2}^{+\pi/2}\cos\phi\,\mathrm{d}\phi = \frac{2Z_i e^2}{bv} \tag{4.99}$$

和

$$\mathrm{d}(\Delta p)^2 = ZnL2\pi b\mathrm{d}b\,\frac{4Z_i^2 e^4}{b^2 v^2} \tag{4.100}$$

因此

$$(\Delta p)^2 = \frac{8\pi nLZZ_i^2 e^4}{v^2}\int\frac{\mathrm{d}b}{b} = \frac{8\pi nLZZ_i^2 e^4}{v^2}\ln\Lambda \tag{4.101}$$

转移到电子的能量等于

$$\Delta E = \frac{(\Delta p)^2}{2m} \tag{4.102}$$

此外，由 $v^2 = 2E_0/M$，对于 $\Delta E = E_0$ 和 $L = 1/(n\sigma_s)$，我们可以得到

$$\sigma_s = \frac{2\pi MZZ_i^2 e^4}{mE_0^2}\ln\Lambda \tag{4.103a}$$

或者由 $M = A_i M_H$（M_H 为质子质量）有

$$\sigma_s = \frac{2\pi(M_H/m)A_i ZZ_i^2 e^4}{E_0^2}\ln\Lambda \tag{4.103b}$$

将式(4.103)和式(2.70)相比较，我们必须考虑到要定义截面 $\sigma_s = 1/(nL)$，$n_e = nZ$ 适用于式(4.103)，$n_e = n$ 适用于式(2.70)。

射程公式(4.25)（其中减速（即阻止）截面按 $T^{-3/2}$ 而不是 T^{-2} 变化）中差异的原因是系数 $1 - E/[(3/2)kT]$ 在 $E \gg (3/2)kT$ 时变为 $-E/[(3/2)kT]$。

4.12　磁轫致辐射

如果电子处于强磁场中,就会发生一种特殊的辐射损失,称为磁轫致辐射。在非相对论极限中,这些损失可通过设 $\dot{v} = v^2/r$ 和 $r = mvc/(eH)$,由拉莫尔公式(4.61)得出:

$$\frac{\mathrm{d}w}{\mathrm{d}t} = \frac{3}{2}\frac{e^4 v^2 H^2}{m^2 c^5} \tag{4.104}$$

在相对论情况下式(4.104)必须乘以因子 $\gamma^2 = [w/(mc^2)]^2$。因此对于 $v \to c$ 有

$$\frac{\mathrm{d}w}{\mathrm{d}t} = \frac{3}{2}\frac{e^4 H^2}{m^2 c^3}\left(\frac{w}{mc^2}\right)^2 \tag{4.105}$$

由 $\mathrm{d}w/\mathrm{d}t = (\mathrm{d}w/\mathrm{d}x)(\mathrm{d}x/\mathrm{d}t) = c\,\mathrm{d}w/\mathrm{d}x$,我们可以得到磁轫致辐射损失导致的电子的阻止射程:

$$\lambda_e \sim \frac{(mc^2)^4}{e^4 H^2}\frac{1}{w} \tag{4.106}$$

4.13　壁附近的辐射损失

在一些惯性约束核聚变的概念中,热等离子体被冷的固体壁包围,在壁的附近有一个很大的温度梯度。对于均匀的等离子体压,我们有 $p = 2nkT = $ 常数(氢等离子体),因此 $n = $ 常数$/T$。轫致辐射损失(4.67)与 $T^{-3/2}$ 成正比,它们在冷壁附近变得非常大。然而,由于热磁能斯特效应,等离子体压分布并不均匀。对于壁约束磁化等离子体尤其如此,因为磁场平行于壁表面。

根据式(4.38),由从冷壁到热等离子体的温度梯度,氢等离子体的热磁电流为

$$j_N = \frac{3knc}{2H^2}\boldsymbol{H} \times \nabla T \tag{4.107}$$

等离子体上的磁力密度为

$$f = \frac{1}{c}j_N \times \boldsymbol{H} = \frac{3}{2}\frac{nk}{H^2}(\boldsymbol{H} \times \nabla T) \times \boldsymbol{H} \tag{4.108}$$

或者由∇T 垂直于壁,$\boldsymbol{H}$ 平行于壁,有

$$f = \frac{3}{2}nk\nabla T \tag{4.109}$$

磁流体动力学平衡条件

$$\nabla p = f \tag{4.110}$$

结合 $p = 2nkT$,$\nabla p = 2nk\nabla T + 2kT\nabla n$,就会变成

$$2nk\nabla T + 2kT\nabla n = \frac{3}{2}nk\nabla T \tag{4.111}$$

积分后可得到

$$Tn^4 = \text{常数} \tag{4.112}$$

由 $n^2 = $ 常数$/T^{1/2}$,轫致辐射损失(4.67)与 T 无关,因此在整个等离子体中保持恒定。

在笛卡儿 xyz 坐标系中,冷壁位于 $z = 0$ 处且磁场 $\boldsymbol{H}$ 沿 x 方向,则能斯特电流密度 j 沿 y 方向,为

$$j_y = -\frac{3knc}{2H}\frac{\mathrm{d}T}{\mathrm{d}z} \tag{4.113}$$

从麦克斯韦方程 $4\pi j/c = \mathrm{curl}H$，我们可以得到

$$j_y = \frac{c}{4\pi}\frac{\mathrm{d}H}{\mathrm{d}z} \tag{4.114}$$

消去式(4.113)和式(4.114)中的 j_y，得到

$$2H\frac{\mathrm{d}H}{\mathrm{d}z} = -12\pi kn\frac{\mathrm{d}T}{\mathrm{d}z} \tag{4.115}$$

如果在离壁较远的等离子体中 $n = n_0, T = T_0$，那么可以从式(4.112)得到

$$n = \frac{n_0 T_0^{1/4}}{T^{1/4}} \tag{4.116}$$

将这一表达式代入式(4.115)，可以得到

$$\mathrm{d}H^2 = -\frac{12\pi kn_0 T_0^{1/4}}{T^{1/4}}\mathrm{d}T \tag{4.117}$$

取边界条件 $z = 0$ 处 $H = H_0$ 和 $z = \infty$ 处 $T = T_0$，对式(4.117)积分后得到

$$\frac{H_0^2}{8\pi} = 2n_0 kT_0 \tag{4.118}$$

式(4.118)的含义是：在 $z = 0$ 处从壁表面作用在等离子体上的磁压 $H_0^2/(8\pi)$ 在 $z = \infty$ 处平衡等离子体压 $2n_0 kT_0$。

4.14 磁化等离子体圆柱体的综合热传导损耗

作为一个重要的例子，我们将计算磁化等离子体圆柱体(磁场沿圆柱体轴线方向)的热传导损耗，其温度为 T_0，半径为 r_0，其中发生热核反应以将温度维持在 T_0。圆柱体每单位长度的热传导损失为

$$Q = -2\pi r\kappa_\perp \frac{\mathrm{d}T}{\mathrm{d}r} \tag{4.119}$$

通过积分，可得

$$Q = \frac{2\pi}{\ln(r_1/r_0)}\int_0^{T_0}\kappa_\perp \mathrm{d}T \tag{4.120}$$

这里我们希望得到一个比式(4.28b)给出的表达式更好的 $\kappa_\perp$ 的表达式，该表达式仅适用于强磁场，更准确地说，适用于 $\omega_i t_i \gg 1$ 的情况，其中 t_i 是离子碰撞时间($t_i = 1/\nu$，ν 为碰撞频率)，ω_i 是离子回旋频率。$\kappa_\perp$ 的更精确的值为

$$\kappa_\perp = \frac{3}{4\sqrt{\pi}}\frac{k(kT)^{5/2}}{\sqrt{M}e^4\ln\Lambda}\frac{2.645 + 2(\omega_i t_i)^2}{0.677 + 2.70(\omega_i t_i)^2 + (\omega_i t_i)^4} \tag{4.121}$$

其中

$$\omega_i t_i = \frac{eH}{Mc}\frac{3}{4}\frac{\sqrt{M}}{\sqrt{\pi}e^4}\frac{(kT)^{3/2}}{n_i\ln\Lambda} \tag{4.122}$$

如果压强恒定，则离子密度按 T^{-1} 变化，$\omega_i t_i$ 与 $T^{5/2}$ 成正比。在式(4.120)中代入式(4.121)和式(4.122)，可以得到

$$Q = bKT_1^{7/2} \tag{4.123}$$

其中 $T_1 = 4.0\times10^4(p/H)^{2/5}$ 为 $\omega_i t_i \approx 1$ 时的近似温度。此外，$K = 0.53\times10^{-14}$ W/(cm·K$^{7/2}$)，且

$$b = \frac{2\pi}{\ln(r_1/r_0)} \int_0^\infty \frac{x^{5/2}(1+0.756x^5)}{1+3.99x^5+1.48x^{10}} dx \tag{4.124}$$

如果 $r_1/r_0 \approx 10$,可以得到 $b \approx 3$。对于 $H = 10^4$ G 和 $H = 10^5$ G,可以得到

$$H = 10^4 \text{ G}, \quad T_1 = 4 \times 10^5 \text{ K}, \quad Q = 600 \text{ kW/cm}$$

$$H = 10^5 \text{ G}, \quad T_1 = 1.6 \times 10^5 \text{ K}, \quad Q = 24 \text{ kW/cm}$$

4.15　电 子 逃 逸

用简化的扩散模型得到了等离子体电导率的表达式,该模型仅在假设电场足够小,以保持沿平均自由程获得的势能比 kT 小的情况下有效。由于平均自由程与 T^2 成正比,很明显,对于足够高的温度,这个假设必定被打破。如果发生这种情况,等离子体电子会不断加速,最终在等离子体内部形成相对论电子束。然而,对于能够作用于电子的电场,等离子体柱的半径必须小于电场对等离子体的穿透深度。

电子逃逸的条件是

$$eE\lambda \gg \frac{3}{2}kT \tag{4.125}$$

其中 $\lambda = 1/(n\sigma_c)$ 是平均自由程,σ_c 由式(4.2)给出。从式(4.125)得到

$$2.2 \times 10^9 \frac{TE\,[\text{V/cm}]}{Z^2 n} \gg 1 \tag{4.126}$$

穿透深度由以下公式给出:

$$\delta = \frac{c}{\omega_p} \tag{4.127}$$

其中对于具有纵向质量 $\gamma^3 m$ 的沿电场方向的相对论等离子体电子,可以得到 $\omega_p = \sqrt{4\pi ne^2/(\gamma^3 m)}$。

参 考 文 献

[1]　Post R F. Review of Modern Physics, 1956, 28: 338.

[2]　Spitzer L, Jr. Physics of Fully Ionized Gasses[M]. New York: Interscience Publishers, 1962.

[3]　Pease R S. Proc. Phys. Soc. London Ser., 1957, B70: 11.

[4]　Braginskii S I. Zh. Eksp. Teor. Fiz., 1957, 33: 645.

[5]　Winterberg F. Phys. Rev. Lett., 1976, 37: 713.

[6]　Winterberg F. Z. f. Naturforsch., 1977, 32a: 840.

[7]　Winterberg F. J. Plasma Physics, 1979, 21: 301.

[8]　Jackson J D. Classical Electrodynamics[M]. New York: John Wiley & Sons, 1962: 429 ff.

[9]　Landau L D, Lifshitz E M. The Classical Theory of Fields[M]. Oxford: Pergamon Press, 1971: 197 ff.

[10]　Alfvén H, Fäthammar C G, Johansson R B, et al. Nuclear Fusion, 1962 Supplement Part Ⅰ.

第5章 冲击波和压缩波

5.1 冲 击 波

冲击波有一个不连续,其中 p、ρ、T 和 s 在通过不连续时跃变。为简化以下分析,我们假设冲击波是平面的,这意味着冲击波垂直于其不连续阵面传播。我们还假设冲击波位于理想气体中,其中具有以下关系:

$$c_s^2 = \gamma \frac{p}{\rho} \tag{5.1}$$

c_s 表示等熵声速,

$$\varepsilon = c_V T = \frac{p}{\rho(\gamma - 1)} = \frac{c_s^2}{\gamma(\gamma - 1)} \tag{5.2}$$

为单位质量的内能。此外

$$w = c_p T = \varepsilon + \frac{p}{\rho} = \frac{\gamma p}{\rho(\gamma - 1)} = \frac{c_s^2}{\gamma - 1} \tag{5.3}$$

为单位质量的焓,最终

$$s = c_V \log \frac{p}{\rho^\gamma} = c_p \log \frac{p^{1/\gamma}}{\rho} \tag{5.4}$$

为单位质量的熵。对于完全电离的等离子体,我们有 $\gamma = 5/3$。为了获得冲击波的"跃变条件",我们进入一个参考系,其相对于冲击波阵面处于静止状态。在这个参考系中,冲击波前的流体以速度 v_1 与冲击波阵面相交,以较小的速度 v_2 离开冲击波阵面。一个相对于冲击波前的流体处于静止状态的观察者看到,冲击波阵面以速度 v_1 移动,而不连续后面的流体以速度

$$v = v_1 - v_2 \tag{5.5}$$

移动。在通过冲击波阵面时,由质量、动量和能量的守恒得到了三个方程(朗肯-雨果尼奥[①] (Rankine-Hugoniot)方程):

$$\left. \begin{array}{l} \rho_1 v_1 = \rho_2 v_2 \\ p_1 + \rho_1 v_1^2 = p_2 + \rho_2 v_2^2 \\ c_p T_1 + \dfrac{v_1^2}{2} = c_p T_2 + \dfrac{v_2^2}{2} \end{array} \right\} \tag{5.6}$$

其中下标 1 指的是波阵面前面的量,下标 2 指的是波阵面后面的量,它们都是在相对于波阵面静止的参考系中测量的。对于 6 个未知数 ρ_1、v_1、p_1、ρ_2、v_1、p_2,有 3 个方程,因为 $c_p T_1$ 和 $c_p T_2$ 可以由式(5.3)用 p_1、ρ_1 和 p_2、ρ_2 表示。然而,由于我们只对比值 ρ_2/ρ_1、v_2/v_1、p_2/p_1 感兴趣,未知数的数量减少到 3,借助式(5.3)得到跃变条件 T_2/T_1。

[①] 也译为雨贡扭。——译者注

我们可以发现

$$\left.\begin{aligned}
\frac{\rho_2}{\rho_1} &= \frac{v_1}{v_2} = \frac{(\gamma+1)M_1^2}{(\gamma-1)M_1^2+2} \\
\frac{p_2}{p_1} &= \frac{2\gamma M_1^2}{\gamma+1} - \frac{\gamma-1}{\gamma+1} \\
\frac{T_2}{T_1} &= \frac{[2\gamma M_1^2-(\gamma-1)][(\gamma-1)M_1^2+2]}{(\gamma+1)^2 M_1^2}
\end{aligned}\right\} \tag{5.7}$$

在这些方程中

$$M_1 = \frac{v_1}{c_{s1}} \tag{5.8}$$

是冲击波阵面的马赫数。冲击波阵面后面的马赫数 M_2 用 M_1 表示为

$$M_2^2 = \frac{2+(\gamma-1)M_1^2}{2\gamma M_1^2-(\gamma-1)} \tag{5.9}$$

在非常强的冲击波的极限下,也就是热核过程的典型情况下,我们有

$$\left.\begin{aligned}
\frac{\rho_2}{\rho_1} &= \frac{v_1}{v_2} = \frac{\gamma+1}{\gamma-1} \\
\frac{p_2}{p_1} &= \frac{2\gamma M_1^2}{\gamma+1} \\
\frac{T_2}{T_1} &= \frac{2\gamma M_1^2(\gamma-1)}{(\gamma+1)^2}
\end{aligned}\right\} \tag{5.10}$$

此外

$$M_2 = \left(\frac{\gamma-1}{2\gamma}\right)^{1/2} \tag{5.11}$$

对于 $\gamma=5/3$, $M_2=1/\sqrt5<1$。

由式(5.5)和式(5.10),我们可以得到

$$v_1 = \frac{\gamma+1}{2}v \geqslant v \tag{5.12}$$

当 $\gamma=5/3$ 时, $v_1=(4/3)v$。这意味着冲击波"雪耙(snowplow)"了它前面的流体。当"雪耙"以速度 v 移动时,"耙过的"流体的前部以大于 v 的速度移动。

借助式(5.1)、式(5.2)和式(5.12),我们可以写出

$$\left.\begin{aligned}
p_2 &= \frac{2}{\gamma+1}\rho_1 v_1^2 = \frac{1}{2}(\gamma+1)\rho_1 v^2 \\
T_2 &= \frac{2}{(\gamma+1)^2}\frac{v_1^2}{c_V} = \frac{1}{2}\frac{v^2}{c_V}
\end{aligned}\right\} \tag{5.13}$$

这表明在数量级上,冲击波阵面后面的压强和温度都等于速度为 v 的流体趋于静止的停滞压 ρv^2 和停滞温度 v^2/c_V。

冲击波阵面的厚度 δ 可以通过设波阵面单位面积的黏性力

$$f = \eta\frac{\mathrm{d}v}{\mathrm{d}x} \sim \eta\frac{v}{\delta} \tag{5.14}$$

等于波阵面的停滞压 ρv^2 来估算。因此

$$\delta \sim \frac{\eta}{\rho v} \tag{5.15}$$

由 $\eta \sim M_i v_{\mathrm{th}}^i/\sigma_{\mathrm{d}}^i \sim \rho v_{\mathrm{th}}^i/\lambda$,且根据式(5.13) $v_{\mathrm{th}}^i \sim v$,可得

$$\delta \sim \lambda \tag{5.16}$$

在强磁场的存在下,磁力线平行于冲击波阵面,必须用离子拉莫尔半径 r_L 替换平均自由程 λ,那么

$$\delta_\perp \sim r_L \tag{5.17}$$

5.2　冯·诺依曼的人工黏性

等离子体中的冲击波问题更为复杂。详细的分析不仅必须考虑到电子和离子,在高温下热核等离子体的辐射也变得重要,其方式不包括在上述简单的分析中。如果存在热核反应,则会出现进一步的复杂性。由于所有这些对于热核武器的设计都很重要,因此已经开发了大型计算机模拟程序来处理这些问题。

在这些计算中使用的一个重要概念是冯·诺依曼(von Neumann)的人工黏性。由于冲击波阵面存在一个尖锐的不连续,因此必须对该不连续进行平滑处理,以允许通过冲击波阵面进行数值有限网格积分。这个问题可以用冯·诺依曼的人工黏性来解决。它与普朗特(Prandtl)的湍流涡黏性相似:

$$\eta_t = \rho l^2 \frac{\partial v}{\partial x} \tag{5.18}$$

其中 l 是靠近壁的边界层中湍流涡旋的混合长度。我们设 $l = c\Delta x, c \sim 1$,其中 Δx 是到壁的距离,流体沿壁向 y 方向流动。设 $\partial v / \partial x \sim v / \Delta x$,就可以得到涡黏性:

$$\eta_t \sim \rho \Delta x \cdot v \tag{5.19}$$

其形式与分子黏性 $\eta = (1/3)\rho\lambda v_{th}$ 相似(设 $\lambda \sim \Delta x$ 和 $v \sim v_{th}$)。在普朗特的理论中,涡黏性描述了沿 y 方向沿壁流动的湍流剪切力:

$$\sigma_{xy} = \eta_t \frac{\partial v}{\partial x} = \rho \left(\Delta x \frac{\partial v}{\partial x} \right)^2 \tag{5.20}$$

y 方向的剪切力密度为

$$f_y = \frac{\partial \sigma_{xy}}{\partial x} = \frac{\partial}{\partial x} \left[\rho \left(\Delta x \frac{\partial v}{\partial x} \right)^2 \right] \tag{5.21}$$

用涡黏性描述欧拉方程中的非线性项 $\rho(\boldsymbol{v} \cdot \mathrm{grad})\boldsymbol{v}$,将该项替换为式(5.21),并置于欧拉方程的等号右边。

在冯·诺依曼的人工黏性中有

$$\sigma_{xx} = \eta_a \frac{\partial v}{\partial x} \tag{5.22}$$

其中与普朗特的 η_t 类似,有

$$\eta_a = b\rho (\Delta x)^2 \frac{\partial v}{\partial x} \tag{5.23}$$

b 是一个单位阶的数值常数。由该人工黏性 η_a 得出的黏性力密度为

$$f_x = \frac{\partial \sigma_{xx}}{\partial x} = b \frac{\partial}{\partial x} \left[\rho \left(\Delta x \frac{\partial v}{\partial x} \right)^2 \right] \tag{5.24}$$

它必须放在运动方程(3.103)的等号右边,替换等号左边的非线性项 $\rho(\boldsymbol{v} \cdot \mathrm{grad})\boldsymbol{v}$。

在冯·诺依曼的理论中,Δx 是数值计算机积分的网格距离。很明显,Δx 必须小于冲击厚度,这为 b 提供了一个下限。将式(5.23)给出的 η_a 代入式(5.15),由 $\partial v / \partial x \sim v / \delta$ 可得

$$\delta = \sqrt{b}\Delta x \tag{5.25}$$

在计算机计算中,选择 $b \geqslant 2$ 已经足以如所要求的那样使 $\delta > \Delta x$。

5.3　会聚冲击波

圆柱形会聚声波中的压强按 $\approx 1/\sqrt{r}$ 上升,球形会聚声波中的压强按 $\approx 1/r$ 上升。在会聚的圆柱形和球形冲击波中,上升的幅度较小,因为与声波不同,冲击波是非各向异性的,部分能量被耗散为热能。

会聚的圆柱形和球形冲击波中的压强和温度的上升为

$$p, T \propto r^{-\kappa} \tag{5.26a}$$
$$p, T \propto r^{-2\kappa} \tag{5.26b}$$

其中 κ 是通过相似解得到的。对于强冲击波来说,κ 的一个不错的近似是

$$\kappa^{-1} = \frac{1}{2} + \frac{1}{\gamma} + \left[\frac{\gamma}{2(\gamma - 1)}\right]^{1/2} \tag{5.27}$$

如果 $\gamma = 5/3$,可以得到 $\kappa \simeq 0.45$。

如果会聚冲击波初始半径 R 处的压强和温度分别为 p_0 和 T_0,则圆柱形会聚冲击波中的压强和温度的上升为

$$\frac{p}{p_0} = \frac{T}{T_0} = \left(\frac{R}{r}\right)^{0.45} \tag{5.28}$$

而球形会聚冲击波中的压强和温度的上升为

$$\frac{p}{p_0} = \frac{T}{T_0} = \left(\frac{R}{r}\right)^{0.9} \tag{5.29}$$

这两个表达式与圆柱形会聚声波和球形会聚声波无太大差别。但与声波不同,冲击波后面的密度由式(5.10)给出,按系数 $(\gamma+1)/(\gamma-1)$ 增加,当 $\gamma = 5/3$ 时,系数为 4。冲击波在会聚中心反射,从而使密度第二次按相同的系数增加,因此总系数为 $[(\gamma+1)/(\gamma-1)]^2$,当 $\gamma = 5/3$ 时,系数为 16。最后,在圆柱形会聚冲击波中,由于圆柱形波与平面波相比具有收敛性,因此进一步按系数 $\sqrt{2}$ 增加,在球形波中按系数 2 增加。因此,对于圆柱形波,在会聚中心的总密度增加是 $\sqrt{2}[(\gamma+1)/(\gamma-1)]^2$,当 $\gamma = 5/3$ 时,约等于 23;对于球形波是 $2[(\gamma+1)/(\gamma-1)]^2$,当 $\gamma = 5/3$ 时,等于 32。仅通过等熵压缩,圆柱形冲击中的温度将上升 $\sqrt{2}[(\gamma+1)/(\gamma-1)]^{\gamma-1}$,对于球形冲击,则上升 $2[(\gamma+1)/(\gamma-1)]^{\gamma-1}$,当 $\gamma = 5/3$ 时,分别等于 $4/2^{1/3}$ 和 4。

根据式(5.28)和式(5.29),圆柱形或球形会聚冲击波中的温度应为无穷大。实际上,温度的上升是有限的,如果冲击波阵面与会聚中心的距离等于平均自由程,就不可能进一步上升。以液体 DT 中的会聚冲击波为例,其中粒子数密度为 $n = 5 \times 10^{22}$ cm^{-3},DT 热核反应的点火温度为 ~ 10 keV $\simeq 10^8$ K。根据式(4.11),该密度和温度下的平均自由程为 $\lambda \sim 10^{-2}$ cm。因此,在 $\sim 10^4$ K 的初始温度下,需要满足初始半径为 $R \sim 10^2$ cm 这一条件,才能在球形会聚冲击波中 $r \sim 10^{-2}$ cm 的条件下达到 $T \sim 10^8$ K。

要在会聚冲击波的中心形成热核燃烧波,需要满足 $\rho r \gtrsim 1$ g/cm^2 这一条件。当 $\rho \sim 30 \rho_0$ 时(对液态 DT,$\rho_0 \sim 0.1$ g/cm^3),$r \geqslant 0.3$ cm 就是达到点火温度的距离,这要求初始半径

$R \sim 30$ m。因此,为了在更小的组件中实现热核燃烧的点火,我们必须在初始半径 R 处以更高的温度开始,或者将 DT 预压缩到高于液体密度,或者两者结合。

5.4　等熵压缩波

冲击波的压缩是非等熵的,并伴随着温度的升高。如果压缩是等熵的,则温度升高较小。因此,为了达到最高密度,压缩必须是等熵的。无论是平面、圆柱形还是球形组件的等熵压缩,压缩过程在任何给定温度下都会传播从组件表面到其中心的扰动。传播该扰动的速度为等熵声速:

$$c_s = \left(\frac{\gamma R T}{A}\right)^{1/2} \tag{5.30}$$

(这里 R 为普适气体常数)。如果在整个压缩过程中,将压缩速度设置为等熵声速,则从组件表面发射的所有扰动同时到达其中心。只有声波相交时才会产生冲击波。如果将压缩速度设置为等熵声速,则此相交仅发生在所有波合并的中心。

由等熵状态方程

$$\frac{T}{T_0} = \left(\frac{n}{n_0}\right)^{\gamma-1} \tag{5.31}$$

其中 n_0 是温度 T_0 下的初始粒子数密度,平面($s=1$)、圆柱形($s=2$)和球形($s=3$)组件的等熵状态方程为

$$\frac{T}{T_0} = \left(\frac{r_0}{r}\right)^{s(\gamma-1)} \tag{5.32}$$

其中 r_0 是平面、圆柱形和球形组件的初始半径。

分别将压缩和内爆速度与等熵声速等同起来,就可以得到

$$\frac{dr}{dt} = -\left(\frac{\gamma R T}{A}\right)^{1/2} = -c_0\left(\frac{T}{T_0}\right)^{1/2} \tag{5.33}$$

其中 $c_0 = (\gamma R T_0/A)^{1/2}$ 是初始声速。将式(5.32)代入式(5.33)中,可以得到

$$\frac{dr}{dt} = -c_0\left(\frac{r_0}{r}\right)^{s(\gamma-1)/2} \tag{5.34}$$

对式(5.34)进行积分,得

$$r(t) = r_0\left(1 - \frac{t}{t_0}\right)^m \tag{5.35}$$

其中

$$\left.\begin{array}{l} m = \dfrac{2}{s(\gamma-1)+2} \\[2mm] t_0 = \dfrac{mr_0}{c_0} \\[2mm] r_0 = r(0) \end{array}\right\}$$

当 $s=1$ 时,$m=2/(\gamma+1)$;当 $s=2$ 时,$m=1/\gamma$;当 $s=3$ 时,$m=2/(3\gamma-1)$。

内爆速度为

$$\frac{dr}{dt} = -c_0\left(1 - \frac{t}{t_0}\right)^{-q} \tag{5.36}$$

其中

$$q = \frac{s(\gamma - 1)}{s(\gamma - 1) + 2}$$

当 $s = 1$ 时，$q = (\gamma - 1)/(\gamma + 1)$；当 $s = 2$ 时，$q = (\gamma - 1)/\gamma$；当 $s = 3$ 时，$q = 3(\gamma - 1)/(3\gamma - 1)$。

边界压强为

$$\frac{p}{p_0} = \left(\frac{n}{n_0}\right)^{\gamma} = \left(\frac{r_0}{r}\right)^{s\gamma} = \left(1 - \frac{t}{t_0}\right)^{-l} \tag{5.37}$$

其中

$$l = ms\gamma = \frac{2s\gamma}{s(\gamma - 1) + 2}$$

当 $s = 1$ 时，$l = 2\gamma/(\gamma + 1)$；当 $s = 2$ 时，$l = 2$；当 $s = 3$ 时，$l = 6\gamma/(3\gamma + 1)$。

压缩所需的功率为

$$\left.\begin{array}{l} s = 1 : P = pc_s, \quad P_0 = p_0 c_0 \ [\mathrm{erg/(cm^2 \cdot s)}] \\ s = 2 : P = 2\pi p c_s, \quad P_0 = 2\pi r_0 p_0 c_0 \ [\mathrm{erg/(cm \cdot s)}] \\ s = 3 : P = 4\pi r^2 p c_s, \quad P_0 = 4\pi r_0^2 p_0 c_0 \ [\mathrm{erg/s}] \end{array}\right\} \tag{5.38}$$

由 $c_s/c_0 = (r_0/r)^{s(\gamma-1)/2}$，可得

$$\frac{P}{P_0} = \left(\frac{r_0}{r}\right)^{u} \tag{5.39}$$

其中

$$u = \frac{3s}{2}(\gamma - 1) + 1$$

或者

$$\frac{P}{P_0} = \left(1 - \frac{t_0}{t}\right)^{-w} \tag{5.40}$$

其中

$$w = \frac{3s(\gamma - 1) + 2}{s(\gamma - 1) + 2} \tag{5.41}$$

当 $s = 1$ 时，$w = (3\gamma - 1)/(\gamma + 1)$；当 $s = 2$ 时，$w = (3\gamma - 2)/\gamma$；当 $s = 3$ 时，$w = (9\gamma - 7)/(3\gamma - 1)$。当 $\gamma = 5/3$ 时，有 $w = 3/2 (s = 1)$，$w = 9/5 (s = 2)$ 和 $w = 2 (s = 3)$

5.5　可压缩壳的内爆

除会聚冲击波外，内爆壳对裂变和聚变炸药都起着重要作用。对于会聚冲击波，声学近似对于压强的上升已经给出了相当好的结果，因为它依赖于到会聚中心的距离，但对于不可压缩壳的内爆，类似的近似不太好。

对于内爆的不可压缩壳，内壁处速度的增加是由壳体在内爆过程中膨胀所致，如图 5.1 所示。这个问题类似于瑞利提出的不可压缩流体的经典空化问题。在那里，距离黑腔塌陷中心 R 处的内壁速度由下式给出：

$$\left.\begin{array}{ll} v \simeq \dfrac{v_0}{\sqrt{2}} \dfrac{R_0}{R}\left(\log \dfrac{R_0}{R}\right)^{-1/2} & \text{圆柱} \\[3mm] v \simeq \dfrac{v_0}{\sqrt{3}}\left(\dfrac{R_0}{R}\right)^{3/2} & \text{球} \end{array}\right\} \tag{5.42}$$

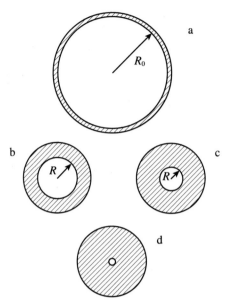

图 5.1　初始半径 $R = R_0$ 的内爆壳的初始构型(a)和内
爆过程中的三个连续阶段(b、c 和 d)

　　为得到可压缩壳内壁速度的上升,我们假设壳体材料可被描述为无摩擦的可压缩流体,这个假设在高压下是合理的。

　　无黏性可压缩流体的欧拉方程和连续性方程为

$$\left.\begin{array}{l} \dfrac{\partial \boldsymbol{v}}{\partial t} + (\boldsymbol{v} \cdot \nabla)\boldsymbol{v} = -\dfrac{1}{\rho}\,\nabla p \\[3mm] \dfrac{\partial \rho}{\partial t} + \nabla \cdot \rho\boldsymbol{v} = 0 \end{array}\right\} \tag{5.43}$$

在这里我们对圆柱对称设 $s = 1$,对球对称设 $s = 2$。对于一个内爆的圆柱形或者球形壳,从式(5.43)可以得到

$$\frac{\partial v}{\partial t} + v\frac{\partial v}{\partial r} + \frac{1}{\rho}\frac{\partial p}{\partial r} = 0 \tag{5.44a}$$

$$\frac{\partial \rho}{\partial t} + v\frac{\partial \rho}{\partial r} + \rho\left(\frac{\partial v}{\partial r} + s\frac{v}{r}\right) = 0 \tag{5.44b}$$

其中 v 为径向流体速度,r 为径向坐标。此外,可压缩壳材料的状态方程应如下所示(A 为常数):

$$p = A\rho^{\gamma} \tag{5.45}$$

因此

$$c^2 = \frac{\mathrm{d}p}{\mathrm{d}\rho} = A\rho^{\gamma-1} \tag{5.46}$$

因此式(5.44a)和式(5.44b)可以分别写成如下表达式:

$$\frac{\partial v}{\partial t} + v\frac{\partial v}{\partial r} + \frac{1}{\gamma - 1}\frac{\partial c^2}{\partial r} = 0 \tag{5.47a}$$

$$\frac{\partial c^2}{\partial t} + v\frac{\partial c^2}{\partial r} + (\gamma - 1)c^2\left(\frac{\partial v}{\partial r} + s\frac{v}{r}\right) = 0 \tag{5.47b}$$

为了求解这两个耦合的非线性偏微分方程,我们设

$$R(t) = (-\alpha t)^n, \quad \alpha = 常数 \tag{5.48}$$

其中 $R(t)$ 是塌陷壳内表面的半径,它是时间的函数。当 $t<0$ 时,半径减小到 $t=0$ 时的 $R=0$。

然后,我们引入了相似变量

$$\zeta = -\left(\frac{R}{r}\right)^{1/n} = \frac{\alpha t}{r^{1/n}} \tag{5.49}$$

比较式(5.49)和式(5.48)可得,在内壁表面 $\zeta=1$,对于 r 轴 $\zeta=0$。

从式(5.48)可以得到内壁的速度

$$\dot{R} = -n\alpha R^{1-1/n} \tag{5.50}$$

问题现在简化为确定数字 n,即所谓的同调指数。为了得到这个指数,我们要寻找以下形式的解:

$$v = -n\alpha r^{1-1/n} F(\zeta) \tag{5.51a}$$

$$c^2 = n^2 \alpha^2 r^{2-2/n} G(\zeta) \tag{5.51b}$$

将式(5.51a)和式(5.51b)代入式(5.47a)和式(5.47b),对 r 的依赖性消失,于是有两个常微分方程:

$$(\gamma-1)(1+\zeta F)F' + \zeta G' + (1-n)[(\gamma-1)F^2 + 2G] = 0 \tag{5.52a}$$

$$(\gamma-1)\zeta G F' + (1+\zeta F)G' + [(1-n)(\gamma+1) - s(\gamma-1)n]FG = 0 \tag{5.52b}$$

其中 $F' \equiv dF/d\zeta, G' \equiv dG/d\zeta$。从式(5.50)、式(5.51a)和式(5.51b)可以看出,在壁 $\zeta=1$ 处,$F=1$。此外,对于 $\zeta=-1$,$G=0$,壁表面压强等于零,$c^2=0$。在不同变量集

$$\left.\begin{array}{l} x = \ln(-\zeta) \\ y = -\zeta F \\ z = \zeta^2 G \end{array}\right\} \tag{5.53}$$

下,其中在内壁表面处 $x=\ln 1=0$,式(5.52a)和式(5.52b)取三个耦合常微分方程的形式:

$$\begin{aligned} dx : dy : dz = &[(y-1)^2 - z] \\ &: \left[y(y-1)(ny-1) - (s+1)nyz + \frac{2(1-n)}{\gamma-1}z\right] \\ &: \left(2z\left\{-nz + \frac{ny^2}{2}[(2-s)+s\gamma]\right.\right. \\ &\left.\left. + \frac{y}{2}[\gamma-3 - ((s+1)\gamma+1-s)n]+1\right\}\right) \end{aligned} \tag{5.54}$$

在这三个常微分方程中,只有两个是独立的。其中一个只包含两个变量,可以与其他两个方程分开。这个微分方程是

$$\begin{aligned} \frac{dy}{dz} = &\left[y(y-1)(ny-1) - (s+1)nyz + \frac{2(1-n)}{\gamma-1}z\right] \\ &: \left(2z\left\{-nz + \frac{ny^2}{2}[(2-s)+s\gamma] + \frac{y}{2}[\gamma-3 - ((s+1)\gamma+1-s)n]+1\right\}\right) \end{aligned}$$

$$\tag{5.55}$$

利用这个方程,可以根据解通过奇点时是正则的条件来确定 n 的值。如果 $f(x)=g(x)=0$,则形式为 $dy/dx = f(x)/g(x)$ 的微分方程是奇异的。对于解的正则性,只有一个奇点是重要的。在我们的例子中,它位于抛物线

$$z = (y-1)^2 \tag{5.56}$$

上,其中根据式(5.54),$\mathrm{d}x/\mathrm{d}y$ 和 $\mathrm{d}x/\mathrm{d}z$ 均消失。在奇点上,有 $\mathrm{d}\zeta/\mathrm{d}F = \mathrm{d}\zeta/\mathrm{d}G = 0$,这意味着对于通过该点的积分曲线,$F$ 和 G 不是 ζ 的单值函数。但是,对于 n 的特定值,存在一条特定的积分曲线,其中 F 和 G 为单值的,y-z 平面上的积分曲线在穿过抛物线(5.56)时没有拐点。正是这条积分曲线决定了 n 的值。

通过在式(5.55)的分母中代入式(5.56),并设为零,可获得较小的 n 值:

$$s(\gamma - 1)ny^2 - \left[(s+1)(\gamma-1)n - (\gamma-1) + 2(1-n)\right]y + 2(1-n) = 0 \quad (5.57)$$

如果满足下列条件,那么这个方程有一个实解:

$$\left[(s+1)(\gamma-1)n - (\gamma-1) + 2(1-n)\right]^2 \geqslant 8s(\lambda-1)n(1-n) \quad (5.58)$$

在式(5.58)的右边被设定为等于左边的极限下,我们可以得到 n 的最小值。当圆柱形壳内爆($s=1$)时,n 的最小值为

$$n_{\min} = \frac{\gamma^3 - 3\gamma + 4 + \left[(\gamma^2 - 3\gamma + 4)^2 - (\gamma-3)^2(\gamma^2 - 2\gamma + 2)\right]^{1/2}}{2\gamma^2 - 4\gamma + 4} \quad (5.59a)$$

当球形壳内爆($s=2$)时,n 的最小值为

$$n_{\min} = \frac{3\gamma^3 - 6\gamma + 7 + \left[(3\gamma^2 - 6\gamma + 7)^2 - (\gamma-3)^2(9\gamma^2 - 14\gamma + 9)\right]^{1/2}}{9\gamma^2 - 14\gamma + 9} \quad (5.59b)$$

在极限 $\gamma \to \infty$ 下,对应于不可压缩壳,我们得到

$$n_{\min} = \begin{cases} \dfrac{1}{2} & (s=1, \text{圆柱}) \\[2mm] \dfrac{1}{3} & (s=2, \text{球}) \end{cases} \quad (5.60)$$

根据式(5.50),由此可得

$$\left.\begin{array}{l} \dot{R} = \text{常数}/R \quad (\text{圆柱}) \\[2mm] \dot{R} = \text{常数}/R^2 \quad (\text{球}) \end{array}\right\} \quad (5.61)$$

这一结果不同于黑腔解(5.42),但正是不可压缩内爆的预期结果。当内、外壳半径分别设为 R 和 R_0 时,圆柱壳和球壳的半径为

$$\left.\begin{array}{l} R_0^2 - R^2 = \text{常数} \quad (\text{圆柱}) \\[2mm] R_0^3 - R^3 = \text{常数} \quad (\text{球}) \end{array}\right\} \quad (5.62)$$

微分后得

$$\left.\begin{array}{l} \dot{R} = \dot{R}_0 \dfrac{R_0}{R} \quad (\text{圆柱}) \\[2mm] \dot{R} = \dot{R}_0 \left(\dfrac{R_0}{R}\right)^2 \quad (\text{球}) \end{array}\right\} \quad (5.63)$$

其中 $\dot{R}_0 = $ 常数是外部施加在壳上的恒定速度。这个结果与式(5.61)相同。

为了得到 n 的精确值,微分方程(5.55)必须从 $\zeta = -1$ 到 $\zeta = 0$ 进行数值积分,即从 $F = 1, G = 0$ 到 $F = G = 0$,或者从 $y = 1, z = 0$ 到 $y = z = 0$。积分可以使用龙格-库塔(Runge-Kutta)法完成,在第一次试运行时可以输入 $n = n_{\min}$,此后小步增加 n,直到积分曲线在没有拐点的情况下切割抛物线(5.56)。

由 $m = 1/n - 1, R \to 0$ 的壳内爆速度由以下公式给出:

$$v = \text{常数} \times R^{-m} \quad (5.64)$$

在表5.1中给出了对不同的 γ 值,通过式(5.55)的数值积分得到的 n 和 m 值,在图5.2

和图 5.3 中 n 和 m 值与圆柱形和球形壳内爆的 $n_{\min}$ 一起绘制。对于兆巴压强，$\gamma \simeq 10$，圆柱壳的 $m=0.45$，球壳的 $m=0.92$。因此

$$v = 常数 \times R^{-0.45} \quad （圆柱）$$
$$v = 常数 \times R^{-0.92} \quad （球）$$
(5.65)

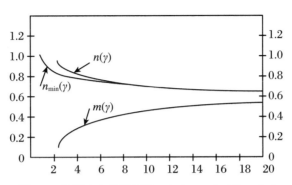

图 5.2　圆柱壳内爆的函数 $n(\gamma)$、$n_{\min}(\gamma)$ 和 $m(\gamma)$

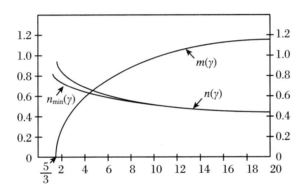

图 5.3　球壳内爆的函数 $n(\gamma)$、$n_{\min}(\gamma)$ 和 $m(\gamma)$

表 5.1　圆柱壳和球壳内爆的参数

γ	圆柱		球	
	n	m	n	m
5/3			0.92	0.087
2			0.835	0.198
3	0.88	0.14	0.71	0.409
4	0.82	0.22	0.64	0.563
5	0.775	0.29	0.60	0.667
6	0.75	0.34	0.574	0.742
7	0.73	0.375	0.5574	0.804
8	0.71	0.41	0.5407	0.8495
9	0.70	0.43	0.5294	0.8889

γ	圆柱		球	
	n	m	n	m
10	0.69	0.45	0.5198	0.9238
11	0.68	0.47	0.5115	0.9549
12	0.67	0.49	0.5043	0.9830
13	0.67	0.50	0.4979	1.0085
14	0.66	0.51	0.4922	1.0318
15	0.655	0.53	0.4870	1.0533
16	0.65	0.54	0.4824	1.0732
17	0.65	0.54	0.4781	1.0916
18	0.64	0.56	0.4742	1.1089
19	0.64	0.56	0.4706	1.125
20	0.64	0.56	0.4673	1.1402

在更高的压强下，γ 值迅速降低，接近极限 $\lambda = 5/3$，适用于冷费米气体（但也适用于完全电离的等离子体）。这时，球壳的 $m = 0.087$。在高压下，壳的扁平化程度较低，不会导致内壁速度的大幅增加。当然，可以通过增加壳外表面的压强来达到更高的内爆速度，例如用强大的粒子束激光烧蚀表面，从而增加 R_0。

对于不可压缩壳，壳体材料的密度在内爆过程中当然保持不变，但对于可压缩壳则不是。密度通过连续性方程来计算：

$$R^s \rho v = 常数 \tag{5.66}$$

因此

$$\frac{\rho}{\rho_0} = \left(\frac{R_0}{R}\right)^s \frac{v_0}{v} = \left(\frac{R_0}{R}\right)^{s-m} \tag{5.67}$$

以 $\gamma = 10$ 为例，我们可以得到

$$\frac{\rho}{\rho_0} = \begin{cases} \left(\dfrac{R_0}{R}\right)^{0.55} & （圆柱） \\ \left(\dfrac{R_0}{R}\right)^{1.08} & （球） \end{cases} \tag{5.68}$$

5.6 多壳内爆

根据式（5.13），平面冲击波中压强和温度的上升与冲击波速度的平方成正比。由于球形会聚冲击波的压强和温度与 $r^{-2\kappa}$ 成正比，其中 κ 由式（5.27）给出（对于 $\gamma = 5/3$，$\kappa = 0.45$），因此冲击波速度的上升与 $r^{-\kappa}$ 成正比，对于 $\gamma = 5/3$，与 $r^{-0.45}$ 成正比，在极限 $\gamma \to \infty$ 下（式中的 $\kappa^{-1} = 1.2$），与 $r^{-0.8}$ 成正比。相比之下，在相同的极限 $\gamma \to \infty$ 下，一个内爆球壳的速度与 r^{-2} 成正比。

会聚冲击波可视为许多同心壳的内爆，壳之间有缓冲气体，以软化壳相互之间的撞击。

因此,移除缓冲气体后,与会聚冲击波相比,速度上升会更大,但与一个壳的内爆相比,速度上升会更小,至少在壳不可压缩的情况下,这似乎是合理的。

一系列碰撞物体之间的速度放大发生在质量递减物体的弹性碰撞中。如果质量比 $m_n/m_{n-1} = \alpha$(碰撞物体的质量为 m_{n-1} 和 m_n)为常数,且质量为 m_0 的第一个物体的速度为 v_0,则在与质量为 m_{n-1} 的物体碰撞后,第 n 个物体 m_n 获得速度

$$v_n = \left(\frac{2}{1+\alpha}\right)^n v_0 \tag{5.69}$$

如果碰撞体是同心的球壳,质量随着球壳半径 r_n 和球壳厚度 Δr_n 的减小而减小,则有(图 5.4)

$$m_n = 4\pi\rho r_n^2 \Delta r_n \tag{5.70}$$

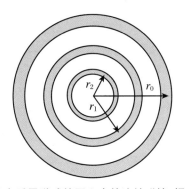

图 5.4　通过几个质量递减的同心壳的连续碰撞,提高内爆速度

其中 ρ 是壳材料的密度。我们进一步假设同心壳的组件是相似的,因此

$$\Delta r_n = \varepsilon r_n, \quad \varepsilon = 常数 < 1 \tag{5.71}$$

因此我们得到

$$m_n = 4\pi\varepsilon r_n^3 \tag{5.72}$$

和

$$\frac{m_{n+1}}{m_n} = \left(\frac{r_{n+1}}{r_n}\right)^3 \tag{5.73}$$

或者

$$r_{n+1} = \alpha^{1/3} r_n \tag{5.74}$$

然后我们设

$$r_n = r_0 f(n), \quad f(0) = 1 \tag{5.75}$$

将式(5.75)代入式(5.74),我们可以得到 $f(n)$ 的函数方程:

$$f(n+1) = \alpha^{1/3} f(n) \tag{5.76}$$

结合 $f(0)$,其解为

$$f(n) = \alpha^{n/3} \tag{5.77}$$

我们可以得到

$$r_n = r_0 \alpha^{n/3} \tag{5.78}$$

从式(5.69)和式(5.78)中消去参数 n,可以得到

$$\left.\begin{array}{l}\dfrac{v_n}{v_0} = \left(\dfrac{r_0}{r_n}\right)^a \\[3mm] a = -\dfrac{\log\left[2/(1+\alpha)\right]^3}{\log \alpha}\end{array}\right\}\tag{5.79}$$

$$v = \frac{常数}{r^a}\tag{5.80}$$

我们以 $\alpha = 1/2$ 为例,其中 $a = 1.25$。当 $\alpha = 0.25$ 时,我们得到 $a \simeq 1$;当 $\alpha = 0.125$ 时,$a \simeq 0.83$。

我们仍然可以通过考虑壳之间的非弹性碰撞损失来改进这个模型。这里式(5.69)被替换为

$$v_n = \left[g(\alpha,\eta)\right]^2 v_0\tag{5.81}$$

其中

$$g(\alpha,\eta) = \frac{1}{1+\alpha}\left(1 + \sqrt{1 - \frac{1+\alpha}{\alpha}\eta}\right)\tag{5.82}$$

$$\eta = \frac{\varepsilon_t^n}{(m_n/2)\,v_n^2} = 常数\tag{5.83a}$$

其中 ε_t^n 是壳 m_n 的散热动能,动能为 $(m_n/2)\,v_n^2$(假设分数 $\varepsilon_t^n/[(m_n/2)\,v_n^2]$ 是常数)。与完全弹性碰撞的方式类似,我们得到

$$\left.\begin{array}{l}\dfrac{v_n}{v_0} = \left(\dfrac{r_0}{r_n}\right)^a \\[3mm] a = -\dfrac{\log g^3(\alpha,\eta)}{\log \alpha},\quad g(\alpha,\eta) = \dfrac{2}{1+\alpha}\end{array}\right\}\tag{5.83b}$$

我们以 $\alpha = 1/2$ 和 $\eta = 0.1$ 为例,可以得到 $a \simeq 0.9$。当 $\alpha = 0.25$ 时,得 $a \simeq 0.7$。

5.7　瑞利-泰勒不稳定性

图 5.5 解释了内爆壳的瑞利-泰勒(Rayleigh-Taylor)不稳定性。一个最初是球对称或圆柱对称的内爆壳会变形而不是保持这一状态,如图 5.5 所示。这种不稳定性的扩展方式可以在相对于壳内表面静止的参考系中确定。在壳内表面附近,压强消失,表面的运动方程为

$$\frac{\partial \boldsymbol{v}}{\partial t} = \boldsymbol{a}\tag{5.84}$$

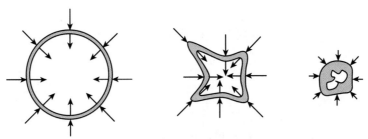

图 5.5　内爆壳的瑞利-泰勒不稳定性

其中 $\boldsymbol{a}$ 是壳表面的向内加速度。当 $\mathrm{curl}\,\boldsymbol{v} = 0$ 时,速度可由速度势导出:

$$v = -\frac{\partial \phi}{\partial r} \tag{5.85}$$

将式(5.85)代入式(5.84),在沿 r 方向积分后,我们可得到

$$\frac{\partial \phi}{\partial t} + a \cdot r + 常数 = 0 \tag{5.86}$$

并对 t 微分:

$$\frac{\partial^2 \phi}{\partial t^2} + a \cdot \frac{\partial \phi}{\partial r} = 0 \tag{5.87}$$

如果 s 是垂直于 r 的表面坐标,并且 $v_s = -\partial \phi / \partial s$,则 $\mathrm{div}\, v = 0$ 将导致

$$\frac{\partial^2 \phi}{\partial r^2} + \frac{\partial^2 \phi}{\partial s^2} = 0 \tag{5.88}$$

由

$$\phi = \mathrm{e}^{\mathrm{i}(k \cdot s - \omega t)} f(r) \tag{5.89}$$

(这一式子描述了一个表面波),从式(5.88)可以得到

$$\frac{\mathrm{d}^2 f}{\mathrm{d} r^2} - k^2 f = 0 \tag{5.90}$$

解为

$$f(r) = 常数 \times \mathrm{e}^{k \cdot r} \tag{5.91}$$

因此

$$\phi = 常数 \times \mathrm{e}^{k \cdot r} \mathrm{e}^{\mathrm{i}(k \cdot s - \omega t)} \tag{5.92}$$

最后,将式(5.92)代入式(5.87),我们可以得到

$$\omega^2 = -a \cdot k \tag{5.93}$$

因为 ω 为虚数,波振幅随时间呈指数增长,为

$$A = A_0 \mathrm{e}^{\sigma t} \tag{5.94}$$

其中

$$\sigma = \sqrt{a \cdot k} \tag{5.95}$$

如果内爆壳内有密度 $\rho_\mathrm{p} < \rho$ 的气体或等离子体,通过类似的计算可以得到

$$\sigma^* = \sqrt{\frac{\rho - \rho_\mathrm{p}}{\rho + \rho_\mathrm{p}}} \sigma \tag{5.96}$$

这意味着内爆壳内的气体或等离子体在降低内爆速度的同时,也降低了瑞利-泰勒不稳定性的增长率。

只要 $A \ll R$,内爆壳就会保持其对称性,其中 R 是内壳半径。如果 v 是内爆速度,R_0 是壳的初始半径,则内爆时间为 $t = \sqrt{2R_0/a}$ 量级。最大、最严重的变形的波数为 $k \sim 1/R$ 量级,最大振幅为 $A \sim R$。将这些值代入式(5.94)会得到

$$A_0 \sim R \mathrm{e}^{-(2R_0/R)^{1/2}} \tag{5.97}$$

例如,如果 $R_0/R = 10$,我们发现 $A_0 \sim 10^{-2} R$。这意味着壳的初始非球变形必须小于最终内爆半径 R 的 1%,这是对内爆对称性的一个严格要求。

如式(5.96)所示,壳内有缓冲气体时,不稳定性不太严重,多壳结构也会出现同样的情况。在无限多个同心壳的极限下,我们可以在已知相当稳定的会聚冲击波中实现这种情况,这对于利用会聚冲击波的热核点火方案非常重要。对于长圆柱壳,瑞利-泰勒不稳定性可以通过快速旋转克服,离心力平衡惯性力,用于利用快速 Z 箍缩点火热核反应的某些方案。

我们想补充一点：非球形（椭球）内爆也可以提供显著的优势。即使对于纯裂变爆炸，长组件的内爆似乎也是有利的。关于对聚变靶使用非球形内爆感兴趣的原因，我们请读者阅读参考文献（Winterberg,1977）。

5.8　锥 形 内 爆

图5.6解释的圆锥内爆是一个特别有趣的构型。如图5.6(a)所示，圆锥体以垂直于圆锥体表面的速度 V_0 内爆。内爆圆锥体的顶点 A 向右移动，速度为

$$V_1 = \frac{V_0}{\sin \alpha} \tag{5.98}$$

其中 α 是圆锥体顶角的1/2。在内爆过程中，质量为 M_s 的"弹头"以速度 V_s 向左移动。为了保持动量守恒，质量为 M_j 的射流以速度 V 向右移动。

相对于顶点 A 静止的参考系中的流线（图5.6(b)）在 A 处分叉，外层流线并入弹头。内层流线在顶点处急转 $360° - \alpha$ 角后向右移动。在相对 A 静止的参考系中（图5.6(a)），沿流线的速度处处都等于

$$V_2 = V_1\cos \alpha = \frac{V_0}{\tan \alpha} \tag{5.99}$$

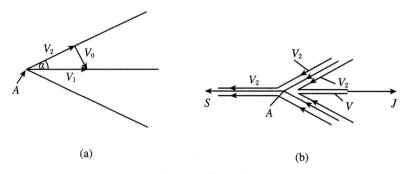

(a)　　　　　　　　　　　　　　　　　　(b)

图5.6　锥形内爆

同时，在实验室系中，可以得到

$$\left.\begin{aligned} V &= V_1 + V_2 \\ V_s &= V_1 - V_2 \end{aligned}\right\} \tag{5.100}$$

弹头和射流的总质量为

$$M = M_s + M_j \tag{5.101}$$

沿圆锥轴线的线性动量守恒要求

$$MV_2\cos \alpha = M_s V_2 - M_j V_2 \tag{5.102}$$

从式(5.101)和式(5.102)可以得到

$$\left.\begin{aligned} M_j &= \frac{M}{2}(1 - \cos \alpha) \\ M_s &= \frac{M}{2}(1 + \cos \alpha) \end{aligned}\right\} \tag{5.103}$$

并且从式(5.98)～式(5.100)可以得到

$$V = \frac{V_0}{\sin \alpha}(1 + \cos \alpha)$$
$$V_s = \frac{V_0}{\sin \alpha}(1 - \cos \alpha)$$

(5.104)

从式(5.103)和式(5.104)得到

$$M_j V = M_s V_s = \frac{1}{2} M V_0 \sin \alpha \tag{5.105}$$

在 $\alpha \to 0$ 的情况下,此式将会变为

$$V \to \frac{2V_0}{\alpha} \to \infty$$
$$V_s \to \frac{V_0}{2}\alpha \to 0$$

(5.106)

$$M_j V = M_s V_s \to \frac{M V_0}{2}\alpha \to 0 \tag{5.107}$$

参 考 文 献

[1] Landau L D, Lifshitz E M. Fluid Mechanics[M]. London: Pergamon Press, 1959.

[2] Guderley G. Luftfahrtforschung, 1942, 19: 302.

[3] Chisnell R F. Journal of Fluid Mechanics, 1957, 2: 286.

[4] Birkhoff G, MacDougall D P, Pugh E M, et al. Journal of Applied Physics, 1948, 19: 563.

[5] Winterber F. J. Plasmas Physics, 1977, 18: 473.

第6章 热核点火与燃烧

6.1 热核反应的点火

在自持的热核燃烧中,热核反应所释放的能量超过了膨胀、热传导和辐射导致的能量损失,必须将这些损失降到最低。如果热核等离子体受到一定的力场约束,则可以消除膨胀导致的损失。燃烧等离子体的引力场可以单独约束等离子体,但由于引力场很弱,只能约束天文尺度的质量。自力约束的第二个例子是磁场约束,其中电流流过等离子体。然而,与引力场不同,磁场约束没有稳定的自力约束构型。第三种可能的情况是惯性力的约束,但惯性力的作用时间很短。通过超高速撞击实现在低温"封装"中内爆等离子体,可以延长时间。存在的问题是热等离子体进入封装的热传导损失,但强磁场可以减少这些损失。剩下的基本上是辐射损失。因为在超过 10 keV 的温度下,等离子体辐射处于 X 射线范围,这时无法被约束(例如通过磁镜)。然而,软 X 射线黑体辐射(数 100 eV)的壁约束在热核爆炸装置中起着重要作用。对于小型热核装置来说,必须考虑没有在装置中消散动能的核聚变产物的逃逸问题。有两种聚变产物:带电粒子和中子。在小型热核聚变组件中,中子的逃逸没有被削弱,也不会对燃烧的热核等离子体的能量平衡作出贡献。不幸的是,DT 热核反应正是如此,它具有最大的截面,但其中 80% 的能量释放到了中子中。

带电核聚变产物的阻止射程可因强磁场而大大减小,这对小型热核爆炸装置很重要。

6.2 黑体辐射损失的点火温度

我们首先考虑热力学平衡下半径为 r 且均匀温度为 T 的等离子体球,忽略膨胀和热传导损失。热核反应速率由式(2.64)给出,辐射损失率由式(4.58)给出。对于一个等离子体,例如由具有相等数密度 $n_1 = n_2 = n/2$ 的两种反应核组成的 DT 等离子体,能量平衡方程为

$$4\pi r^2 \sigma T^4 = \left(\frac{4\pi}{3}r^3\right)\frac{n^2}{4}\langle\sigma v\rangle\varepsilon_0 \tag{6.1}$$

由此可以得到一个临界半径,超过这个半径就有可能产生自持的反应。这一半径为

$$r = \frac{12\sigma T^4}{\varepsilon_0 n^2\langle\sigma v\rangle} \tag{6.2}$$

根据式(2.59)给出的 $\langle\sigma v\rangle$ 表达式,可以将式(6.2)转化为以下形式:

$$\left.\begin{array}{l} r = \dfrac{a}{n^2}\dfrac{\mathrm{e}^x}{x^{14}} \\[2mm] a = 12\sigma\dfrac{k_2^{12}}{\varepsilon_0 k_1} \\[2mm] x = k_2 T^{-1/3} \end{array}\right\} \tag{6.3}$$

临界半径(6.2)在最佳点火温度下有一个最小值,其中 e^x/x^{14} 有一个最小值。这个最小值在 $x_0 = 14$ 处,得到

$$
\left.\begin{aligned}
T_{\mathrm{opt}} &= \left(\frac{k_2}{14}\right)^3 \\
r_{\min} &= 0.72 \times 10^{-10}\,\frac{a}{n^2}
\end{aligned}\right\}
\tag{6.4}
$$

我们以 DT 热核反应为例，k_1、k_2 和 ε_0 的值如表 2.1 所示。我们假设半径 r 足够大，足以阻止中子。（如果只有带电产物被阻止，则有 20% 的总能量释放，ε_0 必须乘以 0.2。）结果是

$$
\left.\begin{aligned}
T_{\mathrm{opt}} &= 3.3 \times 10^7\ \mathrm{K} \\
r_{\min} &= \frac{0.84 \times 10^{49}}{n^2}
\end{aligned}\right\}
\tag{6.5}
$$

对于 $n = 5 \times 10^{22}\ \mathrm{cm}^{-3}$ 的液体或固体 DT，我们得到 $r_{\min} = 34\ \mathrm{m}$。然而，如果等离子体密度为固体密度的 $\sim 10^3$ 倍，则有 $r_{\min} = 3.4 \times 10^{-3}\ \mathrm{cm}$。这表明，对于高度压缩的组件，黑体辐射是可以容忍的。这对于含有较高 Z 元素的反应，如 $H^{11}B$ 热核反应，可能具有重要意义。

在式 (6.5) 中计算了等离子体球最小半径的点火温度。如果半径和密度都给定，则根据以下方程的解得点火温度：

$$
\mathrm{e}^x = \frac{n^2 r}{a} x^{14}
\tag{6.6}
$$

结合总等离子体质量 $m = (4\pi/3) r^3 nMA$，可以将其写为如下形式：

$$
\mathrm{e}^x = \left(\frac{3}{4\pi}\right)^2 \left(\frac{m}{MA}\right)^2 \frac{x^{14}}{ar^5}
\tag{6.7}
$$

对于给定的 r 值，该方程有两个根。如果要获得最低温度的话，必须取较大的根。两个根相等时的 r 值与式 (6.5) 给出的最小半径相同。因此，只有当 r 足够大时，点火温度才能变得足够小。这是因为 r 的增加降低了表面积与体积之比。当 $r \to \infty$ 时，点火温度原则上会降至零。这似乎与热核反应需要大粒子能量的要求相矛盾。然而，即使在低温下，麦克斯韦分布也有一些高能粒子，它们可以进行聚变反应。这种情况存在于冷物质形成恒星的过程中。尽管如此，整个气体球内的温度恒定这一假设是无效的。不过热核燃烧过程可以从相对较低的温度开始。

6.3　光学稀薄等离子体的点火温度

如果光程长度 $\lambda_{\mathrm{opt}} = 1/(n\sigma_{\mathrm{opt}})$ 与等离子体尺寸相比较大，那么这一等离子体为光学稀薄等离子体。对于热核爆炸装置的氢等离子体来说尤其如此，其光学截面由式 (4.70) 给出。在固体密度下且当 $n = 5 \times 10^{22}\ \mathrm{cm}^{-3}$ 和 $Z = 1$ 时，有 $\sigma_{\mathrm{opt}} \approx 2 \times T^{-3.5}$。对于处于热力学平衡状态的 DT 等离子体的最佳点火温度，黑体温度为 $T_{\mathrm{opt}} = 3.3 \times 10^7\ \mathrm{K}$，可以得到 $\sigma_{\mathrm{opt}} \approx 2 \times 10^{-26}\ \mathrm{cm}^2$，因此 $\lambda_{\mathrm{opt}} \approx 10^3\ \mathrm{cm}$，甚至比最大的热核爆炸装置还要大。

对于光学稀薄等离子体，辐射损失是轫致辐射的结果，由式 (4.67b) 给出。与黑体辐射损失不同，它们与等离子体的体积成正比，而不是与等离子体的表面积成正比。有了这些辐射损失，能量平衡方程变为（$\alpha = 1.42 \times 10^{-27}$ cgs 单位）

$$
\alpha n^2 T^{1/2} = \frac{n^2}{4} \langle \sigma v \rangle \varepsilon_0
\tag{6.8}
$$

结合式 (2.59) 式 (6.3) 的最后一式，上式变为如下形式：

$$\left.\begin{array}{l} \mathrm{e}^x = bx^{7/2} \\[2mm] b = \dfrac{\varepsilon_0 k_1}{4\alpha k_2^{3/2}} \end{array}\right\} \tag{6.9}$$

与之前一样，x 有两个根。较大的根决定点火温度，较小的根给出反应熄灭的温度。这两个根可以这样理解：作为 T 的函数的 $\langle\sigma v\rangle$ 曲线经过一个最大值，在该最大值处，截面曲线和麦克斯韦速度分布的重叠最大化。轫致辐射损失曲线没有最大值，与 $\langle\sigma v\rangle$ 曲线有两个相交的点，低点是点火点，高点是熄灭点(图 6.1)。在 $T_1 < T < T_2$ 的温度区间内，$\varepsilon_{\mathrm{f}} > \varepsilon_{\mathrm{r}}$，这时可以燃烧。

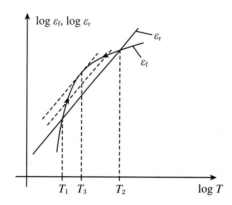

图 6.1　具有轫致辐射损失的热核反应的点火温度(T_1)和熄灭温度(T_2)。虚线代表 ε_{r} 随着向燃烧等离子体中添加更高 Z 值的聚变产物而增加

在 T_1 点火后，燃烧等离子体中释放的能量将其温度升高至 T_2。带电聚变产物的较高 Z 值将逐渐增加轫致辐射损失，由此 ε_{r} 曲线向上移动，T_1 上升，T_2 下降，直到 $T_1 = T_2 = T_3$。这时停止燃烧。温度 T_3 也接近最佳燃烧温度，此时 $\varepsilon_{\mathrm{f}}/\varepsilon_{\mathrm{r}}$ 达到最大值。它由如下函数的最大值决定：

$$g(x) = bx^{7/2}\mathrm{e}^{-x} \tag{6.10}$$

当 $x = 7/2$ 时有最大值，最佳燃烧温度为

$$T_{\mathrm{opt}} = \left(\frac{2}{7}k_2\right)^3 = \left(\frac{4}{7}\right)^3 T_0 \tag{6.11}$$

它接近 $\langle\sigma v\rangle$ 取最大值处。对于式(6.11)给出的 T_{opt}，热核能量生产与轫致辐射损失的最大比值为

$$g_{\max} = g\left(\frac{1}{2}\right) = 2.4b \tag{6.12}$$

将这一结果应用于 DT 反应，假设所有中子逃逸不衰减(设 $\varepsilon_0 = 0.2\varepsilon_0$)，我们可以得到 $T_{\mathrm{opt}} \simeq 1.5 \times 10^8$ K，$g_{\max} \simeq 280$，点火温度 $T_1 \simeq 5 \times 10^7$ K。在 DD 反应中，$T_{\mathrm{opt}} = 7 \times 10^8$ K，$T_1 = 3 \times 10^8$ K，我们可以得到 $g_{\max} \simeq 2.8$。

最后，我们处理 $\mathrm{H}^{11}\mathrm{B}$ 反应。对于这个反应，我们必须将常数 b 除以 Z_{eff}^3。首先，Z^2 的平均值为 $\overline{Z^2} = 13$。然后，n 必须与电子的数量 $n_{\mathrm{e}} = \overline{Z}n$ 相乘，其中 $\overline{Z} = 3$。因此 $Z_{\mathrm{eff}}^3 = \overline{Z^2}\,\overline{Z} =$

$39^{[1]}$。从而得到 $b=0.165$ 和 $g_{max}=2.4b=0.4$。因此 $H^{11}B$ 反应似乎不可能点火。采用修正后的韧致辐射损失公式(4.78)，并根据式(4.76)和式(4.77)计算 $H^{11}B$ 等离子体的 γ，得到 $\gamma\simeq0.66$ 和 $g_{max}=0.6$，但仍然太小，无法点火。

对于 DD 反应，$\gamma=0.9$，校正后的值为 $g_{max}=3.1$。

6.4　小型热核组件的点火温度

小型热核组件的爆炸是典型的微爆炸，并非所有的聚变产物动能都在组件内消散。这一点会改变点火条件。聚变产物动能消散量由射程方程(4.25)确定，其可写为

$$\lambda_0 = \frac{a(kT)^{3/2}}{n} \tag{6.13}$$

其中 a 是一个常数，取决于聚变反应产物的能量、质量和电荷。对于 DT 反应的聚变产物 ^4He，$a=2.5\times10^{34}\ \mathrm{cm}^{-2}\cdot\mathrm{erg}^{-3/2}$。

引入由 $\Sigma_0=1/\lambda_0$ 定义的宏观阻止本领截面和微观阻止本领截面 $\sigma_0=\Sigma_0/n=(kT)^{-3/2}/a$，可以计算出带电聚变产物在组件内阻止的概率。如果带电聚变产物在位置 r_1 处释放，则其在位置 r_2 处的体积 dr_2 中发生"阻止碰撞"的概率为

$$dP = \frac{\Sigma_0\exp(-\Sigma_0|r_1-r_2|)}{4\pi|r_1-r_2|^2}dr_2 \tag{6.14}$$

对整个组件的体积进行平均，得到带电聚变产物在组件内消散动能的概率为

$$P = \frac{\Sigma_0}{4\pi}\frac{\int_{r_1}\int_{r_2}\dfrac{\exp(-\Sigma_0|r_1-r_2|)}{|r_1-r_2|^2}dr_1dr_2}{\int_{r_1}dr_1} \tag{6.15}$$

对于半径为 r 的球体，有 $\int_{r_1}dr_1=(4\pi/3)r^3$。式(6.15)分子中的积分是由狄拉克对中子物理学中的一个类似问题以封闭形式得到的。令

$$\rho = r\Sigma_0 = \frac{rn}{a}(kT)^{-3/2} \tag{6.16}$$

得

$$P(\rho) = 1 - \frac{3}{4\rho^3}\left[\rho^2-\frac{1}{2}+\left(\frac{1}{2}+\rho\right)\exp(-2\rho)\right] \tag{6.17}$$

代替式(6.9)的点火条件现在为

$$\left.\begin{array}{l} e^x = bx^{7/2}P\left(\left(\dfrac{x}{x_0}\right)^{9/2}\right) \\[2mm] b = \dfrac{\varepsilon_0 k_1}{4\alpha k_2^{3/2}} \\[2mm] x_0 = k_2 k^{1/3}\left(\dfrac{a}{nr}\right)^{2/9} \end{array}\right\} \tag{6.18}$$

通过求解式(6.18)的 x 得到点火温度，点火温度 $T=(k_2/x)^3$。图 6.2(a)展示了 DT 热核反应的点火温度与温度的关系。

---

[1]　原书为 78，但按上文数据应为 $13\times3=39$。——译者注

由于只有一部分聚变产物动能消散在组件中,因此有一个最小的点火能量,温度大于无限组件的点火温度。该点火能量

$$E_{\mathrm{ign}} = \left(\frac{4\pi}{3}r^3\right)3nkT_{\mathrm{ign}} \tag{6.19}$$

对于特定的 r 值具有尖锐的最小值。在图 6.2(b)中,$E_{\mathrm{ign}}(r)$ 是针对固体密度的 DT 球体绘制的。这时,E_{ign} 的最小值在 $r=0.2$ cm 处,其中 $E_{\mathrm{ign}}\simeq10^7$ J。$r=0.2$ cm 的点火温度为 $T_{\mathrm{ign}}=1.7\times10^8$ K,大于最低点火温度 $T_{\mathrm{ign}}=T_1=5\times10^7$ K(这时 $r\rightarrow\infty$)。对于 $r=0.2$ cm,$n=5\times10^{22}$ cm^{-3},且 $T=1.7\times10^8$ K,有 $\rho\approx0.1$,且 $P(\rho)\simeq(3/4)\rho$,这在 $\rho\ll1$ 的情况下有效,因此 $P(\rho)\simeq0.075$。从而只有 7.5% 的 α 粒子能量有助于组件的自加热。

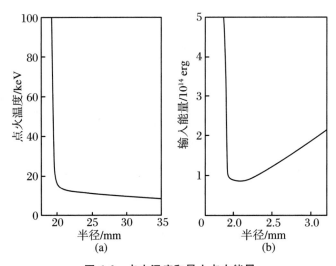

图 6.2　点火温度和最小点火能量

最后,我们想知道点火能量如何依赖于密度。根据式(6.18),如果 x_0 保持不变,则点火温度保持不变。为了保持 x_0 不变,nr 必须保持恒定。如果 nr 是常数,则点火能量如下所示:

$$E_{\mathrm{ign}} = E_{\mathrm{ign}}^0\left(\frac{n_0}{n}\right)^2 \tag{6.20}$$

其中 E_{ign}^0 为固体密度 $n_0=5\times10^{22}$ cm^{-3} 时的点火能量。

6.5　强磁场下的点火

在强磁场的存在下,带电聚变产物被迫进行圆周运动,有效地缩小了它们的射程。此外,利用强磁场的减程效应,磁场的拓扑性质更倾向于热核组件的圆柱对称性。

如果带电聚变产物的拉莫尔半径比阻止本领射程(6.13)小,我们可以作替代 $\lambda_0\rightarrow2r_{\mathrm{L}}$,其中 r_{L} 是电荷为 Ze、质量为 MA、动能为 E 的聚变产物的拉莫尔半径:

$$\left.\begin{array}{l} r_{\mathrm{L}} = \dfrac{\alpha}{H} \\[2mm] \alpha = \dfrac{c}{e}\dfrac{(2MAE)^{1/2}}{Z} \end{array}\right\} \tag{6.21}$$

在一个特别重要的情况下,磁场是由流经半径为 r 的等离子体柱的轴向电流 I 产生的。这

是箍缩效应的结构,我们有

$$H = H_\phi = 0.2\frac{I}{r} \tag{6.22}$$

其中 I 的单位是安培。为了将聚变产物限制在半径为 r 的放电通道内,我们应该使 $r_L \ll r$。因此,I 必须高于临界电流 I_c:

$$\left.\begin{array}{l} I > I_c \\ I_c = 5\alpha \end{array}\right\} \tag{6.23}$$

计算机计算表明,实际上需要一个 $\sim 10I_c$ 的电流来限制通道内的带电聚变产物,这成为热核燃烧的必要条件。表 6.1 将一些重要的热核反应的临界电流和 α 值放在一起。如果 $T > T_{ign}$ 且 $I \gtrsim 50\alpha$,则在放电通道中发生热核燃烧。

表 6.1 热核反应的临界点火电流

反应	聚变产物	能量/MeV	$\alpha/(\mathrm{G} \cdot \mathrm{cm})$	I_c/A
DT	$^4\mathrm{He}$	3.6	2.7×10^5	1.35×10^6
DD	$^3\mathrm{He}$	0.8	1.12×10^5	5.6×10^5
DD	T	1.0	2.5×10^5	1.25×10^6
DD	H	3.0	2.5×10^5	1.25×10^6
D^{3}He	H	14.65	5.56×10^5	3.84×10^6
D^{3}He	$^4\mathrm{He}$	3.66	2.78×10^5	1.39×10^6
H^{11}B	$^4\mathrm{He}$	2.93	2.84×10^5	1.24×10^6

6.6 点火后自加热

点火后,聚变产物在热核组件中消散其能量,从而使后者的温度升高,并且 $\langle \sigma v \rangle$ 随着温度升高而升高,直到达到最大值,热核反应加速。为了计算这种效应,我们首先以更高的精度重复第 1 章中的估计。

输入能量为

$$E_{in} = \left(\frac{4\pi}{3}r^3\right)3nkT \tag{6.24}$$

输出能量为

$$E_{out} = \left(\frac{4\pi}{3}r^3\right)\frac{n^2}{4}\langle \sigma v \rangle \varepsilon_0 \tau \tag{6.25}$$

(在 DD 反应中,我们必须将 $n^2/4$ 替换为 $n^2/2$)。因此,无自加热的能量倍增因子为

$$F = \frac{E_{out}}{E_{in}} = \frac{\langle \sigma v \rangle \varepsilon_0 n\tau}{kT} \tag{6.26}$$

更好的估计为:在点火至温度 T 后,球形组件被稀疏波分解,且从表面向中心移动。因此,只有中心部分在 $t = r/c_s$ 时燃烧,其中 c_s 是等熵声速,等于稀疏波的速度。球外层燃烧的时间小于 $t = r/c_s$。平均燃烧时间如下所示:

$$\bar{t} = \frac{3}{4\pi r^3 c_s}\int_0^r (r - r')4\pi r'^2 \mathrm{d}r' = \frac{r}{4c_s} \tag{6.27}$$

将以下计算限制到 DT 反应,有(M 为氢原子质量)

$$c_{\mathrm{s}}^2 = \frac{4kT}{3M} \tag{6.28}$$

令 τ 和 $\bar{t}$ 相等:

$$F = \frac{1}{32\sqrt{3}} \frac{\langle\sigma v\rangle \varepsilon_0 \sqrt{M}}{(kT)^{3/2}} nr \tag{6.29}$$

或者

$$F = \frac{\sqrt{3}}{240} \frac{\langle\sigma v\rangle \varepsilon_0}{\sqrt{M}(kT)^{3/2}} \rho r \tag{6.30}$$

代入 $kT = 8\times10^{-8}$ erg,$\langle\sigma v\rangle \simeq 10^{-15}$ cm³/s,$\varepsilon_0 = 2.82\times10^{-5}$ erg,我们发现

$$F \simeq 7\rho r \ [\mathrm{g/cm}^2] \tag{6.31}$$

在 $F \geqslant 1$ 的情况下,

$$\rho r \geqslant 0.14 \ [\mathrm{g/cm}^2] \tag{6.32}$$

与第 1 章中的式(1.15)大致相同。

为了获得更准确的估计,我们必须计算燃烧期间的燃料消耗。对 DT 反应,它由下式给出:

$$\frac{1}{2}\frac{\mathrm{d}n}{\mathrm{d}t} = -\frac{n^2}{4}\langle\sigma v\rangle \tag{6.33}$$

如果 n 是未燃烧燃料的初始粒子数密度,n_{f} 是最终粒子数密度,则将式(6.33)积分得到

$$\frac{1}{n_{\mathrm{f}}} - \frac{1}{n} = \frac{1}{2}\langle\sigma v\rangle t \tag{6.34}$$

引入燃料燃耗分数

$$f_{\mathrm{b}} = 1 - \frac{n_{\mathrm{f}}}{n} \tag{6.35}$$

借助式(6.34),令 t 与式(6.27)给出的 $\bar{t}$ 相等,式(6.35)可以写成如下形式:

$$f_{\mathrm{b}} = \frac{nr}{nr + \dfrac{8c_{\mathrm{s}}}{\langle\sigma v\rangle}} \tag{6.36}$$

或者由 $n = \rho/(AM) = \rho/(2.5M)$ 有

$$f_{\mathrm{b}} = \frac{\rho r}{\rho r + \dfrac{20Mc_{\mathrm{s}}}{\langle\sigma v\rangle}} \tag{6.37}$$

当 $kT = 50$ keV $= 8\times10^{-8}$ erg($T = 5.8\times10^8$ K)时,有 $c_{\mathrm{s}} = 2.5\times10^8$ cm/s 和 $\langle\sigma v\rangle \simeq 10^{-15}$ cm³/s,因此

$$f_{\mathrm{b}} = \frac{\rho r}{\rho r + 8.3} \tag{6.38}$$

如果燃料燃耗为 $f_{\mathrm{b}} \simeq 0.1$(即 10%),则 $\rho r \sim 1$ g/cm²。同时,如果 $F = 1$,因此 $\rho r = 1.4$ g/cm²,则 $f_{\mathrm{b}} \simeq 0.012$,即只有 1.2% 的燃料燃耗。

要获得较大的燃料燃耗量,必须达到较大的 ρr 值。这对大型(裂变触发的)热核爆炸装置没有问题,但对于小型(非裂变触发的)热核组件,它迫使我们将热核材料预压缩到比固态密度更大的密度。为了使带电聚变产物在组件中消散动能,需要 $\rho r \sim 1$ g/cm²,大燃料燃耗

分数 f_b 也是这样。这表明,对于大 f_b 值,带电聚变产物对组件的自加热非常重要。

为了解决这个问题,我们和之前一样写下式(6.24):

$$E_{in} = \left(\frac{4\pi}{3}r^3\right)3nkT_0 \tag{6.39}$$

不过现在用下式取代式(6.25):

$$\frac{dE_{out}}{dt} = \left(\frac{4\pi}{3}r^3\right)\frac{n^2}{4}\langle\sigma v\rangle\varepsilon_0 \tag{6.40}$$

因此

$$\frac{1}{E_{in}}\frac{dE_{out}}{dt} = \frac{n\varepsilon_0}{12kT_0}\langle\sigma v\rangle \tag{6.41}$$

带电聚变产物增加到燃烧组件中的热量是

$$3nk\frac{dT}{dt} = \frac{n^2}{4}\langle\sigma v\rangle\varepsilon_0 fP \tag{6.42}$$

其中 f 是能量 ε_0 进入带电聚变产物的部分,$P = P(n,T)$ 由式(6.17)给出。对于 DT 反应,$f = 0.2$。代入 $dt = dr/c_s = [3M/(4kT)]^{1/2}$,就可以从式(6.42)得到

$$\frac{40\sqrt{3}k^{3/2}}{\sqrt{M}\varepsilon_0}\int_{T_0}^{T_1}\frac{\sqrt{T}}{\langle\sigma v\rangle P(n,T)}dT = nr \tag{6.43}$$

从式(6.41)和式(6.42)中消去 dt,可以得到第二个关系。如果 F^* 是带有自加热的增益,那么现在有

$$F^* = \frac{E_{out}}{E_{in}} = \frac{1}{fT_0}\int_{T_0}^{T_1}\frac{dT}{P(n,T)} \tag{6.44}$$

如果在 $T = T_0$ 处,$F = F_0$,那么可以从式(6.29)得到

$$F_0 = \frac{1}{32\sqrt{3}}\frac{\langle\sigma v\rangle_0\varepsilon_0\sqrt{M}}{(kT_0)^{3/2}}nr \tag{6.45}$$

据此,我们可以对式(6.43)写出

$$F_0 = \frac{5}{4}\frac{\langle\sigma v\rangle_0}{T_0^{3/2}}\int_{T_0}^{T_1}\frac{\sqrt{T}}{\langle\sigma v\rangle P(n,T)}dT \tag{6.46}$$

从式(6.44)和式(6.46)必须消去 T_1 以获得 F^* 的值。为此,式(6.44)和式(6.46)必须取式(2.59)给出的 $\langle\sigma v\rangle$ 表达式与式(6.17)和式(6.16)给出的 $P = P(n,T)$ 表达式进行数值积分。

6.7　热核爆震波

一旦点火,热核反应就会扩散到邻近的物质中。因为这像化学爆震波那样是超音速的,我们可以称之为热核爆震波。然而,高爆炸药中的化学爆震波和热核爆震波之间存在着重要的区别。与化学爆震波中燃烧产物的射程不同,在热核爆震波中,驱动波的带电聚变产物的射程比冲击波不连续的厚度大。

我们考虑无限延伸的平面热核爆震波的情况。首先忽略轫致辐射损失。这对 DT 反应是一个极好的假设,在 DT 反应中,进入带电聚变产物的热核能量和轫致辐射损失具有最大的比值 $g_{max} = 280$。而在 DD 反应中,这一假设似乎不太成立,其中 $g_{max} \simeq 3.1$,但前提是忽略 DD 反应产物的二次反应释放的能量。稍后我们将说明如何将计算修正为包括轫致辐射

损失。

随着热核燃烧波以超音速传播,燃烧和未燃烧的热核炸药之间存在冲击波不连续。与 5.1 节中使用的符号稍有不同,冲击波不连续的速度应为 v_0,不连续后面的流体速度等于 v。冲击波前、后的原子数密度应分别为 n_0 和 n_1。从式(5.10)和式(5.12)可以看出,对 $\gamma = 5/3$ 有

$$n_1 = 4n_0 \tag{6.47}$$

$$v = \frac{3}{4} v_0 \tag{6.48}$$

冲击波后的温度这里称为 T,由式(5.13)给出:

$$T = \frac{1}{2} \frac{v^2}{c_V} \tag{6.49}$$

由式(3.6b)给出的 c_V 有

$$T = \frac{AM}{3(1+Z)k} v^2 \tag{6.50}$$

冲击波不连续的速度是

$$v_0 = \sqrt{\frac{16(1+Z)kT}{3MA}} \tag{6.51}$$

从式(6.50)可以得到

$$\frac{1}{2} MAv^2 = \frac{3}{2}(1+Z)kT \tag{6.52}$$

以上表达式表明,冲击波中沉积的能量转化为等量的流体动能和热量,或者说冲击波后面流体的动能等于其热能。驱动冲击波所需的总能量是两者的总和,或

$$E = 3(1+Z)n_0 kT \tag{6.53}$$

为了使冲击波得以持续,必须有能流

$$\phi_e = Ev_0 = 3(1+Z)nkTv_0 = \frac{12}{\sqrt{3}} \frac{(1+Z)^{3/2}}{(MA)^{1/2}} n_0 (kT)^{3/2} \tag{6.54}$$

通过冲击波阵面。

冲击波阵面后面的热核能量释放率由式(2.66)给出:

$$\varepsilon_f = \frac{1}{4} n_1^2 \langle \sigma v \rangle \varepsilon_0 = 4n_0^2 \langle \sigma v \rangle \varepsilon_0 \tag{6.55}$$

(对于 DD 反应,等式最右边将是 $8n_0^2 \langle \sigma v \rangle \varepsilon_0$)。

位于 $z = 0$ 的爆震波阵面后面释放的带电聚变产物的通量为

$$\phi = \phi_0 e^{-z/\lambda_0} \tag{6.56}$$

其中

$$\lambda_0 = a \frac{(kT)^{3/2}}{n_1} = a \frac{(kT)^{3/2}}{4n_0} \tag{6.57}$$

是冲击波阵面后面带电聚变产物的射程。在带电聚变产物中,只有那些来自冲击波后方距离为

$$L = \int_{-\infty}^{z} e^{-(z-z')/\lambda_0} dz' = \lambda_0 \tag{6.58}$$

的产物才对驱动冲击波所需的能流有贡献。由于有 6 个空间方向,而且只有比例为 f 的能量被释放到带电聚变产物中,因此驱动冲击波的能流是

$$\phi_c = \frac{f}{6} \varepsilon_f \lambda_0 = \frac{f}{6} n_0 \langle \sigma v \rangle \varepsilon_0 a (kT)^{3/2} \tag{6.59}$$

为了维持热核爆震波,$\phi_c \geqslant \phi_e$,因此

$$\frac{24\sqrt{3}(1 + Z)^{3/2}}{(MA)^{1/2} af \varepsilon_0 \langle \sigma v \rangle} \leqslant 1 \tag{6.60}$$

这个结果的显著之处在于,n_0 和 $(kT)^{3/2}$ 都已经消去了。

在由大于 I_c(由式(6.23)给出)的电流沿细圆柱杆产生的强角向磁场的存在下,带电聚变产物的径向约束将因子 $f/6$ 变为 $f/2$,因为在一维几何中,磁约束的带电聚变产物只有两个空间方向可以去,而不像三维空间中的 6 个方向。那么式(6.60)的左边就必须除以 $(1/2)/(1/6) = 3$ 这个系数。而条件 $\rho r \geqslant 1$ g/cm² 必须由 $\rho z \geqslant (1/3)$ g/cm² 代替。然而,如果电流和磁场大量渗透到棒中,那么由于带电聚变产物射程的拉莫尔半径减小,所需的 ρz 值可能更小。

6.8 增长的热核爆震波

接下来,我们将处理热核爆震波传播到截面积 $S(z)$ 不断增长的旋转对称喇叭的 z 方向的问题(图 6.3)。我们假设通过喇叭侧壁的膨胀或热传导没有能量损失。点燃爆震波的能量

$$E = 3(1 + Z) n_0 kT_{ign} V_0 \tag{6.61}$$

必须沉积到体积 $V_0 = 2\lambda_0 S_0$ 中,其中 S_0 是喇叭的初始截面积,喇叭的长度为 $2\lambda_0$,以在该长度上阻止带电聚变产物。

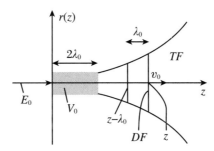

图 6.3 旋转对称结构中不断增长的热核爆震波的物理特性。触发能 E_0 沉积在占据体积 V_0 的热核燃料中

替代式(6.54),现在有

$$\phi_e = 3(1 + Z) n_0 kT v_0 S(z) = \frac{12}{\sqrt{3}} \frac{(1 + Z)^{3/2}}{(MA)^{1/2}} n_0 (kT)^{3/2} S(z) \tag{6.62}$$

下列表达式取代式(6.59):

$$\phi_c = \frac{f}{6} \varepsilon_f \int_{z-\lambda_0}^{z} S(z) \mathrm{d}z = \frac{2}{3} f n_0^2 \langle \sigma v \rangle \varepsilon_0 \int_{z-\lambda_0}^{z} S(z) \mathrm{d}z \tag{6.63}$$

自持爆震波的条件为 $\phi_c = \phi_e$,可得

$$S(z) = \frac{f n_0 \langle \sigma v \rangle \varepsilon_0 (MA)^{1/2}}{6\sqrt{3}(1 + Z)^{3/2} (kT)^{3/2}} \int_{z-\lambda_0}^{z} S(z) \mathrm{d}z \tag{6.64}$$

这个积分方程解为

$$S(z) = S_0 e^{z/z_0} \tag{6.65}$$

其中 z_0 由以下方程的解确定：

$$z_0(1 - e^{-\lambda_0/z_0}) = 6\sqrt{3}\,\frac{(1 + Z)^{3/2}(kT)^{3/2}}{fn_0\langle\sigma v\rangle\varepsilon_0(MA)^{1/2}} \tag{6.66}$$

令

$$\left.\begin{aligned}x &= \frac{\lambda_0}{z_0}\\[2mm]c &= c(T) = \frac{24\sqrt{3}(1 + Z)^{3/2}}{fa\varepsilon_0\langle\sigma v\rangle(MA)^{1/2}}\end{aligned}\right\} \tag{6.67}$$

式(6.66)化为

$$1 - e^{-x} = cx \tag{6.68}$$

像之前一样，n_0 和 $(kT)^{3/2}$ 都已经消去了。

温度依赖关系 $c = c(T)$ 是由 $\langle\sigma v\rangle$ 的温度依赖性得到的，只有当 $c < 1$ 时，才可能出现 $z_0 > 0$ 的增长波。当 $c = 1$ 时，式(6.68)的解是 $x = 0$，为一个恒定截面的波。当 $c > 1$ 时，我们有 $x < 0$ 和一个截面减小的波。

式(6.68)的最大正根出现在 c 的最小值处，达到 $\langle\sigma v\rangle$ 的最大值 $\langle\sigma v\rangle_{\max}$，但只有当 $\langle\sigma v\rangle$ 大于 $\langle\sigma v\rangle$ 的最小允许值时才会出现。$\langle\sigma v\rangle$ 的最小允许值

$$\langle\sigma v\rangle_{\min} = \frac{24\sqrt{3}(1 + Z)^{3/2}}{fa\varepsilon_0(MA)^{1/2}} \tag{6.69}$$

通过在式(6.68)中取 $c = 1$ 得到。有了 $\langle\sigma v\rangle_{\min}$ 的这个定义，我们可以写出式(6.67)中的 c：

$$c = \frac{\langle\sigma v\rangle_{\min}}{\langle\sigma v\rangle} \tag{6.70}$$

c 的最小值为

$$c_{\min} = \frac{\langle\sigma v\rangle_{\min}}{\langle\sigma v\rangle_{\max}} \tag{6.71}$$

在 DT 热核反应中，$Z = 1$，$A = 2.5$，$\varepsilon_0 = 17.6 \text{ MeV} = 2.82 \times 10^{-5} \text{ erg}$，$f = 0.2$，$a \simeq 2.5 \times 10^{34} \text{ cm}^{-2} \cdot \text{erg}^{-3/2}$。当 $T \simeq 8 \times 10^8 \text{ K}$ 时，$\langle\sigma v\rangle_{\max} \simeq 10^{-15} \text{ cm}^3/\text{s}$；当 $T = 1.7 \times 10^8 \text{ K}$ 时，$\langle\sigma v\rangle_{\max} \simeq 4.05 \times 10^{-16} \text{ cm}^3/\text{s}$。可以得到 $c_{\min} = 0.4$，其中 $x = x_{\max} \simeq 2.2$。对于在固体 DT 中传播的波，$n_0 = 5 \times 10^{22} \text{ cm}^{-3}$，$T = 8 \times 10^8 \text{ K}$，得到 $\lambda_0 = 4.5 \text{ cm}$，$z_0 = \lambda_0/x_{\max} \simeq 2 \text{ cm}$。DT 中的热核爆震波可以迅速增长，但在热核微爆炸中，增长的波需要压缩到高密度，使 λ_0 和 z_0 小很多。

在接下来处理的 DD 反应的情况下，式(6.69)的右边必须除以 2（因为我们在这里有相同粒子之间的反应）。这里我们必须考虑三种带电聚变产物的射程：质子、氚核和 ^{3}He 粒子，它们各自都拥有不同的动能。将射程对这些聚变产物的动能取平均，可以得到一个平均射程常数 $a = 4.0 \times 10^{34} \text{ cm}^{-2} \cdot \text{erg}^{-3/2}$。对于 $\langle\sigma v\rangle$ 的最大值，我们必须选择一个韧致辐射损失不太大的温度，否则我们的近似就有问题。在 $T = 3.5 \times 10^9 \text{ K} (\approx 300 \text{ keV})$ 时，$\langle\sigma v\rangle_{\max} \simeq 5 \times 10^{-17} \text{ cm}^3/\text{s}$。对于 ε_0 的这个值，我们必须对 DD 反应的两个同样可能的分支进行平均（见 2.2 节），结果是 $\bar{\varepsilon}_0 = 3.63 \text{ MeV} = 5.8 \times 10^{-6} \text{ erg}$。此外，还有 $f = 0.66$，$Z = 1$ 和 $A = 2$。通过这些数值我们发现 $c_{\min} = 1.4 > 1$。因此似乎可以推断出氘中不断增长的热核爆震燃烧波是不可能的。然而，这只在忽略与氚和氦3（这些是 DD 反应的燃烧产物）的二次反应的情况下成立。只要 $\langle\sigma v\rangle_{\text{DT}} \gg \langle\sigma v\rangle_{\text{DD}}$ 且 $\langle\sigma v\rangle_{\text{D}^3\text{He}} \gg \langle\sigma v\rangle_{\text{DD}}$，氚和氦3反应的聚变产物将迅速与爆震

波阵面后面的 D 一起燃烧,将其带电聚变产物的能量加入到 ε_0 中。因此,我们必须处理三个额外的带电聚变产物:两个 α 粒子和一个质子,其中一个 α 粒子来自 DT 反应,另一个 α 粒子和质子来自 D^3He 反应。为了说明次级带电聚变产物的能量,我们只需在 c 的表达式中设 $f\varepsilon_0 = \varepsilon_t$,其中 ε_t 是所有带电聚变产物的动能。我们得到 $\varepsilon_t = 13.4$ MeV $= 2.14 \times 10^{-5}$ erg。那么 c 的近似表达式是

$$c \simeq \frac{24\sqrt{3}}{a\varepsilon_t \langle \sigma v \rangle_{DD} M^{1/2}} \tag{6.72}$$

在温度 $T = 3.5 \times 10^9$ K 下,$\langle \sigma v \rangle_{DD}$ 值最大,但比 $\langle \sigma v \rangle_{DT}$ 和 $\langle \sigma v \rangle_{D^3He}$ 小很多。在这个温度下,$\langle \sigma v \rangle_{DD} \simeq 5 \times 10^{-17}$ cm^3/s,由 $x \simeq 2.2$,我们发现 $c = 0.4$,就像 DT 热核爆震波那样。这表明在氘中快速增长的爆震波是可能的,但与 DT 爆震波相比,它需要更高的温度。

为了考虑轫致辐射损失,必须进行如下替换:

$$f\varepsilon_0 \frac{n^2}{4} \langle \sigma v \rangle \to f\varepsilon_0 \frac{n^2}{4} \langle \sigma v \rangle - \gamma a Z^3 n^2 \sqrt{T} = f\varepsilon_0 \frac{n^2}{4} \langle \sigma v \rangle \left(1 - \frac{1}{gf}\right) \tag{6.73}$$

其中 g 是式(6.10)中定义的热核能量产生率与轫致辐射损失率之比。替换(6.73)等同于引入降低的 $\langle \sigma v \rangle$ 值

$$\langle \sigma v \rangle^* = \langle \sigma v \rangle \left(1 - \frac{1}{gf}\right) \tag{6.74}$$

对于 DT 反应,$gf = 280 \times 0.2 = 56$,因此 $\langle \sigma v \rangle^* = 0.92 \langle \sigma v \rangle$。对于 DD 反应,我们必须考虑二次反应以及 ^{3}He-DD 聚变产物增加的轫致辐射。和以前一样,我们设 $f\varepsilon_0 \to \varepsilon_t$,因此 $f = 3.8$。对于增加的轫致辐射损失,我们估计 1/3 的离子是 $Z = 2$ 的 ^{3}He 离子,因此我们取 $Z^3 \to 2^3/3 = 8/3$。于是我们必须设 $gf \to g(\varepsilon_t/\varepsilon_0)Z^3 = 3.1 \times 3.8/(8/3) \simeq 4.4$,结果为 $\langle \sigma v \rangle^* = 0.77 \langle \sigma v \rangle$。对于 DT 反应,$c_{min} \to 0.4/0.92 = 0.43$;对于 DD 反应,$c_{min} \to 0.4/0.77 = 0.52$。两者都远低于热核爆震波所需的 $c = 1$。

6.9 球形组件的点火和热核增益

热核炸药的增益定义为输出能量 E_{out} 和点火时输入能量 E_{in} 之比:

$$G = \frac{E_{out}}{E_{in}} \tag{6.75}$$

同时产额 Y 的定义为

$$Y = E_{out} \tag{6.76}$$

特别是对于热核微爆炸,大的增益和小的产额是可取的。特别令人感兴趣的是球形热核组件,因为它允许通过会聚冲击波点火。

现在,我们将推导这种组件的增益的标度律,简单假设会聚冲击波中的温度上升为

$$T = T_0 \frac{R}{r} \tag{6.77}$$

其中在初始半径 R 处,温度为 T_0。会聚冲击波输入的热能为

$$E_{in} = \int_0^R 3nkT \times 4\pi r^2 dr \tag{6.78}$$

由于式(6.77),因此

$$E_{in} = 3nkT_0 \times 2\pi R^3 \tag{6.79}$$

或者

$$E_{in} = 6\pi(kT)(nr)R^2 \tag{6.80}$$

同时，输出的能量为

$$E_{out} = \left(\frac{4\pi}{3}R^3\right) \times n\varepsilon_0 \tag{6.81}$$

条件是该组件在中心点火，并在点火后被传出的径向爆震波消耗。为了能够点火，中心处的积 nr 必须高于热核燃烧的临界值，在距离会聚中心 r 处达到点火温度。

从式(6.80)和式(6.81)，我们可以得到

$$G = \frac{2}{9}\frac{n\varepsilon_0 R}{(kT)(nr)} \tag{6.82}$$

从式(6.80)有

$$R = \sqrt{\frac{E_{in}}{6\pi(kT)(nr)}} \tag{6.83}$$

将式(6.83)代入式(6.82)，可以得到

$$G = \frac{1}{9}\sqrt{\frac{2}{3\pi}}\frac{n\varepsilon_0}{(kT)^{3/2}(nr)^{3/2}}E_{in}^{1/2} \tag{6.84}$$

用更精确的会聚冲击波的温度依赖性重复同样的计算，其中 $T \propto r^{-0.9}$（见式(5.29)），我们发现

$$G \propto E_{in}^{0.47} \tag{6.85}$$

通过计算机计算也可以得到同样的结果。

会聚冲击波方法的缺点是，它需要大量不必要的能量来在会聚中心达到点火温度。因此有人建议在球体中心"钻"一个孔（例如用强激光束），孔的半径 r 足够大，以满足点火的 nr 条件，同时将孔中的等离子体加热到点火温度 T。对于这种所谓的快速点火器概念，我们有

$$E_{in} = \pi r^2 R \times 3nkT \tag{6.86}$$

E_{out} 与之前的相同，那么可以得到

$$G = \frac{4}{3}\frac{R^2\varepsilon_0}{r^2(kT)} \tag{6.87}$$

或者用 E_{in} 代替 R：

$$G = \frac{4}{27\pi^2}\frac{\varepsilon_0}{(kT)^3(nr)^2 r^4}E_{in}^2 \tag{6.88}$$

与式(6.84)的增益公式（其中 $G \propto \sqrt{E_{in}}$）不同，$G \propto E_{in}^2$ 的依赖关系是一个重大改进。这对热核微爆炸特别重要，因为在这种情况下，需要获得较大的增益。

对于大型热核爆炸装置，我们可以在中心放置一个小的裂变球体（"火花塞"），通过会聚冲击波压缩达到临界。在裂变球体中植入 ^{6}LiD 晶体会更好。这些概念对紧凑型热核爆炸装置非常重要。对于热核微爆炸，人们可以把 DT 放在中心，用 D 包围它。一旦 DT 被点燃，它就可以向 D 发射爆震波。

对于 DT 反应，其中 $\varepsilon_0 = 2.8 \times 10^{-15}$ erg，$T \simeq 10^8$ K，$nr = 2.4 \times 10^{23}$ cm^{-2}（$\rho r \simeq 1$ g/cm^2），由式(6.84)可以得到 $G \simeq 7.2 \times 10^{-30} n\sqrt{E_{in}}$。当 $E_{in} = 10^{13}$ erg（1 MJ）时，对于未压缩的 DT，$G \simeq 1$；但对于 10^3 倍压缩的 DT，$G \simeq 10^3$。在快速点火器中，增益可以大得多。根据式

(6.88),它的有效性取决于激光所钻的孔的大小,它不能小于激光波长。假设 $r \simeq 5 \times 10^{-3}$ cm (大约比激光波长大一个数量级),我们发现 $G \sim 10^4$。

6.10   实现点火的各种方法

实现点火的两种方法(a) 通过会聚冲击波和(b) 通过产生热斑或"火花"其实只是许多可能性中的两个例子。所有这些点火方法可细分为三大类和它们的组合:

1. 烧蚀驱动内爆点火。
2. 通过强大的"火花"快速点火。
3. 超高速撞击点火。

烧蚀驱动内爆点火需要在球体表面沉积能量。在烧蚀其表面时,它会发射会聚冲击波 (图 6.4)。能量可以来自光子、电子、离子甚至是快速移动的微粒流。它们从所谓的"驱动器"或"点火器"中汲取能量。对于大型热核爆炸装置,点火器是一个爆炸的裂变弹,释放出大量软 X 射线光子。对于非裂变点火的热核微爆炸,点火器必须在 10^{-8} s 内将超过 10^6 J 的能量传递到小于 1 cm^2 的靶区域,功率超过 10^{14} W,功率通量密度大于 10^{14} W/cm^2。无裂变点火器原则上可以从热核微爆炸的无裂变点火开始,通过分级引爆大型热核爆炸。

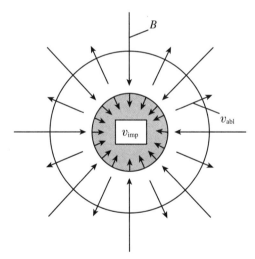

图 6.4   被来自多个方向的束 B(激光或带电粒子)轰击的热核靶的
烧蚀内爆。v_{imp} 是内爆速度,v_{abl} 是烧蚀产物的速度

在烧蚀驱动内爆方案中,驱动能量 E_{D} 沉积在半径为 R 的球体表面上厚度为 δ 的薄层中。如果将该层加热到温度 T_{ab},则沉积的驱动器能量为

$$E_{\mathrm{D}} = 4\pi R^2 \delta \cdot 3nkT_{\mathrm{ab}} \tag{6.89}$$

被加热的表面材料以速度 $u \propto \sqrt{T_{\mathrm{ab}}}$ 烧蚀。结果将是会聚冲击波被发射到球体中,将其材料加速到速度 $v \propto \sqrt{T_0}$,其中 T_0 不同于 T_{ab},它是球体表面的冲击波温度。由火箭方程

$$v = u \ln \frac{m_0}{m} \tag{6.90}$$

其中 m_0 是被加速的球体材料的初始质量,m 是最终质量,结合烧蚀材料的能量方程

$$E = \frac{1}{2}(m_0 - m)u^2 \tag{6.91}$$

我们可以得到进入加速到速度 v 的质量 m 中的能量的比例 η：

$$\eta = \frac{mv^2}{2E} = \frac{(v/u)^2}{e^{v/u} - 1} \simeq \frac{v}{u} = \sqrt{\frac{T_0}{T_{ab}}} \quad (v \ll u) \tag{6.92}$$

由于 E 等于驱动能量 E_D，我们必须将 ηE_D 与式(6.79)给出的 E_{in} 等同起来。我们可以得到

$$\delta = \frac{1}{2} \sqrt{\frac{T_0}{T_{ab}}} R \tag{6.93}$$

对于被加热的薄表面层，大的烧蚀温度似乎更可取，但是温度不能太高，否则在该层中产生热电子，预热球体内部，使其更难压缩到高密度。（不过，这个问题只对热核微爆炸重要。）

如果"烧蚀器"（即待烧蚀的材料）是一层原子量为 A_{ab} 的高原子序数材料，并且球体材料具有原子序数 A，则有

$$\delta = \frac{1}{2} \sqrt{\frac{T_0 A}{T_{ab} A_{ab}}} R \tag{6.94}$$

对于 $A \sim 2$ 和 $A_{ab} \sim 200$，结果 δ 是 R 的 $1/10$。

在快速点火器概念中，点火火花在预压缩组件的中心或附近传递。似乎有几种方法可以做到这一点。一个建议是使用非常强的激光束。通常，如果激光束的频率低于电子等离子体频率，则激光辐射无法穿透等离子体并被反射。由 $\nu = \nu_p$，其中 ν 为激光频率，$\nu_p = \omega_p/(2\pi)$ 为电子等离子体频率（$\omega_p = \sqrt{4\pi n_e e^2/m}$），可以定义激光束不能穿透等离子体的临界电子数密度 n_c：

$$n_c = \frac{\pi m}{e^2} \nu^2 \tag{6.95}$$

此式仅当激光束的辐射压不超过热电子气的压强 $n_c mc^2$，或激光束强度 I_L 小于临界强度 I_c，即

$$I_L < I_c \simeq n_c mc^3 = \frac{\pi m^2 c^3}{e^2} \nu^2 \tag{6.96}$$

时成立。由 $\lambda = c/\nu$ 可以得到

$$\left. \begin{aligned} I_c &= 2.8 \times 10^{-11} \lambda^{-2} \ [\text{W/cm}^2] \\ n_c &= 10^{13} \lambda^{-2} \ [\text{cm}^{-3}] \end{aligned} \right\} \tag{6.97}$$

如果 $I_L > I_c$，则激光在等离子体中"钻"一个孔，将其密度从 $n > n_c$ 降低到 n_c（图6.5(a)）。对于 $\lambda = 6 \times 10^{-5}$ cm 的黄色激光和 $n_c = 3 \times 10^{21}$ cm^{-3}，有 $I_L \sim 3 \times 10^{19}$ $[\text{W/cm}^2]$。可以使用强流相对论电子束代替强激光束进行快速点火，前提是可以通过双流不稳定性实现较小的阻止长度(4.57a)。

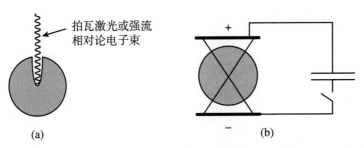

图6.5　快速点火：(a) 使用拍瓦激光或强流相对论电子束和压缩靶。(b) 用 X 箍缩和磁化靶

热核爆震波在 DT 中点火的条件为 $\rho r \gtrsim 1$ g/cm^2 或 $nr \gtrsim 2.5 \times 10^{23}$ cm^{-2}。因此,如果 DT 被压缩到 $\sim 10^3$ 倍固体密度,则点火火花的半径为 $r \geqslant 5 \times 10^{-3}$ cm。对于激光强度 $I_L \sim 3 \times 10^{19}$ W/cm^2,所需的激光功率将是 $P \geqslant I_L \pi r^2 \simeq 2 \times 10^{15}$ W。具有这种功率的激光器(拍瓦(petawatt)激光器)最近已经被开发出来。高电压强流相对论电子束可能会更好。

原则上,强流离子束也可以达到超过 $\sim 10^{15}$ W 的功率,其电流和电压分别为 $\sim 10^7$ A 和 $\sim 10^8$ V。而半径为 5×10^{-3} cm 的快速微粒也可以达到相同的功率,速度为 $\gtrsim 10^7$ cm/s。

在较低的密度下,快速点火需要较小的功率。磁化靶就属于这类情况。一种可能是将磁化靶与 X 箍缩结合,后者由两条交叉的细线组成,快速电容器组在其上放电。将交叉点置于磁化靶内,在磁场的辅助下可能发生热核爆震。甚至可以将 X 箍缩用于快速点火和产生强磁场(图 6.5(b))。

在仅由氘制成的球的中心放置一个小氚氘球,只要将 DT 加热到 DT 点火温度且 $\rho r > 1$ g/cm^2,就可以从点燃的 DT 发射氘中的爆震波。这证明了快速点火作为通向接近纯氘燃烧道路的重要性。

最后,在撞击聚变概念中,通过快速移动弹丸的撞击(图 6.6),可以实现点火与压缩相结合。为了达到 $\gtrsim 10^{14}$ W/cm^2 的功率,弹丸(密度为 ~ 10 g/cm^3)必须以 $\gtrsim 10^7$ cm/s 的速度移动。为了获得 $\sim 10^7$ J 的点火能量,弹丸的质量必须达到 ~ 1 g。弹丸速度为 $v_p \sim 10^7$ cm/s 时,撞击压强为 $p \sim \rho v_p^2 \sim 10^{15}$ dyn/cm^2。如果用这个压强对冷 DT 靶进行等熵压缩,其密度将是固体密度的 ~ 100 倍。然而,如果 $\sim 10^{15}$ dyn/cm^2 的压强和 $T = 10^8$ K 时 DT 等离子体压 $p = 2nkT$ 相等,那么其粒子数密度为 $n = n_0 = 5 \times 10^{22}$ cm^{-3},它具有相等的固体密度,但弹丸在这里可以将热 DT 等离子体保持更长的时间,前提是弹丸质量足够大,至少和 DT 等离子体的质量一样大。在这种情况下,对应"动量丰富"的粒子束,惯性约束时间 $\tau \sim R/v_p$,其中 R 是靶半径。如果没有动量丰富的弹丸,$\tau \sim R/v$,DT 等离子体在 $T = 10^8$ K 时的热膨胀速度为 $v \sim 10^8$ cm/s。当 $v/v_p \simeq 10$ 时,惯性约束时间以相同的因子大得多。

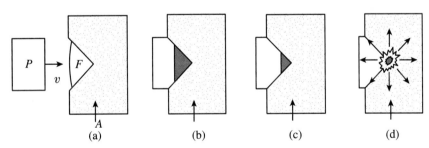

图 6.6 撞击聚变概念和事件顺序:弹丸 P 撞击在锥形腔中装载热核燃料 F 的衬底 A。构型(a)~(d)为:(a) 撞击前的时刻,(b) 冲击加热,(c) 等熵压缩直至点火,(d) 热核燃烧

为了计算撞击聚变的燃耗分数,我们必须在式(6.36)中用 v_p 代替 c_s,并得到以下式子而不是式(6.38):

$$f_b = \frac{\rho r}{\rho r + 0.83} \tag{6.98}$$

对于燃耗分数 $f_b \simeq 0.1$,我们只需要 $\rho r \geqslant 0.2$,这意味着体点火就足够了。

撞击时,弹丸将 DT 预热至式(5.13)给定的初始温度:

$$kT_0 = \frac{1}{2}AMv_{\mathrm{p}}^2 \tag{6.99}$$

其中 $AM = 4.15 \times 10^{-24}$ g 为 DT 离子质量。碰撞后,DT 通过等熵压缩进一步加热,根据

$$\frac{T}{T_0} = \left(\frac{p}{p_0}\right)^{\gamma-1} = \left(\frac{p}{p_0}\right)^{2/3} \tag{6.100}$$

我们现在设 $p = 2n_0kT$,其中 n_0 为固态密度,而 $T \simeq 10^8$ K 是 DT 的点火温度。由 $p_0 = p = 2n_0kT$,我们可以得到

$$\frac{n}{n_0} = \sqrt{\frac{T_0}{T}} = \frac{v_{\mathrm{p}}}{v} \tag{6.101}$$

其中 $v_{\mathrm{p}} = [2kT_0/(AM)]^{1/2}$,$v = [2kT/(AM)]^{1/2}$。当 $v_{\mathrm{p}}/v \simeq 0.1$ 且 $T \simeq 10^8$ K 时,我们可以得到 $T_0 \simeq 10^6$ K 和 $n/n_0 = 0.1$。由 $\rho r = 0.2$ g/cm²,即 $nr \simeq 5 \times 10^{22}$ cm⁻²[①],我们可以得到 $n = n_0 = 5 \times 10^{22}$ cm⁻³ 和 $r \simeq 1$ cm。在 10% 的燃耗下,这种"微爆炸"的产额将为 $\simeq 5.6 \times 10^{17}$ erg,相当于 ~ 10 t TNT(三硝基甲苯)。

我们必须检查在考虑了摩擦和热传导损失后我们的等熵压缩假设是否满足。轫致辐射的辐射损失时间为

$$\tau_{\mathrm{R}} = \frac{3nkT}{\varepsilon_{\mathrm{r}}} = 2.9 \times 10^{11} \frac{\sqrt{T}}{n} \ [\mathrm{s}] \tag{6.102}$$

其中 ε_{r} 是由式(4.67b)给出的。于是克服轫致辐射所需的特征压缩速度为

$$v_{\mathrm{b}} = \frac{r}{\tau_{\mathrm{R}}} = 3.4 \times 10^{-12} T^{-1/2} nr \ [\mathrm{cm/s}] \tag{6.103}$$

当 $T \simeq 10^8$ K 且 $nr = 5 \times 10^{22}$ cm⁻² 时,可以得到 $v_{\mathrm{b}} \simeq 1.7 \times 10^7$ cm/s。

当 $T \propto n^{2/3}$ 时,τ_{R} 按 $n^{-2/3}$ 变化。当 $r \propto n^{-1/3}$ 时,v_{b} 按 $n^{1/3}$ 变化。如果在等熵压缩完成时 $v_{\mathrm{b}} \sim v_{\mathrm{p}} \sim 2 \times 10^7$ cm/s,那么可以恰好克服轫致辐射损失。在压缩过程开始时,其中 $n \simeq (1/10)n_0 = 5 \times 10^{21}$ cm⁻³,损失是之前的一半。

进入弹丸的热传导损失由如下方程得到:

$$3nk\frac{\partial T}{\partial t} = \kappa \nabla^2 T \tag{6.104}$$

其中 κ 由式(4.18)给出。当 $\ln\Lambda \simeq 10$ 时,对 DT 等离子体有

$$\kappa = 2 \times 10^{-6} T^{5/2} \ [\mathrm{erg/(s \cdot K \cdot cm)}] \tag{6.105}$$

设 $\nabla^2 T \sim T/r^2$,$\partial T/\partial t \sim T/\tau_{\mathrm{c}}$,其中 τ_{c} 为特征热传导损失时间,则

$$\tau_{\mathrm{c}} = \frac{3nkr^2}{\kappa} = 2.1 \times 10^{-10} T^{-5/2} r(nr) \ [\mathrm{s}] \tag{6.106}$$

以及用来克服热传导损失的特征压缩速度为

$$v_{\mathrm{c}} = \frac{r}{\tau_{\mathrm{c}}} = \frac{4.8 \times 10^9 T^{5/2}}{nr} \ [\mathrm{cm/s}] \tag{6.107}$$

当 $T \simeq 10^8$ K 且 $nr = 5 \times 10^{-22}$ cm⁻² 时,可以得到 $v_{\mathrm{c}} \geq 10^7$ cm/s。

总之,为了克服轫致辐射和热传导损失,弹丸速度需满足 $v_{\mathrm{p}} \gtrsim 2 \times 10^7$ cm/s。

在强磁场存在的情况下,热传导损耗可以大大降低,但要充分利用这种可能性,如图 6.7 所示,必须在等离子体内闭合磁力线,磁场与 DT 一起压缩。很难达到 $\sim 2 \times 10^7$ cm/s 的速

---

① 这里的单位应为 cm⁻² 而不是原书中的 cm⁻³。——译者注

度,但用化学驱动的两级轻气枪已经可以达到~10^6 cm/s 的速度。这产生了一个问题,即在强磁场的隔热作用下,是否可以将速度 v_p~2×10^7 cm/s 降低到 v_p~2×10^6 cm/s。根据式(6.103),将 v_b 降低到 1/20,从 v_b~2×10^7 cm/s 降至 v_b~1×10^6 cm/s,允许我们将 nr 从 $nr=5\times10^{22}$ cm^{-2} 减少至 $nr=2.5\times10^{21}$ cm^{-2},但如果没有强磁场的隔热效果,nr 值的这种降低将使 v_c 从 10^7 cm/s 增加到 v_c~2×10^8 cm/s。在存在强磁场的情况下,式(6.106)中的 κ 必须由式(4.28b)给出的 $\kappa_\perp$ 代替。对于 DT 等离子体,当 $\ln\Lambda\simeq10$ 时,可以得到

$$\kappa_\perp = 2.4\times10^{-16}\frac{n^2}{\sqrt{T}H^2}\;[\text{cgs}] \tag{6.108}$$

对于热传导损失时间

$$\tau_\perp = 1.72\sqrt{T}\frac{(Hr)^2}{n}\;[\text{s}] \tag{6.109}$$

当 $nr=2.5\times10^{21}$ cm^{-2} 时,热传导损失时间为

$$\tau_\perp = 6.9\times10^{-22}\sqrt{T}(Hr)^2r\;[\text{s}] \tag{6.110}$$

当 $\tau_\perp\gg r/v_p$ 时,热传导损失不明显,或者说

$$v_\perp = \frac{r}{\tau_\perp} = 1.45\times10^{21}T^{-1/2}(Hr)^{-2}\ll v_p \tag{6.111}$$

当 $T\simeq10^8$ K 且 $v_p=10^6$ cm/s 时,$Hr\gg3.8\times10^5$ G·cm。

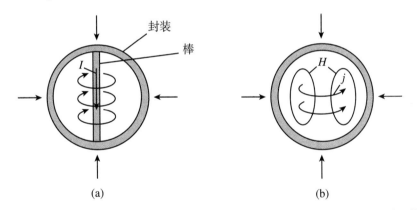

图6.7　具有闭合磁力线的磁化聚变靶。(a) 有内部棒作为导体,(b) 没有这种导体

如果热传导损失由微湍流玻姆扩散确定,则 $\kappa_\perp$ 必须用由式(4.37)给出的 κ_B 代替,那么

$$\tau_B = \frac{6e}{ck}\frac{r^2H}{T} = 6.9\times10^{-4}\frac{r^2H}{T}\;[\text{s}] \tag{6.112}$$

当 $\tau_B\gg r/v_p$ 时,可以得到

$$1.45\times10^3T(Hr)^{-1}\ll v_p \tag{6.113}$$

对于 $T\simeq10^8$ K,$v_p=10^6$ cm/s,有 $Hr\gg1.45\times10^5$ G·cm。结果表明,对于厘米大小的黑腔,即使有玻姆扩散,在数兆高斯的场中热传导损失也很小。但要利用这种可能性,与磁场从黑腔扩散出去的时间相比,时间 r/v_p 必须短。如果黑腔壁是良导体,则进入黑腔壁的磁场损失由式(3.85b)确定。在式(3.85b)中设 $\nabla^2H\sim H/r^2$ 和 $\partial H/\partial t\sim H/\tau_d$,其中 τ_d 是磁场在壁中的扩散时间,我们得到

$$\tau_d = 4\pi\sigma\frac{r^2}{c^2} \tag{6.114}$$

磁场在壁中的损失不重要在 $\tau_d \gg r/v_p$ 或者以下表达式的情况下成立:

$$\frac{c^2}{4\pi\sigma r} \ll v_p \tag{6.115}$$

像铜这样的良导体,$\sigma \simeq 10^{18}$ s^{-1},不等式(6.115)意味着 $r \gg 10^{-4}$ cm。因此,对于兆高斯的场和厘米大小的球形黑腔,当黑腔内爆时间 $r/v_p \sim 10^{-6}$ s 时,热传导和磁场扩散损失可以忽略不计。因此,这是一个非常好的近似:假设腔内 DT 等离子体的温度像等熵压缩定律那样升高:

$$\frac{T}{T_0} = \left(\frac{r_0}{r}\right)^2 \tag{6.116}$$

磁场遵循磁通量守恒定律:

$$\frac{H}{H_0} = \left(\frac{r_0}{r}\right)^2 \tag{6.117}$$

其中 r_0 为初始黑腔半径,$r_0 > r$,此时 $T = T_0$,$H = H_0$。

令弹丸的动能密度$(1/2)\rho_p v_p^2$(其中 ρ_p 为弹丸密度)与磁能密度 $H^2/(8\pi)$ 相等,可获得快速移动弹丸撞击导致的磁通压缩产生的最大磁场:

$$H = \sqrt{4\pi\rho_p}\, v_p \tag{6.118}$$

对于 $\rho_p = 7$ g/cm^3(铁)和 $v_p = 10^6$ cm/s,可以得到 $H \simeq 3 \times 10^7$ G。

在内爆压缩过程中,即使没有如图 6.7(a)所示的中心导电棒,磁力线也会因磁场反转而闭合。当 $H \sim 2H_0$ 或 $r \lesssim r_0/\sqrt{2}$ 时发生磁场反转。

必须满足的另一个条件是等离子体压 $2nkT$ 不超过磁压 $H^2/(8\pi)$,这意味着

$$n \leqslant \frac{H^2}{16\pi kT} \tag{6.119}$$

当 $H \simeq 3 \times 10^7$ G,$kT \simeq 10^{-8}$ erg 时,我们得到 $n \leqslant 2 \times 10^{21}$ cm^{-3}。结合 $nr = 2.5 \times 10^{21}$ cm^{-2},可以得到 $r \sim 1$ cm。

当磁场 $H \simeq 3 \times 10^7$ G 且 $r \simeq 1$ cm 时,从式(6.110)可以得到 $\tau_\perp \approx 10^{-2}$ s。由式(6.112)可知 $\tau_B \simeq 2 \times 10^{-4}$ s。与内爆时间 $\tau_{imp} = r/v_p \simeq 10^{-6}$ s 相比,$\tau_\perp$ 和 τ_B 都较大。

为了获得所需的弹丸动能值,我们必须令其与内爆黑腔的磁等离子体能量和热等离子体能量之和相等。(实际上应该加上弹丸和靶腔的塑性变形所做的功。)在磁等离子体和热等离子体能量相等的情况下,我们得到

$$E_{kin} \simeq 2 \times \frac{H^2}{8\pi}\left(\frac{4\pi}{3}r^3\right) = \frac{1}{3}r^3 H^2 \tag{6.120}$$

在我们的示例中,$E_{kin} \simeq 3 \times 10^{14}$ erg $= 30$ MJ。约束在黑腔内的粒子总数为 $N = (4\pi/3)\,r^3 n \simeq 8 \times 10^{21}$。根据式(6.21)和表 6.1,当 $H \simeq 3 \times 10^7$ G 时,DT 聚变 α 粒子的拉莫尔半径为 $r_L \sim 10^{-2}$ cm,与黑腔半径 $r \sim 1$ cm 相比很小。因此,α 粒子有效地自举,导致了有效的自加热,证明$\sim 10\%$ 的燃料燃耗的假设是正确的。由每个 DT 粒子对释放出 $\varepsilon_0 = 2.8 \times 10^{-5}$ erg,并假设有 10% 被燃耗,就会得到产额 $Y \simeq 10^{16}$ erg $= 10^3$ MJ,增益为 $G = Y/E_{kin} \sim 30$。不过这个增益与热核爆震波所能达到的增益相比是很小的。

除了小增益之外,磁化聚变靶的另一个缺点是式(6.116)和式(6.117)的结果。它表明,对于合理的 r/r_0,必须从高度预热(到温度 T_0)的 DT 等离子体和高初始场 H_0 开始。对于 $r_0/r = 10$,要求 $T \sim 10^8$ K 和 $H_0 \sim 3 \times 10^5$ G。对于 $r = 1$ cm,这意味着 $r_0 = 10$ cm,这一半径

对于紧凑型弹丸来说太大了。这表明,弹丸速度介于纯碰撞聚变的速度,在 $v_\mathrm{p} \simeq 2 \times 10^7$ cm/s 和 $v_\mathrm{p} \simeq 10^6$ cm/s 之间。尽管如此,磁化靶的一个优点是,它们可以将 ρr 值从 ~ 1 g/cm^2 降低到 $\sim 10^{-2}$ g/cm^2。由于快速移动弹丸的封装效应,ρr 值可能已经降低到 ~ 0.1 g/cm^2,但这里需要高弹丸速度。

从某种意义上说,磁化聚变靶介于惯性约束和磁聚变之间。对于后者,$n \lesssim 10^{16}$ cm^{-3},$r \gtrsim 10^2$ cm,且 $nr \sim 10^2$ cm^{-2} 或 $\rho r \sim 10^{-8}$ g/cm^2。

利用强磁场的更好方法是利用磁场辅助热核爆震波。在这里,可以直接应用快速点火器概念,例如 X 箍缩(图 6.5(b)),在交叉点处,如果 $I > I_\mathrm{c}$,则热斑可以发射热核爆震波,I_c 如表 6.1 所示。当然,热斑也可以由脉冲激光束产生,就像最初的快速点火器概念一样。在超快速 Z 箍缩的背景下,我们回到这个重要且有前景的方法。

强磁场的存在降低了撞击聚变的速度,但有一个完全不同的概念也降低了所需的速度。其中超高速弹丸在撞击时首先将部分动能转化为热量,热量以强黑体辐射爆发的形式释放出来,然后烧蚀内爆并点燃热核靶。

如果厚度为 δ 的快速移动圆盘与另一个具有相同厚度和密度的静止圆盘碰撞,且碰撞完全非弹性,则动能的 1/2 转化为热能。因此,每单位体积耗散为热量的动能为 $(1/4)\rho v^2$。由于在大多数情况下圆盘保持光学厚,因此温度由斯特藩-玻尔兹曼定律 $aT^2 = (1/4)\rho v^2$ 和 $a = 7.67 \times 10^{-15}$ erg/(cm$^3 \cdot$ K) 得出。由此可以得到 $T \propto \sqrt{v}$。从热圆盘表面释放的黑体辐射强度由式(4.72)给出:

$$|j_\mathrm{r}| = \frac{\lambda_\mathrm{opt} c}{3} \nabla (aT^4) \sim \frac{1}{3} \frac{\lambda_\mathrm{opt} c}{\delta} aT^4 \tag{6.121}$$

其中 $\lambda_\mathrm{opt} = (\kappa \rho)^{-1}$,且 κ 由式(4.71)给出,因此

$$\left. \begin{aligned} \lambda_\mathrm{opt} &\propto T^{3.5}/\rho^2 \propto v^{1.75} \\ j_\mathrm{r} &\propto T^{7.5} \propto v^{3.75} \end{aligned} \right\} \tag{6.122}$$

这显示出强烈的撞击速度依赖性。

我们以 $Z^2/A = 6.2$ 和 $\rho = 2.7$ g/cm^3 的铝圆盘为例。我们得到

$$\lambda_\mathrm{opt} = (\kappa \rho)^{-1} = 3 \times 10^{-27} T^{3.5} \tag{6.123}$$

当 $v = 50$ km/s 时,可以得到 $(1/4)\rho v^2 = 1.7 \times 10^{13}$ erg/cm$^3 = aT^4$,因此 $T = 6.3 \times 10^6$ K 且 $\lambda_\mathrm{opt} = 1.9 \times 10^{-3}$ cm。最后得到 $j_\mathrm{r} \approx 3 \times 10^{20}/\delta$ erg/(cm$^3 \cdot$ s) $= 3 \times 10^{18}/\delta$ W/cm^2。于是,如果圆盘的厚度为 $\delta \approx 0.3$ cm,$j_\mathrm{r} \approx 10^{14}$ W/cm^2,且圆盘中存储的能量为 $(1/2)$ MJ/cm^2,则足以烧蚀内爆一个内爆速度为 $\sim 10^7$ cm/s 的靶丸。

上述内容可以通过动态"hohlraum"[①]的概念进一步细化,对于放置在黑腔内的 DT 靶的内爆,黑腔(即 hohlraum)内的强黑体辐射通过黑腔内爆进行等熵压缩。这一概念的可行性要求内爆速度大于辐射进入腔壁的扩散速度 v_D。设 $|j_\mathrm{r}| = aT^4 v_\mathrm{D}$,由式(6.121)可以得到

$$\frac{v_\mathrm{D}}{c} = \frac{1}{3} \frac{\lambda_\mathrm{opt}}{\delta} \tag{6.124}$$

对于 $T = 10^7$ K 和 $\rho = 18$ g/cm^3(铀),我们得到 $\lambda_\mathrm{opt} = 2 \times 10^{-4}$ cm,当 $\delta = 0.1$ cm 时,$v_\mathrm{D} \simeq 2 \times 10^7$ cm/s。可以通过用高 Z 气体或泡沫填充黑腔来降低内爆速度,这会降低辐射扩散

---

① "hohlraum"这个名字是德语,意为黑腔。它是由基尔霍夫在黑体辐射理论中引入的,即黑腔中的辐射。——作者注

速度。

当 $\gamma = 4/3$ 时（黑体辐射的有效比热比），有 $TV^{\gamma-1} = TV^{1/3} = TR = $ 常数，或 $T \propto 1/R$，其中 R 为黑腔半径。

动态黑腔概念用于多导线内爆的黑体辐射引起的小型 DT 组件内爆，如 8.13 节所述，在产生后，黑体辐射被进一步压缩和放大。

图 6.8 显示了动态黑腔的两个示例。在这两种情况下，黑腔都充满了低密度高 Z 气体，在受到内爆黑腔壁的撞击时，该气体被转化为以高温黑体辐射为主的等离子体。在图 6.8 (a) 中，黑腔内爆是由强粒子或激光束轰击的层（烧蚀器）烧蚀引起的。在图 6.8(b) 中，它是由高速弹丸的撞击引起的。

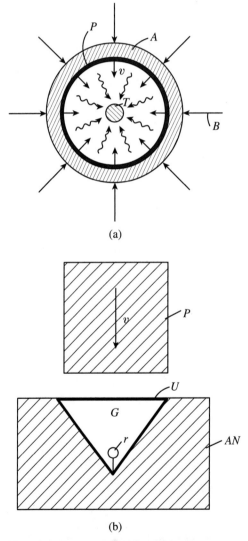

图 6.8　动态"hohlraum（黑腔）"靶构型。(a) 显示了由烧蚀驱动壳引起的黑体辐射内爆。B 是带电粒子束的入射激光，A 是烧蚀器，P 是推动器，T 是充满黑体辐射的黑腔内的热核靶。(b) 显示了被捕获在锥形黑腔内的黑体辐射的超高速撞击引起的内爆。P 是超高速弹丸，G 是黑腔内的高原子量气体。U 是一种薄但致密的高原子量材料（例如铀），覆盖黑腔的内表面并被衬底 AN 包围。T 是热核靶

我们注意到,这种间接撞击聚变被用于在 7.14 节中解释的所谓小型核武器。

6.11　自催化裂变-聚变内爆

如图 6.7 所示,我们现在考虑一个磁化热核 DT 靶,只不过现在的封装是由裂变材料制成的。与磁化聚变靶一样,壳会内爆,但现在热核反应释放的中子在裂变壳中引起裂变反应。如果这些反应的速度足够大,裂变壳会被加热到高温,使其向外爆炸,但也会向内爆炸。通过向内内爆,它增加了热核靶中的热核反应速率,释放出更多的中子,使壳中发生更多的裂变。这种裂变和聚变过程的耦合我们称之为自催化裂变-聚变内爆。现在将对这一概念进行分析。对于一个不可压缩的裂变壳,其内、外半径分别为 R 和 r,质量守恒要求

$$R^3 - r^3 = 常数 \tag{6.125}$$

通过对时间进行微分,可以得到

$$\frac{\dot{r}}{\dot{R}} = \left(\frac{R}{r}\right)^2 \tag{6.126}$$

因此内爆速度为

$$v = v_0\left(\frac{r_0}{r}\right)^2 \tag{6.127}$$

其中 $r = r_0$ 为当 $t = 0$ 时壳的内半径,v_0 为高爆炸药施加在壳上的初始内爆速度。

对于具有以下形式状态方程(p 为压强,ρ 为密度,γ 为比热比)的可压缩壳:

$$p = A\rho^\gamma \quad (A = 常数) \tag{6.128}$$

内爆速度上升得不那么快,而且是作为从气体动力学相似解得到的 γ 的函数(见 5.5 节)。那么

$$v = v_0\left(\frac{r_0}{r}\right)^m \tag{6.129}$$

其中 $m = m(\gamma)$。对于不可压缩壳,有 $\gamma \to \infty$ 和 $m \to 2$。通常情况下,$\gamma = \gamma(p)$,其中 $\gamma \simeq 10$ 是兆巴压强下金属壳的典型值。

连续性方程要求

$$r^2\rho v = r_0^2 \rho_0 v_0 \tag{6.130}$$

其中 ρ_0 为 $p = 0$ 下的初始密度。因此我们可以得到

$$\frac{\rho}{\rho_0} = \frac{v_0}{v}\left(\frac{r_0}{r}\right)^2 \tag{6.131}$$

或者因为式(6.129),有

$$\frac{\rho}{\rho_0} = \left(\frac{r_0}{r}\right)^{2-m} \tag{6.132}$$

对于不可压缩壳,当 $m = 2$ 时,正如预期的那样,$\rho = \rho_0$。当 $\gamma = 10$ 时,$m \approx 1$,可以得到 $\rho/\rho_0 \approx r_0/r$。

DT 反应以如下速率释放中子:

$$S = \frac{n^2}{4}\langle\sigma v\rangle\left(\frac{4\pi}{3}r^3\right) \tag{6.133}$$

其中 n 是磁化等离子体的 DT 原子数密度,$\langle\sigma v\rangle$ 是在麦克斯韦速度分布上取平均的核反应截面与粒子速度的乘积。由 DT 等离子体中原子核的总数 $N = (4\pi/3)r^3 n$,我们得到

$$S = \frac{N}{4}\langle \sigma v \rangle n \tag{6.134}$$

内爆从半径 $r = r_0$ 开始，在 $r = r_1$ 时到达点火，此时 $n = n_1$。于是当 $r < r_1$ 时，得 $n = n_1(r_1/r)^3$，因此

$$S = S_1 \left(\frac{r_1}{r}\right)^3 \tag{6.135}$$

其中 $S_1 = (N/4)\langle \sigma v \rangle n_1$。

聚变中子通过厚度为 δ 的裂变壳时发生的裂变反应数为

$$f = S n_f \sigma_f \delta \tag{6.136}$$

其中 n_f 是裂变壳的原子数密度，σ_f 是裂变截面。由每一个裂变反应释放的能量为 ε_f，得壳中裂变能的总速率为

$$E_f = f \varepsilon_f = S \delta n_f \sigma_f \varepsilon_f \tag{6.137}$$

通过式(6.132)，可以得到

$$\frac{n_f}{n_{f1}} = \left(\frac{r_1}{r}\right)^{2-m} \tag{6.138}$$

其中 $r_1 < r_0$ 是壳的内半径，小于该半径，裂变反应的数量变得重要。由于 $\rho \delta^3 = \rho_1 \delta_1^3$，可以得到

$$\frac{\delta}{\delta_1} = \left(\frac{\rho_1}{\rho}\right)^{1/3} = \left(\frac{r}{r_1}\right)^{(2-m)/3} \tag{6.139}$$

以及壳中释放裂变能的速率：

$$E_f = S_1 \left(\frac{r_1}{r}\right)^3 \delta_1 \left(\frac{r}{r_1}\right)^{(2-m)/3} n_{f1} \left(\frac{r_1}{r}\right)^{2-m} \sigma_f \varepsilon_f = E_{f1} \left(\frac{r_1}{r}\right)^{\alpha} \tag{6.140}$$

其中

$$E_{f1} = S_1 \delta_1 n_{f1} \sigma_f \varepsilon_f, \quad \alpha = \frac{13 - 2m}{3}$$

S_1、δ_1、n_{f1}、ρ_1 为 $r = r_1$ 时的对应值。

当 $r < r_1$ 时，由于壳中的裂变反应导致其加热和膨胀，内爆速度增加。为了考虑这一影响，我们设

$$v = v_1(t) \left(\frac{r}{r_1}\right)^m \tag{6.141}$$

其中 $v_1(t)$ 是时间的函数。假设裂变反应释放的能量以相等的比例转化为壳的热能和动能，我们有

$$\frac{M}{2} \frac{\mathrm{d} v_1^2}{\mathrm{d} t} = \frac{E_f}{2} \tag{6.142}$$

由于 $\mathrm{d} v_1^2 / \mathrm{d} t = v_1 \mathrm{d} v_1^2 / \mathrm{d} r = (2/3) \mathrm{d} v_1^3 / \mathrm{d} r$，可以得到

$$\frac{\mathrm{d} v_1^3}{\mathrm{d} r} = \frac{3}{2} \frac{E_{f1}}{M} \left(\frac{r_1}{r}\right)^{\alpha} \tag{6.143}$$

通过积分可以得到

$$v_1^3(t) - v_1^3(r_1) = \frac{\frac{3}{2} E_{f1} r_1}{M(\alpha - 1)} \left[\left(\frac{r_1}{r}\right)^{\alpha - 1} - 1\right] \tag{6.144}$$

以及渐近解

$$v_1 = v_1(0) \left(\frac{r_1}{r} \right)^{(\alpha - 1)/3} \quad (r \ll r_1) \tag{6.145}$$

其中

$$v_1(0) = \left[\frac{\frac{3}{2} E_{fl} r_1}{(\alpha - 1) M} \right]^{1/3} \tag{6.146}$$

将式(6.145)代入式(6.141)可以得到

$$v = v_1(r_1) \left(\frac{r_1}{r} \right)^{\beta} \quad (r \ll r_1) \tag{6.147}$$

其中

$$\beta = \frac{10 + 7m}{9} \tag{6.148}$$

那么可以得到

$$\left. \begin{array}{l} \dfrac{n_f}{n_{fl}} = \left(\dfrac{r_1}{r} \right)^{2-\beta} \\[3mm] \dfrac{\delta}{\delta_1} = \left(\dfrac{r}{r_1} \right)^{(2-\beta)/3} \end{array} \right\} \tag{6.149}$$

例如,如果 $m = 1$(相当于 $\gamma \approx 10$),则可以得到 $\beta \approx 2m = 2$,就好像壳是不可压缩的。从而可以得到

$$\left. \begin{array}{l} v = v_1 \left(\dfrac{r_1}{r} \right)^2 \\[3mm] n_f \approx n_{fl} \\[2mm] \delta \approx \delta_1 \end{array} \right\} \tag{6.150}$$

在一个有用的近似中,我们可以将考虑了裂变反应的 $r \ll r_1$ 的渐近解(6.145)与裂变反应较小的 $r \gg r_1$ 的有效解(6.129)相匹配。从这个匹配条件可以确定 $\langle \sigma v \rangle$ 的值,超过该值,聚变中子变得格外重要。选择以下参数:$n_1 = 5 \times 10^{20}$ cm^{-3},$N_1 = 10^{21}$,可以得到 $S_1 = 1.25 \times 10^{41} \langle \sigma v \rangle$ s^{-1} 和 $r_1 = 0.78$ cm。进一步假设 $\delta_1 \approx 1$ cm,$n_{fl} \approx 10^{23}$ cm^{-3},$\sigma_f = 2 \times 10^{-24}$ cm^2,$\varepsilon_f = 3 \times 10^{-4}$ erg,我们发现 $E_{fl} = 7.5 \times 10^{36} \langle \sigma v \rangle$ erg/s。假设 $M = 18$ g(体积为 1 cm^3 的 ^{235}U),$\alpha = 11/3$(对应于 $\gamma = 10$),我们式(6.146)得到 $v_1(0) = 5.55 \times 10^{11} (\langle \sigma v \rangle)^{1/3}$ cm/s。

假设铀壳以 ~ 3 km/s 的初始速度内爆,其内爆速度按 $1/r$ 变化。如果它从 $r_0 \sim 3$ cm 内爆到 $r_1 \sim 1$ cm,则将达到 $v_1 \sim 10$ km/s 的内爆速度。要使该速度与 $v_1(0)$ 匹配,需要 $\langle \sigma v \rangle \sim 6 \times 10^{-18}$ cm^3/s,这是在 $T \sim 4 \times 10^7$ K 的等离子体温度下达到的。这低于 DT 反应的点火温度,但足以产生足够数量的中子以进行大量裂变反应。

由于温度与 r^{-2} 成正比升高,从初始半径 $r_0 \approx 3$ cm 到半径 $r_1 \approx 1$ cm 的内爆将温度从 10^6 K 升高到 4×10^7 K,足以启动自催化反应。在温度 $T = 4 \times 10^7$ K 和 DT 等离子体粒子密度 $n_1 = 5 \times 10^{20}$ cm^{-3} 的情况下,等离子体压为 $p = 2n_1 kT = 5 \times 10^{12}$ dyn/cm^2。这个压强小于密度 $\rho \geq 20$ g/cm^3 和 $v \sim 10^6$ cm/s 时内爆裂变壳的压强 $p = \rho v^2$。

随着内爆速度的上升,DT 等离子体被进一步压缩和加热,直到达到点火温度,此时 $\langle \sigma v \rangle \sim 10^{-15}$ cm^3/s。DT 等离子体的燃烧时间 τ 的数量级为

$$\tau \sim (n \langle \sigma v \rangle)^{-1} \tag{6.151}$$

当 $n \sim 10^{22}$ cm^{-3} 时,$\tau \sim 10^{-7}$ s,与以 $\sim 10^7$ cm/s 的速度移动的可裂变壳的解体时间处于同

一数量级。因此可以预期会有大的燃耗。

$N = 10^{21}$ 个 DT 核的燃烧释放出能量 $N\varepsilon \sim 10^{16}$ erg = 1 GJ，其中 $\varepsilon \sim 10^{-5}$ erg 是每个核的聚变能量。释放的裂变能量 $N n_f \sigma_f \varepsilon_f \delta$（其中 $n_f \sim 10^{23}$ cm^{-3}，$\sigma_f \sim 10^{-24}$ cm^2，$\varepsilon_f \sim 10^{-4}$ erg，$\delta \sim 1$ cm）也等于 ~ 1 GJ。使 δ 更大（使用更多裂变材料），裂变能量输出可以进一步增加，而聚变能量输出保持不变。即使壳是亚临界的，壳内的裂变链式反应也会增加裂变能量输出。在亚临界中子倍增因子 $k < 1$ 的情况下，裂变能量输出将增加 $1 + k + k^2 + \cdots = 1/(1-k)$。① 只要可以忽略裂变链式反应，就可以使用 ^{238}U 甚至 ^{10}B 作为壳材料。中子诱导 ^{10}B 裂变成 ^{7}Li 和 ^{4}He 释放出 3.0 MeV = 4.8×10^{-6} erg 的能量。相比之下，^{238}U 裂变释放的能量为 180 MeV = 2.9×10^{-4} erg。由于 ^{238}U 和 ^{10}B 的裂变截面具有相同数量级，因此大小大致相同的裂变能量将在质量相当于 ^{238}U 壳的 ^{10}B 壳中释放。^{10}B 的应用特别令人感兴趣，因为它不会导致 ^{238}U 释放的那种不受欢迎的裂变产物。

参 考 文 献

［1］　Post R F. Reviews of Modern Physics，1956，28：338.

［2］　Glasstone S，Loveberg R H. Controlled Thermonuclear Reaction［M］. New York，Huntington：Robert E. Krieger Publishing Company，1975.

［3］　Hagler M O，Kristiansen M. An Introduction to Controlled Thermonuclear Fusion Lexington Books［M］. Massachusetts，Lexington：D. C. Heath and Company，1977.

［4］　Dolan T J. Fusion Research［M］. New York：Pergamon Press，1982.

［5］　Winterberg F//Caldirola P，Knoepfel H. Physics of High Energy Density，International School of Physics "Enrico Fermi". New York：Academic Press，1971.

［6］　Tabak M，Hammer J，Glinsky M E，et al. Physics of Plasmas，1994，1：1626.

［7］　Linhart J G，et al. Nucl. Fusion Supplement，1962，Pt2：733.

［8］　Winterberg F. Atomkernenergie/Kerntechnik，1984，44：145.

---

① 原书中写的是 $1 + k + k^2 + \cdots = 1/(1+k)$，这应该是印刷错误。按照数学计算 $1 + k + k^2 + \cdots = (1-k^n)/(1-k)$，由于 $k < 1$，故 $k^n = 0$，从而得到结果 $1 + k + k^2 + \cdots = 1/(1-k)$。——译者注

第 7 章　裂变炸药点火

7.1　裂变爆炸的温度和辐射通量

　　裂变爆炸释放的能量一部分转化为粒子能量,一部分转化为辐射。每单位体积进入粒子能量的部分是

$$\varepsilon_p = \frac{f}{2} nkT \tag{7.1}$$

其中 f 是粒子的自由度数。如果能量仅转化为平动动能,如在完全电离的等离子体中,则 $f=3$,但如果内部自由度也被激发,则 f 可以大得多。对于含铀(或钚)的裂变爆炸等离子体尤其如此,其中温度远低于式(3.3)给出的完全电离温度,当 $Z=92$ 时,$T_i \simeq 10^{10}$ K。如果 $R_0 \gg (\rho \kappa)^{-1}$,其中 R_0 为式(2.42)给出的临界半径,$\rho=18$ g/cm^3 为铀金属的密度,κ 是式(4.71)中的不透明度系数,则裂变弹等离子体是不透明的。那么很大一部分能量会变成黑体辐射,其能量密度为

$$\varepsilon_r = aT^4 \tag{7.2}$$

($a=7.67\times10^{-15}$ erg/(cm^3 · K^4))。如果 $\varepsilon_r \gg \varepsilon_p$,黑体辐射的能量密度将占主导地位,其条件是

$$T \gtrsim 10^7 f^{1/3} \ [\text{K}] \tag{7.3}$$

在铀(或钚)等离子体中,温度为数百万 K,f 可以变得相当大。假设 $f \simeq 100$,从而 $T \gtrsim 4.6 \times 10^7$ K。不等式(7.3)对未压缩的铀是有效的,否则它必须在右边乘以 $(n/n_s)^{1/3}$,其中 $n > n_s = 4.5\times10^{22}$ cm^{-3}(未压缩铀的原子数密度)。根据公布的报告,第一枚裂变弹(未压缩的、略高于临界质量的铀)的产额相当于 20 kt TNT,或相当于 8×10^{20} erg。用式(2.42)计算,金属铀的临界半径为 $R_0=7.5$ cm。如果超过临界半径 5%,半径就为 $R \simeq 7.9$ cm。铀原子的数量为 $N=(4\pi/3)R^3 n_s=9.2\times10^{25}$。每次裂变的能量为 $\varepsilon_f=180$ MeV $=2.91\times10^{-4}$ erg,如果所有 N 个核都裂变,则能量输出为 2.7×10^{22} erg。产额为 8×10^{20} erg 时,燃耗率为 3%。在这样的燃耗率下,裂变爆炸的能量密度为 3.9×10^{17} erg/cm^3。令其与 $\varepsilon_f = aT^4$ 相等,可以得到 $T \simeq 8.7\times10^7$ K,满足黑体辐射占主导地位的式(7.3)。从式(4.71),我们可以得到 ($\rho=18$ g/cm^3, $g/t \simeq 1$)$\rho\kappa = 2.2$ cm^{-1} 或者 $\lambda_{opt} = (\rho\kappa)^{-1} = 0.45$ cm。当 $R=7.9$ cm 时,黑体辐射要求的 $\lambda_{opt}/R \ll 1$ 得到很好的满足。

　　当 $T=8.7\times10^7$ K 时,球体表面的黑体辐射通量为 $\phi_r = \sigma T^4 = (ac/4)T^4 = 3.2\times10^{27}$ erg/cm^2。这个辐射是在通过一个厚度为 $\lambda_{opt}=0.45$ cm 的表面层时发出的,根据式(4.72),通过该层的辐射通量为

$$j_r = -\frac{\lambda_{opt} c}{3} \nabla(aT^4) \approx \frac{ac}{3} T^4 \approx \sigma T^4 \tag{7.4}$$

在厚度为 λ_{opt} 的透明表面层中,铀等离子体离子与光子解耦,保持其热速度

$$v_{th} = \left(\frac{3kT}{M}\right)^{1/2} = 9.6\times10^6 \text{ cm/s} \tag{7.5}$$

其中 $M = 3.9 \times 10^{-22}$ g 是铀原子的质量。

铀球惯性结合在一起的时间的数量级为 $t \approx 2R/v_{\mathrm{th}} \simeq 1.7 \times 10^{-6}$ s。根据式(2.37)～式(2.45)，中子雪崩按下式进行：

$$n = n_0 \mathrm{e}^{\lambda t} \tag{7.6}$$

对于 $\Delta R/R = 0.05$，我们发现 $\lambda = 10\lambda_0 = 3 \times 10^7$ s^{-1}，因此 $\lambda t \simeq 51$。对于 3% 的燃耗率，$n = 0.03 \times 4.5 \times 10^{22} = 1.35 \times 10^{21}$ (cm^{-3})。因此 $n_0 = 1.35 \times 10^{21} \mathrm{e}^{-51} \simeq 3 \times 10^{-2}$ cm^{-3}，或者当体积为 $(4\pi/3)R^3 = 2 \times 10^3$ cm^3 时，大约需要 60 个中子来启动链式反应。球体中的中子通量 $\phi = nv_0 = 1.35 \times 10^{21} \times 2 \times 10^9 = 2.7 \times 10^{30}$ $(\mathrm{cm}^{-2} \cdot \mathrm{s}^{-1})$。

当中子动能等于 2 MeV $\simeq 3.2 \times 10^{-6}$ erg 时，我们总结了所有三个能流量：(1) 辐射，(2) 中子辐射，(3) 铀动能：

$$\left. \begin{aligned} \phi_{\mathrm{r}} &= \sigma T^4 = 3.2 \times 10^{27} \ \mathrm{erg}/(\mathrm{cm}^2 \cdot \mathrm{s}) \\ \phi_{\mathrm{n}} &= nv_0 \times 2 \ \mathrm{MeV} = 8.6 \times 10^{24} \ \mathrm{erg}/(\mathrm{cm}^2 \cdot \mathrm{s}) \\ \phi_{\mathrm{k}} &= \frac{1}{2}\rho v_{\mathrm{th}}^3 = 7.9 \times 10^{22} \ \mathrm{erg}/(\mathrm{cm}^2 \cdot \mathrm{s}) \end{aligned} \right\} \tag{7.7}$$

同样值得关注的是辐射压 p_{r}、动中子压 p_{n} 和铀等离子体压 p：

$$\left. \begin{aligned} p_{\mathrm{r}} &= \frac{1}{3}aT^4 = 1.3 \times 10^{17} \ \mathrm{dyn/cm}^2 \\ p_{\mathrm{n}} &= \frac{\phi_{\mathrm{n}}}{v_0} = 4.0 \times 10^{15} \ \mathrm{dyn/cm}^2 \\ p &= \frac{\phi_{\mathrm{k}}}{v_{\mathrm{th}}} = 8.2 \times 10^{15} \ \mathrm{dyn/cm}^2 \end{aligned} \right\} \tag{7.8}$$

临界半径以及相应的临界质量可以通过(a) 中子反射器和(b) 压缩裂变材料来大幅降低。一个好的中子反射器是金，铍也是，后者由于其(n, 2n)反应，是一个中子倍增器。当然，我们也可以使用天然铀，它的快速裂变过程增强了中子经济性，就像铍反射器的(n, 2n)反应一样。

7.2　点火问题

表面上看，为了实现点火，必须将热核炸药与爆炸的裂变弹直接接触(图7.1)。在这个假设的结构中，一些热核材料将充当引信，点燃更大的热核爆炸。这种方法的一个缺点是它只能在 DT 作为热核炸药的情况下起作用(如果能起作用的话)，因为只有在 DT 中，裂变爆炸的温度 $T \simeq 9 \times 10^7$ K 高于该反应的点火温度 $T \simeq 5 \times 10^7$ K，但不足以点燃 $T_1 \simeq 3 \times 10^8$ K 的 DD 反应。

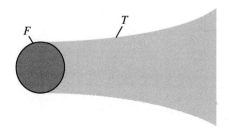

图7.1　裂变和热核炸药的总体布置示意图，其中裂变弹 F 将点燃热核炸药 T

通过裂变爆炸的 $\sim 3\times 10^{30}$ $\text{cm}^{-2}\cdot \text{s}^{-1}$ 的强中子通量,在反应

$$n + {}^{6}\text{Li} \longrightarrow {}^{4}\text{He} + \text{T} + 4.8 \text{ MeV} \tag{7.9}$$

中获得更好的点火机会。该反应的中子截面为 $\sigma \simeq 3\times 10^{-25}$ cm^2。如果用 ${}^{6}\text{LiD}$ 作为炸药,锂原子的 $n_{\text{L}}\simeq 2\times 10^{22}$ cm^{-3},反应速率为 $n_{\text{L}}\sigma\phi \simeq 2\times 10^{28}$ $\text{cm}^{-3}\cdot \text{s}^{-1}$。该反应发生在 ${}^{6}\text{LiD}$ 中快速裂变中子的减速长度上。这个长度的数量级应该与 D_2O 中的减速长度相同,后者 $\approx$ 10 cm。除了式(7.9)的 4.8 MeV 反应能量外,还必须加上 2 MeV 的中子动能,因此总能量为 6.8 MeV $\simeq 10^5$ erg。在 $t = 1.7\times 10^{-6}$ s 的时间,即炸弹爆炸时间内,每单位体积释放的能量为

$$\varepsilon = n\sigma\phi \times 10^{-5}\text{ erg} \times 1.7\times 10^{-6}\text{ s} = 3.4\times 10^{17}\text{ erg/cm}^3 \tag{7.10}$$

和裂变爆炸的能量密度差不多。因此,根据 $\varepsilon = aT^4$ 计算的温度为 $T\simeq 8.6\times 10^7$ K,与裂变爆炸的温度大致相同。反应(7.9)中形成的氚随后可与 ${}^{6}\text{LiD}$ 盐中的氘反应。

把热核炸药放在爆炸的裂变弹旁边这一想法的一个更严重的问题是来自爆炸的裂变弹的巨大辐射压,热核炸药被吹到一边。爆炸的裂变弹的辐射压估计为 $p_{\text{r}}\simeq 1.3\times 10^{17}$ dyn/cm^2。假设热核"引信",即由热核炸药组成的、与裂变弹接触的喇叭部分(图 7.1)的直径 $d\sim 2R\sim$ 15 cm。辐射压将对质量为 $M\sim \rho_{\text{F}}d^3$ 的引信施加一个力 $F = p_{\text{r}}d^2$,其中 $\rho_{\text{F}}\simeq 0.4$ g/cm^3 是 ${}^{6}\text{LiD}$ 的密度。辐射压对引信的诱导加速度为 $b = p_{\text{r}}/(\rho d)$,而将引信移开距离 d 所需的时间为

$$\tau_{\text{d}} = d\sqrt{\frac{2\rho_{\text{F}}}{p_{\text{r}}}} \simeq 2R\sqrt{\frac{2\rho_{\text{F}}}{p_{\text{r}}}} \tag{7.11}$$

当 $R\simeq 15$ cm 时,$\tau_{\text{d}}\simeq 2.7\times 10^{-7}$ s,或者说比裂变弹的爆炸时间 $t\simeq 1.7\times 10^{-6}$ s 短一个数量级。因此能量密度(7.10)实际上是 $3.4\times 10^{17}\times [2.7\times 10^{-7}/(1.7\times 10^{-6})] = 5.4\times 10^{16}$ (erg/cm^3),温度 $T\simeq 6\times 10^7$ K,刚好高于 DT 反应的点火温度,但对于 ${}^{6}\text{LiD}$ 反应来说太低。

用裂变弹"火柴"点燃热核爆炸的问题就好比用燃烧的火柴在暴风雨中点燃香烟的问题。早在香烟着火之前,"火柴"就会被吹灭。另一种看待这个问题的方法是,用一块与木头大小相当、并排放置的棉火药点燃木头是不可能的。燃烧的棉火药的温度为数 10^3 K,当然高到足以点燃木头,但它不会持续足够长的时间。

7.3　热核增强器概念

与其将热核材料放置在外部并与爆炸的裂变弹直接接触,不如将其放置在内部,如图 7.2 所示。在那里,热核材料被压缩,进一步提高其温度。这对于点火温度高于 $\sim 10^8$ K 的热核燃料非常重要,比如 ${}^{6}\text{LiD}$。压缩不仅提高了温度,而且提高了反应速率,后者与密度的平方成正比。如果使用产生中子的热核燃料,聚变中子可以加速裂变过程,如 2.5 节所述。DT 作为燃料在军事上不是很有用,因为它维持液态必须保持低温。${}^{6}\text{LiD}$ 在室温下是一种盐,但它的反应不会产生净过剩中子。这种过剩会在 ${}^{6}\text{LiD}$ 和 ${}^{6}\text{LiT}$ 的混合物中释放。

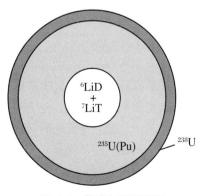

图 7.2　聚变加强裂变弹

图 7.2 所示构型的一个缺点是它会导致更大的外半径,以便能够到达临界,因为它必须为放置在其中心的热核材料提供空间。更好的方法是将 ^{6}LiD + ^{6}LiT 置于 ^{235}U(Pu) 壳之间,或作为可裂变材料内部的晶格,如图 7.3 所示。

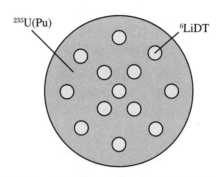

图 7.3　增强器概念:^{235}U 内的 ^{6}LiDT 颗粒

7.4　多面体构型

一个裂变弹爆炸的温度低于点燃 ^{6}LiD 反应所需的温度,也低于点燃 DD 反应所需的温度,后者的点火温度为 $T_1 \gtrsim 3 \times 10^8$ K。但如果同时引爆多个炸弹,且炸弹等距放置在虚拟球面上,则情况并非如此。在无限多个放置在表面上的裂变弹的极限下,它们会发射一个球形会聚冲击波,温度上升与 $r^{-0.9}$ 成正比,r 是从球体中心测量的距离(式(5.29))。产生准球面冲击波所需的最少炸弹数量显然是 4 枚,放置在四面体的 4 个角上,但可能需要至少 6 枚,放置在立方体的 6 个表面上(图 7.4)。

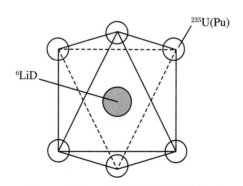

图 7.4　具有 6 个裂变弹的多面体构型

爆炸的裂变弹的温度 $T_0 \simeq 8 \times 10^7$ K,如果 $R_0/r_1 \sim 10$,则温度上升 10 倍,其中 R_0 是放置裂变弹的球体半径,r_1 是球形聚变炸药的半径。对于大的聚变产额来说,$r_1 \gg R$,其中 R 是一个裂变弹的临界半径。这意味着 R_0 必须至少有数米,从而形成一个非常大的装置。

在半径 R_0 较小的情况下,任意大的产额将需要半径为 r_1 的聚变炸药作为引信,点燃连接在引信上的喇叭中的更多的聚变燃料。然而,由于 7.3 节中所述的同样原因,这不太可能实现。接下来将解释仅用一枚裂变弹就能达到大产额的程度。

7.5　泰勒-乌拉姆构型

在泰勒-乌拉姆构型(以其发明者命名)中,只需一个裂变弹触发器即可实现非常大(但不是任意大)的产额。该构型的原理如图 7.5 所示。将裂变弹(^{235}U、Pu)放置在梨形黑腔(称为 hohlraum)的一个"焦点"处,热核炸药 D(氘、^{6}LiD)放置在另一个焦点处。根据式(7.7),爆炸的裂变弹是黑体辐射、中子辐射和膨胀的热等离子体的来源。由于大部分以黑体辐射形式发射,裂变弹等离子体中的大部分热能储存在黑体辐射中,炸弹等离子体中该能量的时间依赖性由以下方程决定:

$$\frac{4\pi}{3}R^3\frac{\mathrm{d}}{\mathrm{d}t}(aT^4) = -4\pi R^2\sigma T^4 \tag{7.12}$$

或者由 $\sigma = ac/4$ 有

$$\frac{\mathrm{d}T^4}{\mathrm{d}t} = -\frac{1}{\tau_\mathrm{E}}T^4, \quad \tau_\mathrm{E} = \frac{4R}{3c} \tag{7.13}$$

其中 τ_E 是炸弹等离子体的能量损失时间。例如,当 $R = 7.9$ cm 时,$\tau_\mathrm{E} = 3.5\times10^{-10}$ s。

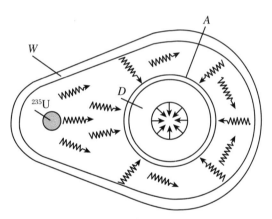

图 7.5　泰勒-乌拉姆黑腔构型

如果壁材料的厚度 d 大于 $(\kappa\rho)^{-1}$,其中 κ 由式(4.71)给出,ρ 是壁的密度,则黑体辐射被壁约束的时间为

$$\tau_\mathrm{c} = \sqrt{\frac{2d}{b}} \tag{7.14}$$

其中 $b = p_\mathrm{c}/(\rho d)$ 是黑腔中辐射压 p_c 对壁材料的加速度,假设 τ_c 由等于壁厚 d 的壁位移确定。因此

$$\tau_\mathrm{c} \simeq d\sqrt{\frac{2\rho}{p_\mathrm{c}}} \tag{7.15}$$

在黑腔体积为 V 的情况下,壁约束的黑体辐射的温度服从绝热定律 $TV^{\gamma-1} = $ 常数。对于黑体辐射,$\gamma = 4/3$,因此 $TV^{1/3} = $ 常数。如果 R_c 是平均黑腔半径,R 和 T 分别是爆炸的裂变弹的半径和温度,那么约束在黑腔中的辐射的温度为

$$T_\mathrm{c} = T\frac{R}{R_\mathrm{c}} \tag{7.16}$$

且辐射压为

$$p_c = \frac{a}{3}\left(\frac{R}{R_c}\right)^4 T^4 \tag{7.17}$$

以之前确定的 $R = 7.9$ cm, $T = 8.7 \times 10^7$ K 为例(对铀裂变弹成立),进而 $R/R_c = 10$。我们得到 $T_c = 8.7 \times 10^6$ K 和 $p_c = 1.3 \times 10^{13}$ dyn/cm^2。在此温度和密度 $\rho = 10$ g/cm^3 的壁中,由式(4.71)得到 $(\rho\kappa)^{-1} \simeq 5 \times 10^{-4}$ cm。当 $d \gg 10^{-4}$ cm 时,可以从式(7.15)得到 $\tau_c \sim 10^{-6}d$ [s]。相比之下,用辐射填充黑腔所需的时间为 $\tau_R \sim R_c/c \sim 3 \times 10^{-9}$ [s]量级,炸弹等离子体到达并破坏黑腔壁的时间为 $\tau_p \sim R_c/v_{th} \sim 10^{-5}$ [s]。对于厚度 $d > 0.1$ cm 的黑腔壁,有足够的时间让受约束的辐射加热围绕热核炸药球形组件的烧蚀器,并向炸药发射会聚的球形冲击波,在会聚中心点燃炸药,然后是发散的爆震燃烧波从会聚中心沿径向超音速移动。

7.6 泰勒-乌拉姆构型中的点火和燃烧

为了估算泰勒-乌拉姆构型中的增益和产额,我们要查阅 6.9 节。

根据已发表的报告,1952 年的迈克试验是一次氘爆炸,其产额为 $\sim 10^7$ t TNT 当量,或 4×10^{23} erg。DD 反应释放的总能量,包括与 DD 反应的产物 T 和 ^{3}He 的二次反应,在 6.8 节中被计算出来,结果为 $\varepsilon_t = 13.4$ MeV $= 2.14 \times 10^{-5}$ erg。因此 $n = 5 \times 10^{22}$ cm^{-3} 的液态氘中的聚变能量密度为 $n\varepsilon_t = 1.1 \times 10^{18}$ erg/cm^3。对于报告的 10^7 t TNT $= 4 \times 10^{23}$ erg 的产额,需要一份体积等于 3.74×10^5 cm^3 的液态氘,或者一个半径为 $R = 94$ cm 的液态氘球。

我们将这些报告与 6.9 节中开发的简单模型进行比较。为此,我们必须在增益公式 (6.84)中设 $\varepsilon_0 = \varepsilon_t = 2.14 \times 10^{-5}$ erg, $n = 5 \times 10^{22}$ cm^{-3}, $T = 3 \times 10^8$ K, $nr \simeq 3 \times 10^{22}$ cm^{-2}。我们得到

$$G = 4 \times 10^{-8} \sqrt{E_{in}} \tag{7.18}$$

为了获得 10^3 的增益,需要 $E_{in} = 6 \times 10^{20}$ erg $\simeq 15$ kt(TNT)。如果裂变触发器是广岛型炸弹,输出为 ~ 20 kt $\simeq 8 \times 10^{20}$ erg,则释放的能量的 75% 将用于点燃聚变炸药,15% 或 5 kt 将消散到黑腔壁中。

当腔内温度为 $T_0 \sim 10^7$ K 量级,在会聚冲击波中按 $(R/r)^{0.9}$ 上升时,半径 $r = 1$ cm 处的温度将为 $T_1 = 6 \times 10^8$ K,高于 DD 反应的点火温度。正如我们在 5.3 节中指出的那样,会聚球形冲击波在会聚中心 $r = 0$ 反射后的密度增加了因子 $2 \times (\gamma+1)/(\gamma-1) = 8$。因此,温度上升至 $T = 8^{\gamma-1}T_1 = 4T_1 = 2.4 \times 10^9$ K,或大致上升至 $\langle\sigma v\rangle$(对于 DD 反应)最大的温度。

DD 反应的带电聚变产物的密度为固体密度的 32 倍(入射波 4 倍,反射波 4 倍,会聚 2 倍),其射程为 $\lambda \simeq 1$ cm。因此,从中心发射的热核爆震波点火的所有条件都得到满足。

7.7 核"火花塞"

为了便于在泰勒-乌拉姆构型的会聚中心点火,可以在那里放一个 DT 引信或"火花塞"。可以使用等量的 ^{6}LiD 和 ^{6}LiT 的混合物来代替 DT,前者在室温下是一种固体盐。这样一来,可以将点火温度至少降低半个数量级,热核炸药的外半径也随之降低同样多,比如从 100 cm 降至 50 cm,而产额则降低一个数量级,从 10^7 t 降至 $\sim 10^6$ t。当然,我们也可以使用较小的裂变弹作为触发器。

一种不同的核火花塞是在会聚冲击波的会聚中心或附近压缩到高密度的一块裂变材料。裂变炸药的临界半径按 $1/n$ 变化 ,其中 n 是裂变核的数密度(见式(2.42),其中 N 代表 n)。在会聚冲击波的中心,压强按 $r^{-0.9}$ 上升,但由于波在 $r=0$ 的反射和会聚,密度实际上上升为 8 倍,压强上升为 $8^{5/3}=32$ 倍。因此,如果在 $R\simeq 10^2$ cm 处压强是 $\sim 10^{13}$ dyn/cm^2 ($T\sim 10^7$ K 的辐射压),那么在 $r\simeq 1$ cm 处压强达到 $10^{13}\times 32\times 10^{1.8}=10^{16}$ dyn/cm^2 。根据式(3.171),这意味着 $nZ\sim 4\times 10^{25}$ cm^{-3} ,因此对于 $Z=92$, $n\sim 4\times 10^{23}$ cm^{-3} 或 $n=10n_0$,其中 $n_0=4\times 10^{22}$ cm^{-3} 是金属铀的密度。因此临界半径从 7.9 cm 降至不到 1 cm。随着密度增加为 10 倍,裂变火花塞中的能量密度也增加了同样的倍数,达到 $\sim 4\times 10^{18}$ erg/cm^3 ,温度增加为 $10^{1/4}$ 倍,从 8.7×10^7 K 增加到 1.55×10^8 K。

有了多个裂变火花塞,就很有可能有非常大的热核产额(如俄罗斯的 100 MT 装置)。火花塞(例如 6 个)以多面体构型的形式放置在球形热核炸药的中心附近,就像 7.4 节中描述的 6 个原子弹的多面体构型(图 7.4),只不过火花塞仅为 $\sim 1/10$(图 7.6)。传入的会聚冲击波压缩了火花塞,使其达到临界,从而爆炸。因此,传入的冲击波被极大地放大,降低从炸药的球形表面发射会聚冲击波、在中心实现点火的温度。随着表面温度的降低,球形炸药的半径可以增加,产额也随之增加,而不需要更大的裂变爆炸。

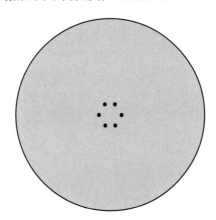

图 7.6　6 个裂变火花塞,用于放大会聚中心附近的会聚冲击波

这个概念在某种程度上类似于 6.9 节中解释的快速点火器。在(球形)会聚冲击波点火组件中,增益与输入能量的平方根成正比,因此难以达到高增益。然而,这对于快速点火器是可能的,其中激光脉冲提供点火火花。同样的情况也发生在带有裂变火花塞的泰勒-乌拉姆构型中。

7.8　裂变-聚变-裂变弹

如果将天然铀(^{238}U)的辐射约束在黑腔的壁内,那么大的核产额是可能的。在那里,聚变爆炸中释放的许多中子可以在黑腔壁中发生裂变反应。然而,这个概念在某种程度上已经"声名狼藉",因为大量的放射性沉降物的缘故,这对于非军事应用来说也是一个问题,例如运河挖掘等。

如果辐射约束壁的厚度为 d ,则中子穿过壁发生裂变反应的概率为

$$P = n_f \sigma_f d \tag{7.19}$$

其中 $n_f = 4 \times 10^{22}$ cm^{-3} 是铀的原子数密度，$\sigma_f = 2.3 \times 10^{-24}$ cm^2 是天然铀的快速裂变截面。如果在热核爆炸中释放 N 个中子，则释放的裂变能为

$$E = PN\varepsilon_f \tag{7.20}$$

其中 $\varepsilon_f = 2.9 \times 10^{-4}$ erg 是每次裂变释放的能量。

中子的数量与聚变爆炸中的原子核数量具有相同的数量级。当 $n = 5 \times 10^{22}$ cm^{-3} 时，$N \simeq 2 \times 10^{28}$。假设 $d \simeq 1$ cm，则有 $E \simeq 5 \times 10^{23}$ erg $\sim 10^7$ t TNT。

7.9 热核爆炸的分级

为了偏离威胁地球的彗星或小行星，以及为了未来的月球、小行星或行星采矿前景，需要非常大的热核爆炸。

由于热核爆炸的收益（根据式(6.84)）与 $\sqrt{E_{in}}$ 成正比，其中 E_{in} 由裂变爆炸提供，而裂变爆炸的产额有限，因此用泰勒-乌拉姆构型不可能获得非常大的产额。

有两种方法可以获得任意大的收益。第一种是通过分级的泰勒-乌拉姆构型。如图 7.7 所示，裂变弹为第零级，点燃黑腔 1 中的第一级热核炸药，点燃的能量由第零级提供。通过在黑腔 1 的壁上炸开一个洞，第一级热核炸药的辐射进入黑腔 2，在那里点燃更大的第二级热核炸药。第二级的燃烧同样会在黑腔 2 的壁上炸出一个洞，第二级的辐射进入黑腔 3，点燃更大的第三级，依此类推。

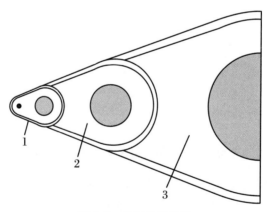

图 7.7 分级热核爆炸

对于第一级中释放的能量 E_1，我们将增益公式(6.87)改写成如下形式：

$$E_1 = cE_0^{3/2} = c(\eta E_f)^{3/2} \tag{7.21}$$

$$c \simeq 4 \times 10^{-8} \; [\text{erg}^{-1/2}] \tag{7.22}$$

其中 E_f 是裂变弹触发器释放的能量，$E_0 = \eta E_f$ 部分驱动会聚冲击波进行点火，而 $(1-\eta)E_f$ 部分主要消散在黑腔壁中。

对于第二级，我们有

$$E_2 = c(\eta E_1)^{3/2} \tag{7.23}$$

对于第 n 级，我们得到

$$E_n = c(\eta E_{n-1})^\alpha \quad \left(\alpha = \frac{3}{2}\right) \tag{7.24}$$

然后很容易通过归纳法证明

$$E_n = \frac{1}{\eta}(c\eta)^{\beta(n)}(\eta E_f)^{\alpha^n} \tag{7.25}$$

其中

$$\beta(n) = \frac{\alpha^n - 1}{\alpha - 1} \tag{7.26}$$

释放的总能量通过将所有 n 级相加,并将第零级裂变弹触发器的能量 E_f 相加得出:

$$E_{tot} = \sum_{n=1}^{n} E_n + E_f = \frac{1}{\eta}\sum_{n=1}^{n}(c\eta)^{\beta(n)}(\eta E_f)^{\alpha^n} \tag{7.27}$$

对于大型热核爆炸装置,以吨 TNT 作为能量单位是很方便的。于是 $c = 8\ [t^{-1/2}]$。我们以 $E_f = 2 \times 10^4\ [t]$ 和 $\eta = 1/2$ 为例,得到

$$E_1 = c(\eta E_f)^{3/2} = 8 \times 10^5\ [t]$$
$$E_2 = c(\eta E_1)^{3/2} = 7.2 \times 10^{10}\ [t]$$
$$E_3 = c(\eta E_2)^{3/2} = 5.6 \times 10^{16}\ [t]$$

这个例子表明,两级是足够的,第三级是相当奢侈的。但它也表明了一种可怕的可能性,即如果能够找到一种方法来用化学高爆炸药点燃热核微爆炸,那么无需裂变触发器就可以引发大规模的热核爆炸。

为了更详细地探讨这种可能性,我们转向 6.9 节。根据 DT 反应和 10^3 倍压缩 DT 的增益公式,我们可以得到 $E_{in} = 3 \times 10^{13}\ erg\ (3\ MJ)$,$E_{out} = 8 \times 10^{16}\ erg = 2\ [t]$。将式(7.21)中的 ηE_f 替换为 ηE_{out},则有 ($\eta = 1/2, c = 8\ [t^{-1/2}]$)

$$E_1 = c(\eta E_{out})^{3/2} = 8\ [t]$$
$$E_2 = c(\eta E_1)^{3/2} = 64\ [t]$$
$$E_3 = c(\eta E_2)^{3/2} = 1.4 \times 10^3\ [t]$$
$$E_4 = c(\eta E_4)^{3/2} = 1.6 \times 10^5\ [t]$$
$$E_5 = c(\eta E_4)^{3/2} = 1.6 \times 10^8\ [t]$$

我们可以看到,至少在原则上,用 5 级就可以制造出 ~1 亿吨的爆炸。

7.10　自催化热核爆震

在分级热核爆炸中,从一级到另一级,产额迅速上升。这就提出了一个问题,即是否可以用一个连续的过程来取代分级,它具有分级达到的产额之间的任何所需产额。这在自催化热核爆震波的概念中似乎是可能的。

在泰勒-乌拉姆构型中,热核燃料在会聚冲击波的中心被压缩 32 倍。在自催化热核爆震的概念中,通过爆震波阵面后面的热核等离子体燃烧产生的软 X 射线压缩了波阵面前面仍未燃烧的热核燃料。在泰勒-乌拉姆构型和自催化热核爆震波中,燃料密度的增加是至关重要的,反应速率与密度的平方成正比。

图 7.8 解释了自催化热核爆震波的概念,显示了爆震波阵面位置附近的细节。前面是仍未燃烧的燃料 TF,后面是热核燃烧区 BZ。燃料被包裹在一个套筒 L 中,套筒和封装 T 都由高 Z 材料组成,它们之间的间隙为 G。

能量从爆震波阵面后面的燃烧等离子体流向所有空间方向。一部分通过轫致辐射,一

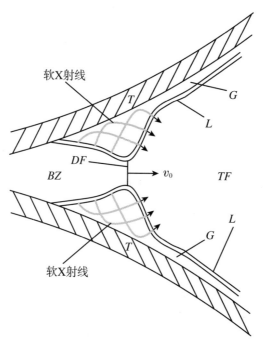

图 7.8　使用来自燃烧区 *BZ* 的软 X 射线前驱在爆震波阵面 *DF* 之前预压缩热核燃料 *TF* 进行自催化热核爆震。软 X 射线穿过封装 *T* 和套筒 *L* 之间的间隙 *G*

部分通过电子热传导。大约一半的能量流入套筒,四分之一流入波前仍未燃烧的燃料,四分之一流入相反方向。

　　进入套筒的轫致辐射通量为 $\varepsilon_r r/2$,其中 ε_r 由式(4.67b)给出,r 是圆柱坐标系的径向坐标,由燃料、套筒和封装组成的旋转对称组件以 z 轴为中心。对于燃烧温度 $T \simeq 2 \times 10^8$ K,可以得到

$$\frac{\varepsilon_r r}{2} \simeq 10^{-23} n^2 r \; [\mathrm{erg/(cm^2 \cdot s)}] \tag{7.28}$$

当 $nr \simeq 2.5 \times 10^{23}$ cm^{-2}时(相当于 $\rho r \simeq 1$ g/cm^2)

$$\frac{\varepsilon_r r}{2} \simeq 3n \; [\mathrm{erg/(cm^2 \cdot s)}] \tag{7.29}$$

电子热传导的能流是

$$j = -\kappa \frac{\mathrm{d}T}{\mathrm{d}r} \sim \kappa \frac{T}{r} \tag{7.30}$$

其中 κ 由式(4.18)给出,$\kappa \simeq 2 \times 10^{-6} T^{5/2}$ [erg/(s·K·cm)]。当 $T = 2 \times 10^8$ K 时

$$j \sim \frac{2 \times 10^{23}}{r} \; [\mathrm{erg/(cm^2 \cdot s)}] \tag{7.31}$$

将式(7.29)与式(7.31)进行比较,可以看出,当 $nr \gtrsim 6 \times 10^{22}$ cm^{-2}时,轫致辐射占主导地位。因为热核燃烧需要 $nr \geqslant 2.5 \times 10^{23}$ cm^{-2},主要是轫致辐射加热套筒。套筒吸收的能量作为黑体辐射重新发射到套筒与封装之间的间隙中(前提是套筒的厚度大于光程长度 $(\kappa \rho)^{-1}$)。然后通过令 $\varepsilon_r r/2$ 与 σT_1^4($\sigma = 5.75 \times 10^{-5}$ erg/(cm^2·s·K))相等,得到套筒的温度 T_1。例如当 $\varepsilon_r r/2 \simeq 3n$ [erg/(cm^2·s)]时,$T_1 \sim 10^7$ K。至于泰勒-乌拉姆构型中的辐射约束壁,$(\kappa \rho)^{-1} \sim 10^{-4}$ cm,与毫米厚的套筒相比较小。

从热套筒发出的软 X 射线黑体辐射的一半将流向与爆震波相同的方向,另一半则流向相反方向。由于辐射的流速 $\simeq c/3 = 10^{10}$ cm/s,它超过了以 $\simeq 10^{9}$ cm/s 的速度传播的爆震。设爆震波阵面位于 $z' = z$,我们可以通过以下公式计算 $z' > z$ 的辐射流强度 ϕ:

$$\frac{\mathrm{d}\phi}{\mathrm{d}z'} = -\frac{1-R}{\delta}\phi \tag{7.32}$$

其中 R 是封装内表面的反射系数,δ 是间隙的宽度。如果 $\delta =$ 常数,则式(7.32)有解

$$\phi(z') = \phi(z)\mathrm{e}^{-(z'-z)/l} \tag{7.33}$$

其中 $l = \delta/(1-R)$。对于完全(100%)反射,$R = 1$,$l = \infty$。在这个极限下,流经间隙的辐射没有衰减。假设 $R = 0.75$,则 $l = 4\delta$,近似地再现了图 7.8 中的模式。

当一半的辐射能量流向燃烧波的方向时,我们有

$$\phi(z) \simeq \frac{\varepsilon_{\mathrm{r}}r}{4} = 1.5n \; [\mathrm{erg/(cm^2 \cdot s)}] \tag{7.34}$$

假设压缩 ~ 30 倍,与泰勒-乌拉姆构型中的压缩相当,则 $\phi(z) \sim 2\times 10^{24}$ erg/(cm$^2 \cdot$ s) $= 2\times 10^{17}$ W/cm^2,强到足以导致爆震波前燃料的实质性预压缩。

因此,自催化热核爆震波具有任意大产额的潜力。

如果 $c \ll 1$(c 由式(6.67)定义),则可能出现增长的自催化热核波,如图 7.8 所示。这不仅适用于 DT、D 和 ^{6}LiD 热核炸药,当然也适用于等截面热核爆震波。有了这样一个燃烧波,人们可以设想如图 7.9 所示的"铅笔炸弹"。它可能在军事上用于一枚导弹携带多个弹头,通过安装在狭窄的钻孔中,它在核采矿上也非常实用。

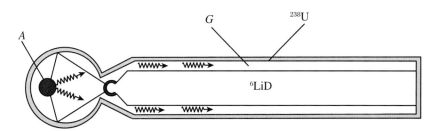

图 7.9 使用自催化原理的氢弹,其中原子弹 A 通过 ^{238}U 套筒和热核燃料 ^{6}LiD 之间的间隙 G 发送软 X 射线

7.11 磁化热核爆炸装置

在 X 射线管中,电子束穿透固体靶,通过轫致辐射释放 X 射线。反之,通过穿透靶的 X 射线产生电子电流也是可能的。因此,从爆炸的裂变弹中发出的强的软 X 射线可以在固体靶中产生巨大的电子电流。在穿透靶时,电子电流成为磁场的来源,延伸到靶中直到光程长度,也就是 X 射线的射程。对于高 Z 材料靶,射程较小,但对于低 Z 热核炸药,射程可能相当大。如果磁场足够强,或者电子电流大于式(6.23)中给出的 I_c,则热核爆炸装置的尺寸可以减小,离子拉莫尔半径的两倍取代阻止长度 λ_0(式(4.25))。

用球极坐标表示,频率为 ν 的光子的微分和总光电子散射截面为

$$\mathrm{d}\sigma_{\mathrm{e}} = \frac{r_0^2}{137^4}\left(\frac{mc^2}{h\nu}\right)^{7/2}4\sqrt{2}\;\frac{\sin^2\theta\cos^2\phi}{(1-\beta\cos\theta)^4}\mathrm{d}\Omega \tag{7.35}$$

$$\sigma_{\mathrm{e}} = \frac{8\pi r_0^2}{3 \times 137^4} 4\sqrt{2}\left(\frac{mc^2}{h\nu}\right)^{7/2} \tag{7.36}$$

其中 $\beta = v/c$，$r_0 = e^2/(mc^2)$ 为经典电子半径。

散射电子的速度是

$$v = \sqrt{\frac{2h\nu}{m}} = \sqrt{\frac{2kT}{m}} \tag{7.37}$$

电子不是各向同性散射的，分数

$$\overline{\cos\theta} = \frac{1}{\sigma_{\mathrm{e}}}\int \cos\theta \mathrm{d}\sigma_{\mathrm{e}} \tag{7.38}$$

对光电流有贡献，光子通量矢量沿 z 轴。当 $\beta \ll 1$ 时，有

$$\overline{\cos\theta} = \frac{2}{5}\beta \tag{7.39}$$

利用光子通量 ϕ 和宏观光子-电子散射截面 $\Sigma_{\mathrm{e}} = n\sigma_{\mathrm{e}}$，光电流密度向量是

$$j = e\Sigma_{\mathrm{e}}\phi\lambda\left(\frac{2}{5}\beta\right) \tag{7.40}$$

其中 $\lambda = 1/(n\sigma_{\mathrm{d}})$ 是电子平均自由程，σ_{d} 由式(4.9)给出，因此

$$j = \frac{2\sigma_{\mathrm{e}}}{5\sigma_{\mathrm{d}}}e\beta\phi \tag{7.41}$$

光子通量 $\phi = n_{\mathrm{p}}\overline{c}$（$n_{\mathrm{p}}$ 为光子数密度，$\overline{c}$ 为平均前向光子速度）通过设

$$\sigma T^4 = n_{\mathrm{p}}\overline{c}h\nu = n_{\mathrm{p}}\overline{c}kT \tag{7.42}$$

来计算。由 $\sigma = ac/4$，可以得到

$$\phi = \frac{ac}{4k}T^3 \tag{7.43}$$

最后可以得到

$$\beta = \sqrt{\frac{2kT}{mc^2}} \tag{7.44}$$

将 β、$\sigma_{\mathrm{e}}/\sigma_{\mathrm{d}}$ 和 ϕ 的表达式代入式(7.41)中，可以得到

$$j \simeq 50T^2 \ [\mathrm{esu}] \simeq 2 \times 10^{-8}T^2 \ [\mathrm{A/cm^2}] \tag{7.45}$$

在7.1节中，我们曾计算出爆炸的裂变弹的温度 $T \simeq 8.7 \times 10^7$ K。这将导致光电流密度为 $\sim 1.5 \times 10^{10}$ $[\mathrm{A/cm^2}]$。

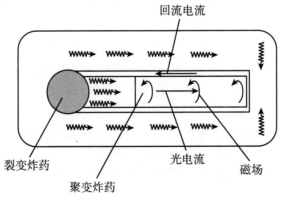

图 7.10　磁化热核爆炸装置

在如图 7.10 所示的构型中,球形裂变炸药和圆柱形聚变炸药放在一个导电圆柱体中,该圆柱体作为聚变炸药中光电流的回流导体。如果圆柱体的长度比裂变炸药的直径大~10 倍,辐射就会膨胀~10 倍,使温度以 $10^{1/3}$ 的系数从 8.7×10^7 K 降至 4×10^7 K。在此温度下 $j \simeq 3 \times 10^7$ [A/cm^2],对于等于~10^2 cm^2 的圆柱形热核炸药的截面积,电流将是~3×10^9 [A],磁场为~10^8 [G]。

来自裂变爆炸的部分软 X 射线通量可以压缩圆柱体,但由于电流如此之大,实际上没有必要压缩聚变炸药。X 射线的压缩作用比其他方式更有可能仍然有助于将圆柱形炸药固定在一起。

7.12　小型热核爆炸装置

磁化热核爆炸装置的概念只是众多紧凑型热核爆炸装置概念中的一个。这些概念在寻求下一部分处理的非裂变点火热核微爆炸中具有主要意义。其中一个概念是在壳内侧覆盖一层冷冻 DT 的内爆。正如我们在 5.5 节中所看到的,壳内爆会导致高速度。由足够高的速度,壳内的 DT 可压缩至~10^3 倍固体密度,然后在其中心被会聚冲击波点火。在泰勒-乌拉姆构型中也可以做到这一点,首先是内爆^{6}LiD 壳,然后压缩到高密度,通过会聚冲击波点火。

裂变壳的内爆压缩到高密度对于小型聚变炸药也很重要,临界质量按因子 $(\rho_0/\rho)^2$ 减小,其中 ρ_0 为未压缩密度,ρ 为压缩密度。很明显,对于紧凑型热核爆炸装置而言,小型裂变触发器非常重要。

还有一个特别的概念,那就是用泡沫填充泰勒-乌拉姆构型的"黑腔",泡沫由部分高 Z 材料组成。泡沫的密度必须足够低,以使黑腔对储存在其中的~10^7 K 软 X 射线保持光学透明。对于泡沫的不透明度,我们可以使用式(4.71)。在温度为 $T \simeq 8.7 \times 10^6$ K 的情况下,如前面的示例所示,我们使用式(4.71)计算光程长度与泡沫密度 ρ [g/cm^3]的关系:

$$\lambda_{opt} \simeq \frac{3 \times 10^{-2}}{\rho^2} \text{ [cm]} \tag{7.46}$$

接下来,我们将存储黑体辐射的空体积 V_0 与填充有泡沫并存储相同能量 E 的体积 V_1 进行比较。对于体积 V_0,我们有

$$E = V_0 a T^4 \tag{7.47}$$

对于体积 V_1,我们有

$$E = V_1 \left[\frac{3}{2}(Z_i + 1)nkT + \frac{f}{2}nkT + aT^4 \right] \tag{7.48}$$

式(7.48)的方括号中的第一项是 Z_i 次电离等离子体的动能,第二项能量储存在 Z_i 次电离原子的内部自由度,第三项是储存为黑体辐射的能量。

5 次电离等离子体的动力学自由度为 $(3/2)(5+1) = 9$,但对于高 Z 原子,在此温度下激发的内部自由度可能要大得多。这意味着大量的能量可以储存在这些内部自由度中。然而,在评估该势之前,必须确保等离子体压 $(Z_i + 1)nkT$ 不超过黑体辐射压 $(a/3)T^4$,或

$$nkT \leqslant \frac{(a/3)T^4}{Z_i + 1} \tag{7.49}$$

从表达式(7.47)、(7.48),可以得到

$$\frac{V_1}{V_0} \geqslant \left[\frac{3}{2} + \frac{f}{6(Z_i + 1)}\right]^{-1} \tag{7.50}$$

假设有～10^3 个内部自由度(对应于重元素的许多谱线),这将导致 $V_1/V_0 \geqslant 3.6 \times 10^{-2}$,或黑腔半径减少为～1/3。在泰勒-乌拉姆构型中,假设黑腔半径为米量级。～30 cm 的缩小黑腔半径不能大于 λ_{opt}(式(7.46))。根据这个条件,$\rho \lesssim 3 \times 10^{-2}$ g/cm³。此数必须与式(7.49)中的数 n 进行比较:

$$n \leqslant \frac{a}{3k(Z_i + 1)} T^3 \tag{7.51}$$

当 $Z_i = 5$, $T = 8.7 \times 10^6$ K 时,$n \leqslant 2 \times 10^{21}$ cm⁻³。密度为 $\rho = nAM_\mu$,其中 A 是原子序数,M_μ 是质子的质量。当 $A \simeq 50$ 时,$\rho \lesssim 0.1$ g/cm³。如果选择适当的泡沫材料,这个条件是可以满足的。我们必须记住,公式(4.71)不是很准确,对于某种高 Z 材料的组合,κ 实际上可能更小。从式(7.47)～式(7.49)可以看出,在泡沫填充的黑腔中,最大能量密度为

$$\varepsilon = gaT^4 \tag{7.52}$$

其中

$$g = \frac{3}{2} + \frac{f}{6(Z_i + 1)} \tag{7.53}$$

与式(4.72)不同的是,对于辐射通量,我们可以得到

$$j_r = -g\frac{\lambda_{opt} c}{3} \nabla(aT^4) \tag{7.54}$$

将充满泡沫的黑腔与炸药的预压缩相结合,可以进一步减小热核爆炸装置的尺寸。

最后,我们想对所谓的中子弹说几句。这(很可能)是一个小型的 LiDT 聚变弹,周围有一层铍,以通过(n,2n)核反应增加中子输出。因为(n,2n)反应的截面随着中子能量的降低而增加,人们可以使用氢化铍,因为氢是一个非常好的中子慢化剂。

根据式(3.3),铍的完全电离温度为 $T_i \simeq 6 \times 10^6$ K。由于裂变炸药的黑体辐射温度为 $T \simeq 3 \times 10^7$ K,T 远高于 T_i,因此铍被完全电离。于是可以用式(4.70)计算 σ_{opt},得到 $\sigma_{opt} \simeq 10^{-47} n$。对于固体铍,$n \simeq 5 \times 10^{22}$ cm⁻³,我们可以得到 $\lambda_{opt} \simeq 1/(n\sigma_{opt}) \simeq 40$ cm。在体积 $\lambda_{opt}^3 = 40^3$ cm³ 中,可以储存的能量为 $\lambda_{opt}^3 aT^4 \simeq 6 \times 10^{20}$ erg,正如 7.6 节中所估计的那样,足以通过一个会聚冲击波点火。

温度高于 10^7 K 的固体铍中的大光程长度预示了如图 7.11 所示的构型,这是中子辐射增强聚变弹的候选方案。

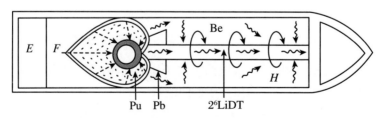

图 7.11　中子辐射增强聚变弹(中子弹)

7.13　热核爆炸驱动的 X 射线激光器

光学激光器可以由强光源泵浦。用核爆炸(裂变或聚变)产生的软 X 射线闪光代替光源,人们可以泵浦 X 射线激光器。聚变爆炸,特别是中子增强型的(中子弹),提供了用中子泵浦 X 射线激光器的可能性。用中子泵浦比用 X 射线泵浦好有几个原因:第一,X 射线激光器需要高 Z 材料,中子可以比 X 射线更好地穿透其中。第二,用中子泵浦激光器意味着用中子诱发的核反应产生的带电核反应产物泵浦激光器。第三,和电子束泵浦与光泵浦相比一样,带电核反应产物的激光泵浦应比 X 射线泵浦更有效。

中子泵浦的 X 射线激光器可以通过将激光材料与吸收中子后释放带电核反应产物的物质混合来实现。这类物质的两个例子是铀 235 和硼 11。在第一种情况下,带电核反应产物是裂变产物,在第二种情况下,它们是 α 粒子。

图 7.12 显示了中子弹泵浦的 X 射线激光器的一种工作方式。根据图 7.9 所述原理设计的铅笔状中子弹位于铍 9 中子反射器的中心。圆柱形中子弹周围有若干个棱镜,它们可以防止若干根激光棒因核爆炸的 X 射线闪光而过早汽化。

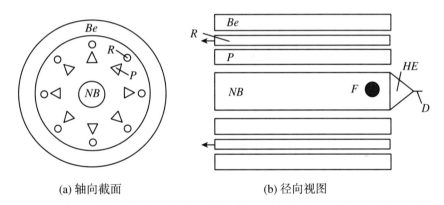

(a) 轴向截面　　　　　　　　　　　　　(b) 径向视图

图 7.12　由中子弹泵浦的核 X 射线激光器。圆柱形中子弹 NB 放置在一个圆柱形中子反射器 Be 内,这一反射器由铍 9 制成。雷管 D 引爆高爆炸药 HE,进而引爆中子弹的裂变触发器 F。中子弹周围的棱镜 P 防止激光棒 R 过早蒸发。炸弹中的中子穿透激光棒,产生强 X 射线激光束

7.14　微型裂变-聚变爆炸装置

被称为"微型核弹"的是微型裂变-聚变爆炸装置,其中热核聚变反应有助于裂变链式反应,反之亦然,减少裂变链式反应的临界质量,后者提供热量以加强热核聚变反应。由于有大量的高能聚变反应中子和低点火温度,它使用 DT 热核反应的效果最好。正如在 2.6 节中所显示的那样,这里有可能出现令人惊讶的小临界质量。

作为一个典型的例子,我们以临界质量为 10 g 的"微型核弹"为例。假设有 10% 的燃料燃耗,它将释放出 ~100 GJ 的能量,相当于超过 20 t TNT。

图 7.13 显示了这种微型核弹的横截面。其中心是由裂变材料制成的核心,半径为 $r_0 \simeq$ 0.5 cm,周围是半径为 $r_1 \simeq 1$ cm 的壳,作为推动器,在 200 atm 下约束 DT 气体,DT 粒子数

密度为 5×10^{21} cm^{-3},相当于固体 DT 粒子数密度的 1/10。在推动器的外表面是烧蚀器,理想情况下是一层铍。围绕着推动器-烧蚀器壳的是一个半径为 $r_2 \simeq 1.5$ cm 的铝制辐射器壳,进而又被一个半径为 $r_3 \simeq 15$ cm 的更大的铝制壳包围,其外侧覆盖着几厘米厚的高爆炸药层。在 r_1 和 r_2 之间与 r_2 和 r_3 之间都是真空。

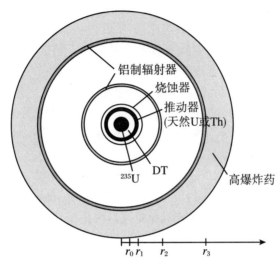

图 7.13 "微型核弹"剖面图

在其外表面的高爆炸药同时被引爆后,半径为 $r_3 \simeq 15$ cm 的铝壳以 ~5 km/s 的初始速度内爆到半径为 $r_2 \simeq 1.5$ cm 的内铝壳上,撞击速度为 ~50 km/s。随着内铝壳成为强烈的黑体辐射源,半径 $r_1 \simeq 1$ cm 的推动器被加速推向半径 $r_0 \simeq 0.5$ cm 的裂变核心,达到 ~200 km/s 的速度,冲击加热并绝热压缩 DT,使其温度达到数 10^7 K,压强达到数 10^{13} dyn/cm^2,导致裂变-聚变链式反应的开始。

如果推动器由天然铀或钍等裂变材料制成,则有可能获得更高的产额或更小的微型核弹,因为 6.11 节所述的自催化裂变-聚变过程在那里会提高推动器的内爆速度。

参 考 文 献

[1] Winterberg F. The Physical Principles of Thermonuclear Explosive Devices [M]. New York: Fusion Energy Foundation, 1981.

[2] Winterberg F. Von griechischen Feuer zur Wasserstoffbombe [M]. Berlin: E. S. Mittler & Sohn, 1992.

[3] Winterberg F. J. Plasma Physics, 1976, 16: 81.

[4] Winterberg F. Atomkernenergie, 1981, 39: 181; 1981, 39: 265; 1982, 41: 291; 1983, 43: 268; 1984, 44: 145.

[5] Winterberg F. Nature, 1973, 241: 449.

[6] Winterberg F. Fusion, 1981 August: 54 ff.

第8章 非裂变点火

8.1 非裂变点火的储能

裁变炸药的能量密度数量级为～10^{19} erg/cm^2,比化学炸药的能量密度大 8 个数量级,但与化学炸药不同,它受到"临界质量的苛刻条件"(弗里曼·戴森)制约。因此,如果聚变爆炸的点火不过分,则裁变爆炸点火的聚变爆炸应至少与裁变爆炸一样大。仅次于核能的化学能并不生活在临界质量的苛刻条件之下,但如果直接使用,其威力不足以点燃聚变反应。点火的最小能量(数个 10^6 J)确实不大,但它必须在不到 10^{-8} s 的时间内以超过 10^{14} W/cm^2 的功率传递到一个小于 1 cm^2 的区域。这就是非裁变热核微爆炸点火的主要问题。

这个问题在表 8.1 中得到了说明,该表显示了主要储能系统的特性。除了能量密度,第二重要的属性是可以从储能系统中提取能量的速度。除了核(和反物质)储能装置外,没有任何一种储能装置符合能流≳10^{14} W/cm^2 的要求。因此无论其主要来源如何,必须采取措施来在空间和时间上压缩(即累积)能量。

表 8.1 主要储能系统(＊ 单位为 erg/g 核聚变～10×核裂变)

	$e/(\text{erg/cm}^3)$	$v/(\text{cm/s})$	$\phi = ev/(\text{W/cm}^2)$	技术
动	10^{10}	10^5	10^8	飞轮
电	10^6	3×10^{10}	3×10^9	电容器
磁	$\leqslant4\times10^9$	3×10^{10}	$<10^{13}$	线圈
化学	10^{11}	10^6	10^{10}	高爆炸药
核裂变＊	10^{19}	10^9	10^{21}	裁变弹
核聚变＊	10^{18}	10^9	10^{20}	聚变弹
$m_0 c^2$	$>10^{21}$	3×10^{10}	3×10^{24}	反物质

爆炸释放的化学能可以通过会聚冲击波和内爆壳在许多数量级上进行累积。于是有了这样一种猜测,即可以通过这种方式点燃热核反应。但是,除了稍后描述的磁增强器概念之外,这似乎不太可能。最后,还有一种假设的可能性,即化学炸药将能量直接释放为激光辐射。如果这样的炸药存在,它将带来紧凑的化学触发的大型热核爆炸装置的可怕可能性。为此,最可能的是由惰性气体化合物制成的炸药。

接下来是磁储能系统,将能量储存在磁场线圈中。这里的主要问题是开关快速断开以切断大电流。磁储存能量的密度是 $e = \mu H^2/(8\pi)$,其中 μ 是磁导率。对于真空(空气),$\mu = 1$。磁场 H 的上限是由线圈材料的抗拉强度 σ_{max} 给出的,因此 $H_{max}\leqslant\sqrt{4\pi\sigma_{max}}$。对于典型值 $\sigma_{max}\simeq10^{10}$ dyn/cm^2,可以得到 $H_{max}\simeq3\times10^5$ G。铁磁材料的磁导率可能很大,但铁磁体不能在超过这些材料的饱和场强时增加磁场的能量密度。它们的饱和场强可以相当大,对于

钛来说是 6×10^4 G,但它们无一例外地低于从抗拉强度极限推导出的 H_{max}。μ 具有较大的值意味着在饱和场强以下(此时 μ 值大的好处很重要),磁能被储存在铁磁材料的磁偶极中,使得难以在短时间内提取这种能量,因此倾向于"空气线圈"。

如上所述,磁储能的主要问题是电感电路中的开关断开,在该电路的电流中断处产生了电弧。如果断开可以做到足够快,人们可以将"负载"(即热核微爆炸组件)放在电流中断的位置上。

在表 8.1 中,接下来是在电容器中储存电能,此时能量密度不受抗拉强度的限制,而是受电容器内材料的电介质击穿限制,击穿场强的数量级为 $\sim 10^5$ V/cm。在那里能量是通过闭合(而不像磁储能那样是断开)开关来提取的。这可以通过不到 10^{-8} s 的火花间隙开关完成。电能储存的密度是 $e = \varepsilon E^2 / (8\pi)$,其中 ε 是电介质的电容率。对于铁电物质,ε 可以相当大(对于钛酸钡,$\varepsilon \simeq 5000$),但击穿场强的强度要低得多,因此 e 的最大值不会很大。但是,似乎完全可以想象,可以稳定铁电物质(通过赋予它们层状单晶的结构)。如果事实证明这是可行的,它将为用紧凑型电容器点燃大型热核爆炸开辟另一个可怕的前景。

电容器中储存的电能与 ε 成正比,但该能量的提取速度等于 $c / \sqrt{\varepsilon}$。因此,功率通量仅增加因子 $\sqrt{\varepsilon}$,对于钛酸钡,从 3×10^9 W/cm² 增加到 2×10^{11} W/cm²。$\varepsilon = 81$ 的水将使功率通量增加因子 $\sqrt{81} = 9$,从 3×10^9 W/cm² 增加(大约一个数量级)到 2×10^{10} W/cm²。这解释了水填充电容器在电脉冲能源中的普及。

$\sim 3 \times 10^{10}$ W/cm² 的功率与热核点火所需的 10^{14} W/cm² 相比,仍有约 4 个数量级的差距。这 4 个数量级可以通过磁绝缘的想法来弥补(参见 8.5 节)。在高真空中,电击穿是由电子场发射引起的。但是通过在导体之间平行于导体表面放置强磁场,可以防止场发射的电子穿过不同极性的导体之间的阴极-阳极间隙,条件是 $H \geqslant E$(更准确的是 $H \gtrsim 0.7E$),H 和 E 使用静电 cgs 单位。在这些条件下,场发射的电子做垂直于 E 和 H 的漂移运动(见式(3.23))。对于 $H = H_{max} \simeq 3 \times 10^5$ G,具有磁绝缘的最大功率通量为 $\phi = H_{max}^2 / (4\pi) \simeq 3 \times 10^{20}$ erg/(cm² · s) $= 3 \times 10^{13}$ W/cm²。

更高的功率通量可以通过磁自绝缘来实现,这发生在同轴传输线中,通过该线的电流产生的角向磁场对该线进行绝缘,以防止径向击穿。在那里,磁应力和电应力相互补偿,因此 H 比 $H_{max} = \sqrt{4\pi\sigma_{max}} \simeq 3 \times 10^5$ G 大很多。同样的事情也发生在相对论带电粒子束中,其中排斥性电场被同样强大的吸引性磁场补偿。

可以储存在飞轮中的最大动能密度是由不等式 $(1/2)\rho v^2 \leqslant \sigma_{max} \simeq 10^{10}$ dyn/cm² 决定的。它比化学能密度小,但比电能密度大,并与磁能密度相当。然而,由于提取它的速度很低,其能流最小。不过,由于它的简单性和紧凑性,从它那里获取的能量可以用于磁化线圈或给电容器充电。

就像电储能通过磁绝缘可以克服限制一样,动能密度可以在加速到高速度的弹丸(宏粒子)中得到大幅提高。

我想以一个一般性的评论来结束本节:热核点火依赖于大的脉冲能源。裂变爆炸中有大量的脉冲能源,在核脉冲能源和非核脉冲能源之间留下了很大的差距。在消除或缩小这一差距方面的突破可能会改变整个局面,使目前对无裂变热核点火的许多研究工作变得过时。

8.2 电脉冲能源

在热核微爆炸点火中，无论是激光激发、强流粒子束加速还是超短 Z 箍缩，电脉冲能源都起着核心作用。正是在这里决定了无裂变热核微爆炸整个想法成功或失败。

可以确定四个基本的电脉冲能源概念。图 8.1 以非常浅显的方式展示了它们。它们是：

1. 电容式马克斯（Marx）发生器。
2. 悬浮磁绝缘吉伏电容器。
3. 电感式马克斯发生器。
4. 同极飞轮发电机。

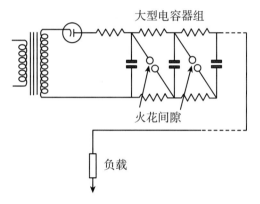

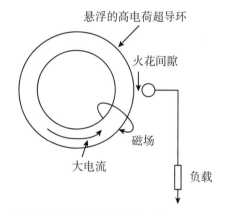

1. 在马克斯发生器中，并联充电的电容器通过火花间隙切换到串联。这将使电压乘以电容器的数量。

2. 在高真空中隔离并携带强电流的磁悬浮超导环在击穿前可能会被充电至吉伏。

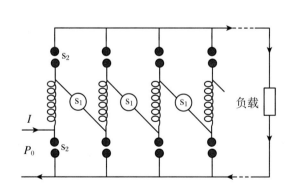

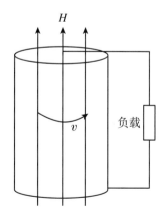

3. 在电感式马克斯发生器(Xram)中，串联磁化的磁场线圈切换到并联。这将使充电电流乘以线圈的数量。

4. 同极飞轮发电机。

图 8.1 四种基本的电脉冲能源概念

1. 电容式马克斯发生器

其中有一组电容器(n 个),每个电容器的电容都是 C,并联的总电容等于

$$C_p = nC \tag{8.1}$$

通过高压变压器和整流器将电容器组充电至电压 V。充电完成后,n 个电容器通过闭合火花间隙开关切换为串联,电阻器防止电容器短路。通过切换为串联,它们的电压从 V 增加到 nV,现在它们的总电容为

$$C_s = \frac{C}{n} \tag{8.2}$$

电容器并联时的放电时间为

$$\tau_p = \frac{\pi}{c}\sqrt{LC_p} = \frac{\pi}{c}\sqrt{LnC} \tag{8.3}$$

切换到串联之后为

$$\tau_s = \frac{\pi}{c}\sqrt{LC_s} = \frac{\pi}{c}\sqrt{L\frac{C}{n}} = \frac{\tau_p}{n} \tag{8.4}$$

其中 L 是电容器组的自感系数。火花间隙开关在~10^{-9} s 内闭合。通过提高电压,从 V 到 nV,放电时间减少为 $1/n$,而功率增加为 n 倍。例如,100 个电容器并联充电至 100 kV,火花隙开关闭合后的电压为 10^7 V。

2. 悬浮磁绝缘吉伏电容器

超高真空中的电击穿按以下顺序发生:(1) 在导体-绝缘体-真空三相点处,(2) 通过导体的电子场发射。通过使导体磁悬浮可以避免从三相点击穿,通过磁绝缘的电子场发射可以避免击穿。

这种想法可以通过悬浮超导环实现,超导环中的环形电流提供绝缘磁场。例如,如果环电流产生 $H \simeq 3\times10^4$ G 的磁场,则可以将环充电至相同大小的表面电压,即 3×10^4 esu $\simeq 10^7$ V/cm。如果环的尺寸为米,则可将其充电至~10^9 V $\simeq 3\times10^6$ esu。在静电单位制中,电容与环的线性尺寸的数量级相同,即 $C \sim 10^2$ cm。该环存储的静电能的数量级为~$CV^2 \sim 10^2 \times (3\times10^6)^2 \sim 10^{15}$ erg $= 100$ MJ。由 $L \sim C$,放电时间为~$\sqrt{LC}/c \sim C/c \sim 3\times10^{-9}$ s,放电功率为~3×10^{15} W,通过闭合火花间隙开关传递给负载。环充电到高压可通过带电粒子束完成,环带负电可通过 GeV 电子束完成,环带正电可通过 GeV 离子束完成。为了防止环的磁场对充电粒子束的偏转作用,粒子束必须沿主轴发射,在环的中间有电荷收集装置。人们也可以用快速移动的带电颗粒流给环充电。

3. 电感式马克斯发生器

按相反的顺序读马克斯的名字,它有时被称为 Xram。有 n 个串联的线圈,每个线圈都被流过线圈的相同电流 I 磁化。通过断开和闭合开关,使线圈组从"串联"切换到"并联",n 个电流相加为总电流 nI。与任何电感储能系统一样,问题在于开关断开,但 Xram 缓解了这一问题,因为总电流 nI 可由 n 个开关切换,每个开关只需中断电流 I。

开关断开问题的一个可能的优雅解决方案将在后面的快速 Z 箍缩的描述中给出。Xram 的优势在于,与静电能密度相比,磁能密度要高得多。与 Xram 相比,马克斯发生器的优势在于火花间隙闭合的时间短。

4. 同极飞轮发电机

这是一个快速旋转的金属圆柱体,放置在平行于旋转轴的磁场中。当旋转圆柱体的速

度 v 垂直于磁场 H 时,存在径向电场

$$E = \frac{v}{c}H \tag{8.5}$$

对于速度 $v = 3 \times 10^4$ cm/s(在抗拉强度极限 $(1/2)\rho v^2 \simeq \sigma_{max} \simeq 10^{10}$ dyn/cm^2 和磁场 $H = 2 \times 10^4$ G(强电磁铁的典型情况)下),$E = 10^{-2}$ esu $= 3$ V/cm。对于米尺寸的圆柱体,轴和侧面之间的电压为 ~ 300 V。因此,可将同极发电机视为一个电容器,其介电常数 ε 通过令动能密度

$$e_k = \frac{\rho v^2}{2} \tag{8.6}$$

等于电能密度

$$e_e = \frac{\varepsilon E^2}{8\pi} = \varepsilon \left(\frac{v}{c}\right)^2 \frac{H^2}{8\pi} \tag{8.7}$$

得到。结果为

$$\varepsilon = \frac{4\pi\rho c^2}{H^2} \tag{8.8}$$

我们以 $\rho = 7$ g/cm^3(钢)和之前的 $H = 2 \times 10^4$ G 为例。我们发现 $\varepsilon = 2 \times 10^{14}$。在这种大的有效介电常数下,放电时间的数量级为 $R\sqrt{\varepsilon}/c \sim 5 \times 10^{-2}$ s,其中 $R \sim 10^2$ cm 为圆柱体半径。对于高和直径相等的圆柱体,储存在圆柱体中的动能的数量级为 $E_k \sim \rho R^3 v^2 \sim 10^{16}$ J,在 5×10^{-2} s 内输送,功率超过 $\sim 10^{10}$ W。

8.3 强流电子和离子束

　　强流电子和离子束作为热核点火的一种可能手段非常重要。然而,对于所需的强度,束的空间电荷必须通过将其射入稀薄的背景等离子体中来中和,否则束将径向分散。对于超过临界电流(阿尔芬电流)的束,束电流也必须由相同背景等离子体中的诱导回流电流中和,否则束会因自身磁场而被阻止。

　　我们首先分析强流电子束的情况,然后展示如何对强流离子束修改这些结果。

　　电子束的电场由泊松方程确定:

$$\mathrm{div}\boldsymbol{E} = 4\pi n_b e \tag{8.9}$$

其中 n_b 是束的电子数密度。在柱坐标系下求解式(8.9)得到束的径向电场:

$$E_r = \begin{cases} 2\pi n_b er & (r < r_b) \\ 2\pi n_b \dfrac{r_b^2}{r} & (r > r_b) \end{cases} \tag{8.10}$$

　　空间电荷中和需要 $Zn \geqslant n_b$,其中 n 是 Z 次电离的背景等离子体的离子数密度。那么空间电荷完全中和束的束电流为

$$I = \pi r_b^2 n_b e\beta \tag{8.11}$$

其中 $\beta = v/c$,v 为束中电子的速度。

　　$E = 0$ 的空间电荷中和束具有角向自磁场 $H = H_\phi$,在束半径 r_b 处为

$$H = \frac{2I}{r_b c} \tag{8.12}$$

由于这种束场,如果

$$r_{\mathrm{L}} \leqslant \frac{r_{\mathrm{b}}}{2} \qquad (8.13)$$

则电子在磁力 $(e/c)(\boldsymbol{v} \times \boldsymbol{H})$ 的作用下转动,其中

$$r_{\mathrm{L}} = \frac{m_{\perp} vc}{eH} = \frac{\gamma mvc}{eH} = \frac{\beta \gamma mc^2}{eH} \qquad (8.14)$$

是电子拉莫尔半径,$m_{\perp} = \gamma m$ 为"横向"相对论电子质量,$\gamma \equiv (1 - \beta^2)^{-1/2}$。从式(8.12)～式(8.14)可以得到

$$I \leqslant I_{\mathrm{A}} \qquad (8.15)$$

其中

$$I_{\mathrm{A}} = \frac{\beta \gamma mc^3}{e} = 17000 \beta \gamma \ [\mathrm{A}] \qquad (8.16)$$

就是所谓的阿尔芬电流。

通过背景等离子体中的诱导回流电流可能会产生超过 I_{A} 的电流。为了理解这一点,假设背景等离子温度足够高,可以设式(3.85)中的 $\sigma = \infty$,从而式(3.85b)变为 $\partial H/\partial t = 0$。因此,如果初始时 $H = 0$,则它必须在将束射入等离子体中后保持不变。发生这种情况是因为在背景等离子体中诱导产生了回流电流,但是,就像前面一样,这需要 $nZ \geqslant n_{\mathrm{b}}$ 的背景等离子体。

如果束加热等离子体,并且初始时 $\sigma \neq 0, \partial H/\partial t \geqslant 0$,则束的磁场可以部分捕获在等离子体中,但不能大于阿尔芬电流产生的磁场。

如果束在空间电荷不完全中和的情况下,通过 $nZ \leqslant n_{\mathrm{b}}$ 的稀薄或者说部分电离的背景等离子体传播,则通过作用于束上的电磁力平衡可能会产生超过阿尔芬电流的电流。在空间电荷不完全中和的情况下(此后取 $n_{\mathrm{b}} = n$),束的径向电场为

$$E = (1 - f) 2\pi ner \quad (r < r_{\mathrm{b}}) \qquad (8.17)$$

其中 f 为空间电荷中和度。磁场是

$$H = \frac{2I}{r_{\mathrm{b}}^2 c} r \quad (r < r_{\mathrm{b}}) \qquad (8.18)$$

由 $I = \pi r_{\mathrm{b}}^2 ne\beta c$,有

$$H = 2\pi ne\beta r \qquad (8.19)$$

因此

$$E = (1 - f) \frac{H}{\beta} \qquad (8.20)$$

作用在束中一个电子上的径向力是

$$F = e(E - \beta H) = eH \left(\frac{1 - f}{\beta} - \beta \right) = \frac{2eI}{r_{\mathrm{b}}^2 \beta c} \left(\frac{1}{\gamma^2} - f \right) \qquad (8.21)$$

如果

$$f = \frac{1}{\gamma^2} \qquad (8.22)$$

则力会消失。在这种情况下,可以有任意大的电流,相应地可以有任意大的自场,但只适用于相对论束。根据式(8.20),在极限 $\gamma \to \infty$ $(\beta = 1)$ 下,有 $E = H$。如果 f 略大于 $1/\gamma^2$,则束会因其自身磁场而坍缩(磁场会变得比排斥电场强)。因此,如果束被射入 $f > 1/\gamma^2$ 的等离子体中,束就会坍缩成一条细丝。束的这种自聚焦对某些热核点火概念是重要的。

当 $f > 1/\gamma^2$ 时，一个电子的运动方程为

$$m_\perp \ddot{r} = F \tag{8.23}$$

或者

$$\ddot{r} + \omega^2 r = 0 \tag{8.24}$$

其中

$$\omega^2 = \omega_\beta^2 \left(1 - \frac{1-f}{\beta^2}\right) \tag{8.25}$$

$$\omega_\beta^2 = 2\pi n e^2 \frac{\beta^2}{\gamma m} = \frac{2\beta c^2}{\gamma r_b^2} \frac{I}{I_A^0}, \quad I_A^0 = \frac{mc^3}{e} \tag{8.26}$$

ω_β 称为电子感应加速器振荡频率。

对于 $v_\perp^2 = (\omega r)^2 = \omega^2 \langle r^2 \rangle = (1/2)\omega^2 r_b^2$，我们可以得到

$$\frac{\langle v_\perp^2 \rangle}{v^2} = \frac{1}{\beta\gamma} \frac{I}{I_A^0} \left(1 - \frac{1-f}{\beta^2}\right) \tag{8.27}$$

当 $f \simeq 1$ 且 $\beta \simeq 1$ 时，有

$$\frac{\langle v_\perp^2 \rangle}{c^2} \simeq \frac{I}{\gamma I_A^0} \tag{8.28}$$

或者

$$kT_\perp = \frac{1}{2}\gamma m \langle v_\perp^2 \rangle = \frac{1}{2}mc^2 \frac{I}{I_A^0} \tag{8.29}$$

由束动能密度 $e_k = (1/2)\gamma mc^2$，得到

$$\frac{kT_\perp}{e_k} = \frac{I}{\gamma I_A^0} \tag{8.30}$$

将这些结果应用于离子束，必须作替换 $m \to AM_H$，$e \to Ze$，其中 M_H 是质子质量。那么

$$I_A^i = \frac{AM_H c^3}{Ze}\beta\gamma = 3.12 \times 10^7 \frac{A}{Z}\beta\gamma \ [\text{A}] \tag{8.31}$$

如果除了束的角向自场 H_ϕ 外，束还由外部施加的轴向场 H_z 引导，则式(8.21)替换为

$$F = \frac{eH_\phi}{\beta}\left(\frac{1}{\gamma^2} - f\right) - e\frac{v_\phi}{c}H_z \tag{8.32}$$

在极限 $\beta \to 1$，$v_\phi/c \to 1$ 的情况下，可以得到

$$F = e\left[\left(\frac{1}{\gamma^2} - f\right)H_\phi - H_z\right] \tag{8.33}$$

若想满足 $F = 0$，需要

$$f = \frac{1}{\gamma^2} - \frac{H_z}{H_\phi} \tag{8.34}$$

因此，即使 $f = 0$，$F = 0$ 也可以满足，前提是 $\gamma = \sqrt{H_\phi/H_z}$。这种部分磁自绝缘束可以通过真空以高强度传播。由于其较大的速度分量 v_ϕ，束在此会旋转。

我们对真空中的束功率也很感兴趣，其中 $f = 0$。对于最大束功率，必须设 $F = 0$。$F = f = 0$ 时，式(8.32)变为

$$\frac{1}{\beta\gamma^2}H_\phi = \frac{v_\phi}{c}H_z \tag{8.35}$$

由 $H_\phi = 2I/(rc)$，可以得到

$$I = \frac{\beta\gamma^2}{2}(v_\phi r H_z) \tag{8.36}$$

我们特别感兴趣的是离子质量为 $M = AM_H$、电荷为 Ze 的重离子束的最大功率。可以得到

$$I = \pi r^2 n e Z \beta c \tag{8.37}$$

束功率为

$$P = \pi r^2 n A M_H c^2 (\gamma - 1) \beta c \tag{8.38}$$

从式(8.36)～式(8.38)可以得到

$$P = \frac{M_H c^2}{2e} \frac{A}{Z} (v_\phi r H_z) \beta \gamma^2 (\gamma - 1) \tag{8.39a}$$

束发射度定义为 $\varepsilon = 2r v_\phi/(\beta c)$，上式将变为

$$P = \frac{M_H c^2}{4e} \frac{A}{Z} (\varepsilon H_z)(\beta\gamma)^2 (\gamma - 1) \tag{8.39b}$$

结果表明,对于相同的束功率,具有更好束聚焦特性的小发射度需要较大的束电压。

最后,我们给出阿尔芬电流的物理意义。对于束横向动能密度 $\varepsilon_k = (1/2)(\gamma m)\beta^2 c^2 n$, $n = I/(\pi r_b^2 e \beta c)$,可以得到

$$\varepsilon_k = \frac{\beta\gamma m c I}{2\pi r_b^2 e} \tag{8.40}$$

对于束磁能密度 $\varepsilon_H = H^2/(8\pi)$,在束表面处(这里有 $H = 2I/(r_b c)$),可以得到

$$\varepsilon_H = \frac{I^2}{2\pi r_b^2 c^2} \tag{8.41}$$

因此,如果

$$I > \frac{\beta\gamma m c^3}{e} = I_A \tag{8.42}$$

则 $\varepsilon_H > \varepsilon_k$。这个结果意味着当 $I \gg I_A$ 时,将束视为电磁脉冲,束充当脉冲的波导更为合适。

8.4　Child-Langmuir 定律

到目前为止,在对强流电子和离子束的分析中,我们假设 E 没有轴向分量,并且 H 没有径向分量。径向磁场分量出现在磁镜中。洛伦兹力分量 $v_z \times H_r$ 导致束的旋转。但这里我们感兴趣的是轴向场的效应。它导致束的轴向加速度,改变该方向的空间电荷分布。这种空间电荷流的物理学在高压二极管中至关重要,而且在线性粒子加速器中也很重要,两者在各种热核微爆炸点火概念中都得到考虑。正如我们稍后将看到的,它也可能在稠密箍缩聚变概念中有重要的应用,在稠密箍缩聚变概念中,非相对论离子空间电荷流的物理学非常重要。

z 方向的非相对论空间电荷流由三个方程控制:第一个方程

$$j = nev \tag{8.43a}$$

为电流密度;第二个方程

$$\frac{1}{2} mv^2 = eV \tag{8.43b}$$

为质量为 m、电荷为 e 的粒子由电势 V 加速得到的动能;第三个方程

$$\frac{\mathrm{d}^2 V}{\mathrm{d}z^2} = 4\pi n e \tag{8.43c}$$

为单位体积内有 n 个电荷 e 的泊松方程。从这些方程可以得到

$$\frac{\mathrm{d}^2 V}{\mathrm{d}z^2} = \frac{4\pi j}{v} = \frac{4\pi}{\sqrt{2e/m}} \frac{j}{\sqrt{V}} \tag{8.44}$$

式(8.44)也可以写成

$$\frac{1}{2} \frac{\mathrm{d}}{\mathrm{d}V} \left(\frac{\mathrm{d}V}{\mathrm{d}z}\right)^2 = \frac{4\pi}{\sqrt{2e/m}} \frac{j}{\sqrt{V}} \tag{8.45}$$

由边界条件 $\mathrm{d}V/\mathrm{d}z|_0 = 0$，将上式积分，结果为

$$\frac{\mathrm{d}V}{\mathrm{d}z} = \sqrt{8\pi j} \left(\frac{2m}{e}V\right)^{1/4} \tag{8.46}$$

将式(8.46)从 $z = 0$ 到 $z = d$ 积分，结合 $V(0) = 0$，$V(d) = V$，其中 d 是二极管间隙，或者更一般地说是电场 $E = -\mathrm{d}V/\mathrm{d}z$ 持续的距离，并求解 j，得到 Child-Langmuir 定律：

$$j = \frac{\sqrt{2e/m}}{9\pi d^2} V^{3/2} \tag{8.47}$$

设 $j = I/(\pi r^2)$，其中 I 是半径为 r 的束的电流，可得到

$$I = \frac{\sqrt{2}}{9} \left(\frac{e}{m}\right)^{1/2} \left(\frac{r}{d}\right)^2 V^{3/2} \tag{8.48}$$

8.5　磁　绝　缘

正如我们在 3.3 节中所述，放置在交叉电场和磁场中的带电粒子做垂直于两个场的摆线漂移运动，前提是 $H > E$（使用静电制单位），摆线运动半径等于拉莫尔半径。因此，如果在二极管中沿垂直于二极管电场的方向施加磁场，且二极管间隙大于拉莫尔半径，则从二极管一侧释放的带电粒子无法到达另一侧。于是我们可以说二极管间隙对那些不能穿过间隙的粒子种类来说是"磁绝缘"[①]的。

从高压二极管的阴极或阳极释放的电子和离子被二极管电场加速到相同的能量，其拉莫尔半径之比为

$$\frac{r_{\mathrm{L}}^{\mathrm{e}}}{r_{\mathrm{L}}^{\mathrm{i}}} = \sqrt{\frac{m}{M}} Z \tag{8.49}$$

m/M 表示电子-离子质量比，Z 表示离子电荷数。因此，通过使 $r_{\mathrm{L}}^{\mathrm{e}} < d$，其中 d 是二极管间隙，但同时使 $r_{\mathrm{L}}^{\mathrm{i}} > d$，阴极对电子而言就是磁绝缘的。由于质量比 m/M 较大，很容易满足这一条件。

在接近 10^7 V/cm 时，阴极的电子场发射开始，场离子发射的临界场更可能是 10^8 V/cm。为了使阴极对 $\sim 10^7$ V/cm $\simeq 3 \times 10^4$ esu 的电场磁绝缘，需要相同数量级的磁场，即 $H \approx 3 \times 10^4$ G。

由于离子从阳极释放不像电子从阴极释放那样容易，因此如果从阳极引出离子束，则必须在向二极管施加高压之前加热阳极表面。阳极的加热产生一个等离子体层，离子很容易

[①] 磁绝缘的概念是作者在 1967 年首次提出的，但当时很少有专家相信它会起作用（见 Blewett J. Nature，1974，249：863）。——作者注

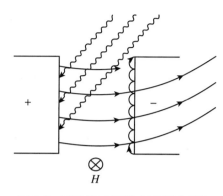

图 8.2　磁绝缘二极管,显示了电子和离子轨迹

从中释放出来。例如,可通过脉冲激光束进行加热(图 8.2)。

对于如图 8.1 所示的悬浮环的磁绝缘,只需使 $r_L^i < d$,其中 d 是环表面与周围壁的距离,这只要 $E \ll E_{max} \simeq 10^8$ V/cm $\simeq 3 \times 10^5$ esu(相当于 $E_{max} = \sqrt{4\pi\sigma_{max}}$,其中 $\sigma_{max} \simeq 10^{10}$ dyn/cm^2 是抗拉强度的典型值),其中离子场发射开始。

最后我们讨论磁自绝缘现象。它发生在电子放电中,其中放电电流的磁场绝缘防止电击穿。它对于高压二极管的磁自绝缘很重要,在同轴(或共平面)传输线中特别重要。

在静电 cgs 单位下,同轴传输线的阻抗为

$$Z = \frac{2}{c}\ln\frac{b}{a} \tag{8.50}$$

其中 a 和 b 分别是传输线的内半径和外半径。如果传输线的长度为 l,带有电荷 Q,则内、外导体之间的径向电场为 $E = 2Q/(lr)$,因此导体之间的电压为

$$V = \int_a^b E\mathrm{d}r = \frac{2Q}{l}\ln\frac{b}{a} = c\frac{QZ}{l} \tag{8.51}$$

电磁脉冲以光速 c 沿线向下传播,线的放电时间 $\tau = l/c$,因此线中的电流

$$I = \frac{Q}{\tau} = \frac{Qc}{l} = \frac{V}{Z} \tag{8.52}$$

于是线中的角向磁场为

$$H = \frac{2I}{rc} = \frac{2Q}{rl} = E \tag{8.53}$$

但这正是磁绝缘的条件。

在 Z 稍大的线的输入位置,磁自绝缘不完善,导致损耗。但是,通过将线的起点置于磁螺线管内,外部施加磁场可以减少这些损耗。

在锥形同轴磁自绝缘传输线(图 8.3)中,其中 $b/a = $ 常数,每个段的线阻抗相同,防止沿线移动的电磁脉冲部分反射。由 $b/a = $ 常数,E 和 H 都增加为 $1/a$,功率通量密度(坡印亭矢量)增加为 $1/a^2$。正如我们在 8.1 节中提到的,因为电排斥力平衡了磁吸引力,所以这里可能会有非常高的功率通量密度,达到热核微爆炸点火所需的功率通量密度。

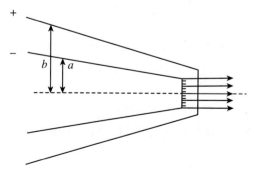

图 8.3　锥形同轴磁自绝缘传输线

8.6　强流粒子束点火

因为粒子可以被加速到高速度,强流粒子束可以具有很高的能流密度,不过它们的能量密度可能相对较小。在列出所有粒子束时,可以在一端将激光列为零静止质量光子的束,在另一端为快速移动弹丸。我们的想法是使用这些束(称为驱动器),通过将束定向到靶上,点燃一小块热核炸药(称为靶)。除了用束直接轰击靶之外,也可以使用间接驱动,将靶放置在一个小黑腔内,黑腔壁上有孔让束通过。这类似于泰勒-乌拉姆构型,束能量沉积到黑腔中并转化为黑体辐射,取代裂变弹释放到黑腔中的能量。

预计直接驱动的效率更高,但它使球形靶内爆点火更加困难。间接驱动的效率较低,但(如同在泰勒-乌拉姆构型中)能对靶进行均匀的软 X 射线轰击。正如多面体构型(7.4 节)至少需要 6 个裂变弹才能接近球形内爆那样,直接驱动应该有至少 6 个束,但间接驱动原则上不超过 1 个束。

正如 7.12 节所述的小型化(裂变触发)紧凑型热核爆炸装置,我们可以用适当的泡沫填充黑腔。由于泡沫在那里被转化为热等离子体,有点类似于大炮中火药燃烧产生的热气体,这些靶有时被称为炮弹靶。

最后,对于强流相对论电子或离子束,束磁场可以用来约束带电聚变产物。这样需要的靶压缩较少。图 8.4 显示了 4 种不同的靶和束轰击概念,并列出了它们的问题。当然,束诱导热核微爆炸点火的主要问题是几 MJ 的束能量和超过 100 TW/cm² 的功率通量。对于通过热核微爆炸释放核聚变能量的商业活动,有一个传统的、同样重要的问题,称为“长距(stand off)”问题。这发生在高产额的微爆炸中,其产额的数量级为 10^9 J(1 t TNT $= 4 \times 10^9$ J),需要米级大小的黑腔来约束微爆炸。但是,无论产额是多少,只有当粒子束能够从黑腔壁经过米级大小的距离传输到小于厘米大小的靶上时,它才能成为一个可行的驱动器。

驱动器 \ 驱动	直接	间接(黑腔)	间接(炮弹)	强流相对论束磁化
	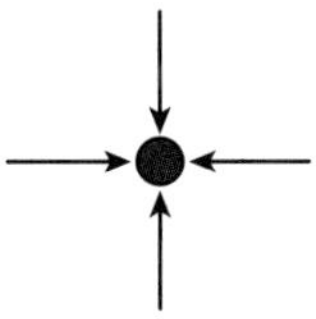 a	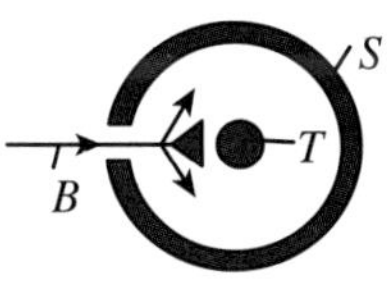 b	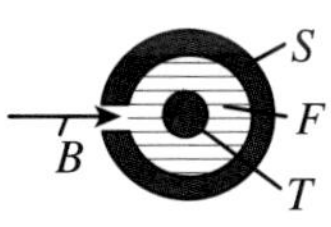 c	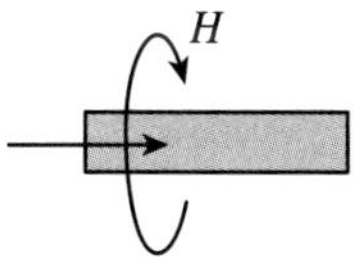 d
	问题	问题	问题	问题
激光	布里渊背散射	低效率	低效率	
相对论电子	聚焦束阻止	束阻止	束阻止	
轻离子	聚焦(长距)	聚焦(长距)	聚焦(长距)	
重离子	大型加速器	束阻止	束阻止	超高压电源
弹丸	大型加速器			

图 8.4　靶和一些束驱动器

图 8.5 显示了从激光到高速弹丸的不同驱动器概念的工作原理。图 8.5 顶部的激光驱动器将其能量储存在亚稳原子态中,通过光子雪崩从那里提取能量。相对论电子束驱动器将其能量储存在电容器组中,通过电压倍增的马克斯电路从那里释放能量,电路的高压终端连接到产生相对论电子束的场发射二极管。对于轻离子束来说,它(改变了二极管的电极性)与相对论电子束相同,只是二极管通过应用垂直于电场的强磁场进行磁绝缘。接下来是

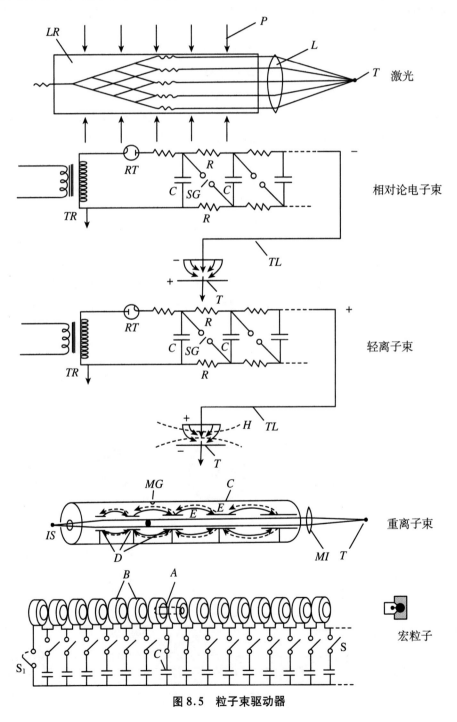

图 8.5 粒子束驱动器

数 GeV 重离子束,在传统的直线或圆形粒子加速器中加速。最后是磁行波偶极加速器的想法,将铁磁或超导宏粒子加速到 200 km/s 的速度,其中的靶是"锤和砧"[①]撞击聚变类型。

8.7 激光驱动器

固体的原子数密度为 $n \sim 5 \times 10^{22}$ cm^{-3}。因此,在每个原子上激发一个 $\sim$eV 高激光能级的情况下,储存的激光能量密度可能高达 $\varepsilon \sim 10^{11}$ erg/cm^3,这意味着几升的体积足以储存热核点火所需的 $\sim 10^{14}$ erg $= 10^{11}$ J 的能量。在能量密度为 $\varepsilon = 10^{11}$ erg/cm^3 时,激光辐射功率通量为 $\Phi = \varepsilon c = 3 \times 10^{21}$ erg/(cm$^2 \cdot$ s) $= 3 \times 10^{14}$ W/cm^2。实际上,无法达到这种高粒子数反转密度,需要更大的激光器体积。

在玻璃激光器中,玻璃中掺杂可以被激发到较高激光能级的原子。在那里,可以占据高激光能级的原子数等于玻璃中掺杂原子的数密度,通常为玻璃原子数密度的 1/10^3。相应地,能量密度为 1/10^3,功率通量也是如此。但即使在那里,功率通量也会变得如此之大($\Phi \gtrsim 10^{10}$ W/cm^2),以至玻璃在发射激光过程中受损。

由于其相干性,激光束可以聚焦到一个小区域,这是热核微爆炸点火所需要的。然而,这一优势被适用于热核微爆炸点火的激光器的低效率抵消,在热核微爆炸点火中,激光频率应刚好低于烧蚀内爆靶的等离子体频率。对于固体 DT 靶,$\nu_p = \omega_p/(2\pi) = 2 \times 10^{15}$ s^{-1},$\lambda = 1.5 \times 10^{-5}$ cm,在紫外波段。像 CO$_2$ 和 HF 化学激光器这样的高效率激光器位于远低于 ν_p 的红外波段。从式(3.141)可以看出,如果激光频率远低于等离子体频率,则激光辐射穿透等离子体的距离为 c/ω_p,约等于一个波长。在这种情况下,薄等离子体层最初被加热到高温。从电子在激光辐射电场中的运动方程

$$m \frac{\mathrm{d}v}{\mathrm{d}t} = eE = eE_0 \mathrm{e}^{-\mathrm{i}\omega t} \tag{8.54}$$

出发,由此可知,电子经历了垂直于入射激光束方向的振荡运动,其速度的期望值为

$$\langle |\boldsymbol{v}| \rangle = \frac{eE}{m\omega} \tag{8.55}$$

或者用激光辐射强度 $\Phi = (E^2/(4\pi))c$ 来表示:

$$\langle |\boldsymbol{v}| \rangle = \frac{e}{m\omega} \sqrt{\frac{4\pi\Phi}{c}} \tag{8.56}$$

对于 $\Phi = 10^{14}$ W/cm^2 $= 10^{21}$ erg/(cm$^2 \cdot$ s)和 $\lambda = 10^{-3}$ cm($\nu = 3 \times 10^{13}$ s^{-1},CO$_2$ 激光器),有 $\langle |\boldsymbol{v}| \rangle \simeq 10^{10}$ cm/s $= 30$ keV 的电子。固体氢中 30 keV 电子的射程为 $\sim 10^{-2}$ cm。当电子速度为 $\sim 10^{10}$ cm/s 时,可以超过压缩波,预热 DT 靶,从而防止其等熵压缩到所需的高密度。对于激光频率 $\nu = \nu_p = 2 \times 10^{15}$ s^{-1} 和相同的 Φ 值,电子速度为 $\langle |\boldsymbol{v}| \rangle \simeq 1.5 \times 10^8$ cm $= 6$ eV。然而,在 $\nu_{激光} \approx \nu_p$ 的情况下,存在共振,如式(3.132)所示。这种共振产生的热电子可以获得比"抖动"电子速度(8.56)大得多的速度。从式(3.141)可以看出,如果激光辐射频率接近 ν_p,则辐射可以穿透靶的深度超过一个波长。正是这种"软"激光辐射撞击用于激光聚变。

最初,激光辐射加热并电离靶的表面层。在吹离表面时,它会变成一个围绕靶的等离子体晕。在这个晕中,大部分激光能量被吸收,吸收系数由式(3.151)给出。在式(3.151)中代

---

① 这里是用撞击靶撞击衬底的物理图像。——译者注

入电导率的表达式(4.15b),有(ln$\Lambda \simeq 10$)

$$\kappa = \frac{2.4 \times 10^{-4} n^2 Z^2}{T^{3/2} \nu^2 [1 - (\nu_p/\nu)^2]^{1/2}} \quad (\nu > \nu_p) \tag{8.57}$$

以 $n = 5 \times 10^{21}$ cm^{-3} 为例,其中 $\nu_p = 6.3 \times 10^{14}$ s^{-1},$\nu = 5 \times 10^{21}$ s^{-1},$T = 10^7$ K,$Z = 1$。我们得到 $\kappa = 77$ cm^{-1}。因此,吸收发生在厚度为 $\kappa^{-1} = 1.3 \times 10^{-2}$ cm 的层中,该层厚度大于波长 $\lambda = 6 \times 10^{-6}$ cm。

接下来,我们计算从晕到靶的热传导时间。利用式(3.6b)和式(5.4),我们从式(3.105)得到($Z = 1$)

$$3nk \frac{\partial T}{\partial t} = \kappa \nabla^2 T \tag{8.58}$$

其中 κ 由式(4.18)给出。由式(8.58)开始,得到热传导时间(ln$\Lambda \simeq 10$)

$$\tau = \frac{3nkx^2}{\kappa} = 2.1 \times 10^{-10} nx^2 T^{-5/2} \ [\text{s}] \tag{8.59}$$

当 $n = 5 \times 10^{21}$ cm^{-3},$T = 10^7$ K,$x = 1.3 \times 10^{-2}$ cm 时,我们可以得到 $\tau \sim 5 \times 10^{-5}$ s。热传导"波"的速度为 $v_c \sim x/\tau \sim 3 \times 10^7$ cm/s。如果靶内爆速度更快,则热传导无法预热靶。

为了计算烧蚀压,我们从推力 T 和功率 dE/dt(v 为烧蚀速度)的火箭方程开始:

$$\left. \begin{array}{l} T = v \dfrac{\text{d}m}{\text{d}t} \\[2mm] \dfrac{\text{d}E}{\text{d}t} = \dfrac{v^2}{2} \dfrac{\text{d}m}{\text{d}t} \end{array} \right\} \tag{8.60}$$

压强 p 等于单位面积的推力,同样激光辐射强度 Φ 等于单位面积的功率,我们从式(8.60)得到

$$p = 2 \frac{\Phi}{v} \tag{8.61}$$

如果所有烧蚀材料沿垂直方向离开表面,则该表达式是正确的。实际上,材料是各向同性喷射到立体角 2π 内的。对于单位表面积发射的射流,进入 θ 方向的截面为 $\cos \theta$,并且其反冲动量只有比例为 $\cos \theta$ 的部分被传输到表面。因此,我们必须通过对所有方向积分得到

$$p = \frac{2\Phi}{v} \int_0^{\pi/2} (\cos^2 \theta) \sin \theta \text{d}\theta = \frac{2}{3} \frac{\Phi}{v} \tag{8.62}$$

此外,使用 $v = \sqrt{\gamma p/\rho} = \sqrt{5/3}\sqrt{p/\rho}$,我们得到

$$p = (4/15)^{1/3} \Phi^{2/3} \rho^{1/3} \tag{8.63}$$

以 $\Phi = 10^{16}$ W/cm$^2 = 10^{23}$ erg/(cm$^2 \cdot$ s)(对应于聚焦在 $\sim 10^{-2}$ cm^2 面积上的 10^{14} W 激光)和 $\rho \sim 1$ g/cm^3(对应于 ~ 10 倍压缩的固体氢)为例,我们得到 $p \simeq 10^{15}$ dyn/cm^2。在会聚冲击波中可以达到更高的压强,其中的压强按 $r^{-0.9}$ 变化,而在内爆壳体中可以进一步达到更高的压强。

激光与等离子体的相互作用比我们简单的模型计算结果要复杂得多。如果激光辐射像从反射镜一样从等离子体反射,则入射波和反射波形成驻波。该驻波在等离子体中产生一维密度晶格,晶格常数等于 $\lambda/2$,导致反射增加(布里渊背散射)和反射自放大。有很大一部分激光能量因压缩和加热而损失。解决这个问题的办法是降低激光的相干度。为此,我们必须付出代价,因为这种相干度较低的激光不那么容易聚焦。对于间接驱动,此问题不太重要。但是,即使在间接驱动中,由于黑腔中的靶很小,例如CO$_2$ 激光器也不适合,因为它们仍

然通过与黑腔壁的相互作用产生高能电子。

8.8 相对论电子束驱动器

对于相对论电子,经典阻止射程可以用表达式(4.57b)来近似:

$$\lambda_e \simeq \frac{1}{\rho}(0.543E_0 - 0.16)\ [\text{cm}] \tag{8.64}$$

其中 E_0 是以 MeV 为单位的电子能量,ρ 是靶密度。对于固体 DT 来说,$\rho \simeq 0.2\ \text{g/cm}^3$,MeV 电子的射程在几厘米,这对于直接驱动来说太大了。对于最重的金属,$\rho \simeq 20\ \text{g/cm}^3$,1 MeV 电子的 $\lambda_e \simeq 1.5 \times 10^{-2}$ cm。这个射程很短,足以使致密材料的薄壳内爆。然而,电子撞击壳所产生的强 X 射线会对壳内的靶进行预热,从而阻止其各向同性地压缩到高密度。如果在内爆壳内放置一个磁化靶,则需要在内爆前进行预热。在那里,强流电子束可以同时对靶进行磁化。尽管强流相对论电子束可以相对容易地产生,但人们对这种可能性并没有给予太多的关注。

在双流不稳定状态下,更短的阻止距离是可能的,射程由式(4.57a)给出。热核微爆炸点火需要 $\sim 10^{15}$ W 的功率,用 10^8 A、10^7 V 的强流相对论电子束来实现。如果 10^8 A 的束聚焦在一个 $\sim 10^{-2}$ cm^2 的区域,那么电子束的数密度为 $n_b \simeq 2 \times 10^{18}$ cm^{-3}。对于固体 DT 来说,$n = 5 \times 10^{22}$ cm^{-3},$\omega_p \simeq 1.26 \times 10^{16}$ s^{-1},而对于 10^7 eV 的电子,$\gamma \simeq 20$。那么这个射程是

$$\lambda_D = 1.4\frac{c}{\omega_p}\left(\frac{n}{n_b}\right)^{1/3}\gamma \simeq 2 \times 10^{-3}\ [\text{cm}] \tag{8.65}$$

短到足以阻止小 DT 靶中的束。但问题是,对于较短的长度,双流不稳定性会饱和并变得无效,但这在由许多束从各个方向击中靶而发射的会聚静电波中不太可能发生。计算表明,在那里,饱和的电场强度与 $1/r^2$ 成比例上升,其中 r 是到会聚中心的距离。

还有一种可能性是使用空间电荷不完全中和强流相对论电子束,如 8.3 节中所述。在那里,束的能量基本上是电磁的。如果这样的束击中一个靶,它就会在磁力的作用下径向坍缩到靶上。除了压缩靶之外,如果束电流高于式(6.23)给出的 I_c,那么磁场辅助的热核燃烧是可能的。在那里,一些靶加热并不重要,因为靶不需要被压缩到没有磁场时所需的高密度。

强流相对论电子束最容易通过电子场发射产生,束从连接到马克斯发生器高压终端的二极管中提取(图 8.5)。根据式(8.4),马克斯发生器的放电时间减少为 $1/n$,然而,在现实中,电容器组的电感 L 是如此之大,以至于放电时间不短于 10^{-6} s,仍然太长。如果马克斯发生器的高压终端与一个低电感的高压电容器相连,就有可能缩短放电时间。介电常数 $\varepsilon = 81$ 的水电容器已经非常成功。它可以保持 $\sim 10^7$ V 的电压,刚好足够被马克斯发生器充电。通过一个快速切换,这个电容器放电到一个磁绝缘的传输线上。

在实用单位下,该线的阻抗为(见公式(8.50))

$$Z = 60\ln\frac{b}{a}\ [\Omega] \tag{8.66}$$

如果 $b = a + d$,其中 $d \ll a$ 是内导体和外导体之间的分离距离,则有

$$Z \simeq 60\frac{d}{a}\ [\Omega] \tag{8.67}$$

通常,电流 $I \sim 10^6$ [A],电压 $V \sim 10^7$ [V],功率 $P = IV = 10^{13}$ [W],通过一条线,需要满

足 $Z = 10\ \Omega$，或 $d/a = 1/6$ 的条件。因此，如果 $d = 3\ \text{cm}$，那么 $a = 18\ \text{cm}$。增加功率可以通过多条传输线并联来实现，对于 N 条传输线，整体阻抗为 $Z^* = Z/N$。因此，要达到热核点火所需的功率 10^{15} [W]，需要 100 条线，这些线可以在热核靶周围以球对称的方式排列。

在其末端，每条传输线都与一个场发射二极管相连，阴极表面与阳极窗口相对，后者由网状金属箔（例如钛）制成。如果阴极表面的电场达到 $\sim 10^7$ V/cm，强电子场发射就开始了，电子会加速向阳极窗口移动。在通过阳极窗口时，电子进入一个空间电荷和电流中和的背景气体或等离子体，从而使净束电流远高于阿尔芬极限。背景等离子体最初可能是一种中性气体，被束电离。由于束可以有一个小于阿尔芬电流的残余未中和电流，束可以被引导通过金属管，被导电壁中的镜像电流排斥。

为了改善阴极的场发射，人们可以用针的"刷子"覆盖其表面。每根针在其尖端有 $E \simeq V/r$ 数量级的电压，其中 r 是半球形针尖的半径，V 是施加在针上的电压。

场发射电流密度为

$$j = 1.55 \times 10^{-6}\, \frac{E^2}{W} \exp\left(-6.9 \times 10^7\, \frac{W^{3/2}}{E}\right)\ [\text{A/cm}^2] \tag{8.68}$$

其中 E 是以 V/cm 为单位的场强，W 是以 eV 为单位的发射极材料的功函数。对于钨这种常用材料，$W = 4.4$ eV。通过将每根针的半球形面积 $2\pi r^2$ 乘以式(8.68)得到每根针的电流。假设 $r = 0.1$ cm（相当厚的针），一根针发出的电流为 $I \simeq 3.5 \times 10^5$ [A]。对于 $\sim 10^8$ [A] 的总电流，则需要大约 300 根针。分布在 100 个阴极表面上，每个阴极有 3 根针。将针的数量增加到 1000 倍将使每根针的电流减少到 ~ 350 [A]，每个阴极表面有 3×10^3 根针，每根针的电流密度为 5×10^3 [A/cm^2]。对于超过 $\sim 10^6$ [V] 的二极管电压，粗糙的阴极表面具有相同的效果，并导致更均匀的电流分布。

在"无箔"二极管中，场发射阴极置于高真空中的磁螺线管内。束电流受到阿尔芬电流 $I_\text{A} \simeq 17000\beta\gamma$ [A] 的限制，对于 $\gamma = 20$（10 MeV 束），限制为 $I_\text{A} = 34000$ [A]。但如 8.3 节所述，如果束旋转，则可能产生更大的电流。图 8.6 中显示了一个有望特别强大的旋转束的概念。构成束的电子被迅速增强的磁场径向注入。从热电子发射器释放并接触到增强磁场的电子向公共电子束漂移管的中心做螺旋运动，并由许多热电子发射器和增强的磁场沿着

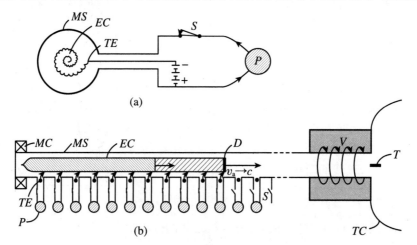

图 8.6　(a) 径向和(b) 轴向截面；*MS* 为磁螺线管；*EC* 为电子云；*D* 为相对论电子的密集盘；*TE* 为热电子发射器；*S* 为开关；*P* 为电源；*MC* 为磁镜线圈；*T* 为热核靶；*V* 为液体涡流；*TC* 为热核微爆炸室

管的整个长度供能。在漂移管内部,排斥静电力在轴向上加速电子,产生强大的电子束,而轴向磁场在径向上约束电子束。这种结构不需要高压发生器,可以想见是产生强流相对论电子束的最强大的概念。它是由许多低压同极飞轮发电机驱动的,使大量的单匝线圈磁化。

通过将束射入稀薄的背景等离子体中,可以对其进行强聚焦。在斥力中和的情况下,它会被未补偿的磁力坍缩。一个被束磁化的热核靶从而可以放置在一个爆吸液体涡管的入口处。

如图 8.7 所示,远高于阿尔芬电流并通过空间电荷和电流中和等离子体传播的强流相对论电子束的动能可通过反向二极管转换回电磁能,并从那里传输到负载。这一概念的重要性在于它解决了电脉冲能源驱动热核微爆炸的长距问题。

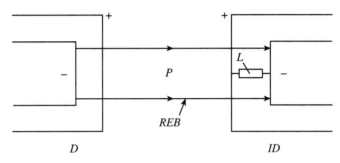

图 8.7 反向二极管 *ID* 转化来自二极管 *D*、通过等离子体 *P*(或背景气体)传播的强流相对论电子束 *REB* 的动能,回到输送到负载 *L* 的电磁能中

8.9 离子束驱动器

它们涵盖了从轻离子到重离子的整个范围,包括相对论和非相对论的。根据图 8.5,有两种方案可以制造用于热核微爆炸点火的离子束:(1) 使用马克斯发生器驱动的磁绝缘二极管;(2) 使用传统的粒子加速器。

在第一种方案中,制造兆安-兆伏强流轻离子束相对容易,但质量较差(横向束温度高,发射度大)。使用第二种方案可以产生具有更高粒子能量和低发射度的束,但需要大型粒子加速器。对于良好的束聚焦,需要低发射度,但对于更好的束能量沉积(小阻止射程),更低的束粒子能量是有利的。

对于直接驱动和间接驱动,离子都应在薄层中阻止。阻止射程由式(4.103b)确定,$\ln\Lambda \simeq 10$,可以得到

$$\sigma_s \simeq 6 \times 10^{-33} \frac{ZZ_i^2 A_i}{E_0^2} \ [\mathrm{cm}^2] \tag{8.69}$$

固体物质中的原子数密度为 $n \simeq 5 \times 10^{22} \ \mathrm{cm}^{-3}$,阻止射程为 $\lambda_i = 1/(n\sigma_s)$:

$$\lambda_i \simeq 3 \times 10^9 \frac{E_0^2}{ZZ_i^2 A_i} \ [\mathrm{cm}] \tag{8.70}$$

短阻止射程要求靶材料的 Z 值足够大。假设对轻离子束有 $Z_i = 10$,$A_i = 20$,$E_0 = 3 \times 10^7 \ \mathrm{eV}$。从式(8.70)可以看出:对于 $\lambda_i \sim 10^{-3} \ \mathrm{cm}$,$Z \simeq 5$ 就足够了。对于 $Z \sim Z_i \sim A_i/2$ 的重离子,为了有相同的射程,需要小于 $\sim 10 \ \mathrm{GeV}$ 的粒子能量。

对于轻离子,使用可用的脉冲能源技术将电压提高到 $\sim 3 \times 10^7 \ [\mathrm{V}]$ 并不困难,但对于

在常规粒子加速器中加速的重离子,在不会大幅损失束功率的情况下,很难将粒子能量降低到 10 GeV 以下。这可以在式(8.39b)的非相对论极限中看到,其中束功率为

$$P \propto (\varepsilon H_z)E_0^2 \tag{8.71}$$

大束功率可以维持,但只能在发射度增加的情况下维持。以 $A=200$,$Z=5$,$E_0=40$ GeV 为例,由式(8.39b)可以得到 $P \simeq 5 \times 10^{10}(\varepsilon H_z)$ [W]。对于致偏磁铁,$H_z \simeq 2 \times 10^4$ G,并要求 $P = 10^{14}$ [W],可以得到 $\varepsilon = 0.1$ cm。但是,从 40 GeV 下降到 20 GeV,并和之前一样要求 $P = 10^{14}$ [W],可以得到 $\varepsilon \simeq 2.5$ cm。

对于强流离子束,有两种极限情况特别令人感兴趣:

1. 动量丰富的低速($\sim 10^8$ cm/s)强流离子束。

2. 磁场丰富的相对论离子束。

在第一种情况下,确实有密集的非相对论等离子体射流。如图 8.8 所示,这些射流可以作为重离子束通过可变电压磁绝缘二极管产生,该二极管通过辐射冷却轴向群聚束。轴向群聚允许大束功率放大几个数量级。在动量丰富的束中,理想情况下粒子速度应等于内爆速度。由束停滞压 $p = (1/2)\rho v^2$,束能流密度 $\phi = \frac{1}{2}\rho v^3$,有 $p = \phi/v$,是烧蚀压(8.62)的 3 倍。动量丰富的束也改善了直接驱动中的惯性约束,因为静止在靶上的束的质量起着高压封装的作用。

图 8.8 显示了一种间接驱动,其中束能量聚焦在靶上,不是通过将其转换为软 X 射线,而是通过烧蚀冲击波凹面镜。

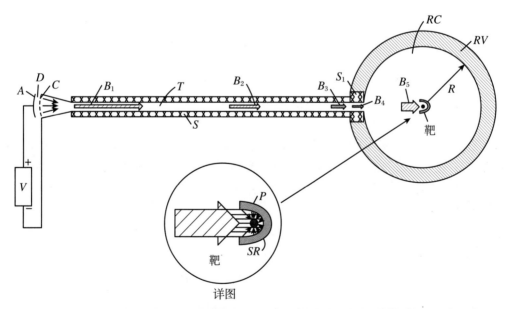

图 8.8 重离子束微爆炸反应堆概念:V 为高压源;D 为具有阳极 A 和阴极栅极 C 的离子二极管;T 为漂移管;S 为磁螺线管,S_1 为脉冲高场磁螺线管;B_1、B_2、B_3、B_4、B_5 为束位置;RC 为反应室;RV 为反应堆容器,半径为 R;P 为热核靶;SR 为冲击波反射器

在另一种情况下,必须考虑离子的阿尔芬电流(8.31)。由 $A/Z \sim 2$ 和 $\beta\gamma \sim 1$(~ 1 GeV/核子),已经有 $I_A^i \sim 6 \times 10^7$ [A],大到足以约束表 2.1 中列出的反应的带电聚变产物。在 $I = 6 \times 10^7$ [A]时,半径为 1 cm 的束将携带 $\sim 10^7$ [G]数量级的磁场。因此,强

流相对论离子束非常适合密集磁化聚变靶。和强流相对论电子束一样,它们可以远距离传输,这一特性对于热核微爆炸的长距问题非常重要。由于束功率与束电压的平方成正比,与强流相对论电子束的功率相比,其功率可以大很多个数量级。

考虑到非麦克斯韦束靶环境提高核反应速率的前景,出现了进一步的可能性。例如,如果将强流相对论质子束射到^{11}B 靶上,就会发生这种情况。如图 8.4 所示,强流相对论离子束的靶将具有长圆柱体的形式。

产生强流相对论离子束的问题仍然存在。与需要兆伏电源的强流相对论电子束相比,强流相对论离子束需要吉伏电源。有两个概念似乎很有希望实现。两者都利用磁绝缘。一个是如图 8.1 所示的悬浮磁绝缘圆环。图 8.9 显示了一种可能实现的方法,通过一股带电颗粒将圆环充电至吉伏电位。图 8.10 显示的另一个概念使用分级磁绝缘传输线,并联充电,与马克斯发生器一样,串联放电。

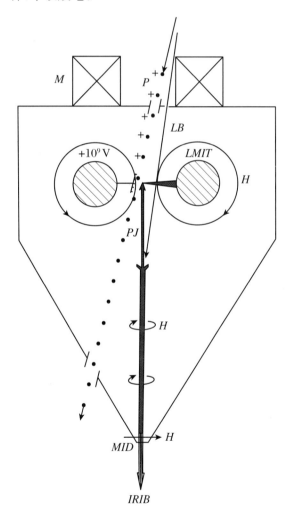

图 8.9 **LMIT** 为悬浮磁绝缘圆环;**M** 为悬浮线圈;**F** 为反馈控制线圈;**PJ** 为等离子体射流;**LB** 为脉冲激光束;**P** 为高速运动的带正电颗粒;**H** 为绝缘磁场;**MID** 为磁绝缘二极管;**IRIB** 为强流相对论离子束

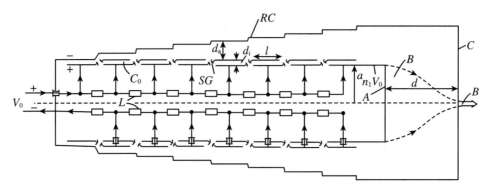

图 8.10　脉冲高压加速器的截面。使用排列在多级传输线中的一系列圆柱形电容器获得高压。V_0 是来自高压源的输入，C_0 是长度为 l、内半径为 a 且间距为 d_i 的圆柱形电容器，位于内导体和外导体之间。SG 是触发圆形火花间隙开关，L 是电感，RC 是真空容器，也用作回流电流导体，与圆柱形电容器相隔距离 d_a，d 是二极管间隙，A 是阳极，C 是阴极，B 是离子束

8.10　微粒束驱动器

如果满足两个条件，高速微粒可在其撞击位置引导至热核温度：

1. 微粒的速度必须足够大，以使其在撞击时产生的冲击波温度大于热核反应的点火温度。

2. 微粒的直径必须大于热核反应点火温度下的平均自由程。

撞击温度由式 (5.13) 和式 (3.6b) 给出的 c_V 得出。对于 DT 靶，我们会发现

$$T = 5 \times 10^{-9} v^2 \quad [\text{K}] \tag{8.72}$$

在 DT 反应中，我们设 $T = T_{\text{ign}} = 5 \times 10^7$ [K]，可以发现 $v = 10^8$ cm/s。根据式 (4.11) 和 $T = T_{\text{ign}} = 5 \times 10^7$ [K] $= 4.3$ keV，$n = 5 \times 10^{22}$ cm^{-3} 的固体 DT 靶中的平均自由程为 $\lambda \simeq 10^{-6}$ cm。对于小于 λ 的微粒，撞击不会导致冲击波。

要从由此产生的热斑点燃热核爆燃（即燃烧波），要求粒子的尺寸必须大于带电聚变产物的阻止长度 (6.13)。对于固体 DT，$\lambda_0 \simeq 0.3$ cm，但对于 10^3 倍压缩 DT，$\lambda_0 \simeq 3 \times 10^{-4}$ cm。如果能找到一种方法将该尺寸的微粒加速至 $\sim 10^8$ cm/s，则可将其用作快速点火器（参见 6.10 节和图 6.5）。这种粒子的动能不会超过 10^7 erg $= 1$ J。不过，所需的大部分能量将用于压缩靶。

在直线粒子加速器中，微米级粒子可以通过使它们带正电进入电场 E_0 来加速，电应力 $E_0^2/(8\pi)$ 等于其抗拉强度，因此

$$E_0 = \sqrt{8\pi\sigma} \tag{8.73}$$

典型值为 $\sigma \simeq 10^{11}$ dyn/cm^2，从而 $E_0 = 1.6 \times 10^6$ esu $= 5 \times 10^8$ V/cm。半径为 r_0 的球形粒子所能承受的最大电荷为

$$q = E_0 r_0^2 \tag{8.74}$$

由粒子密度 ρ_0，粒子的荷质比为

$$\frac{q}{m} = \frac{E_0 r_0^2}{(4\pi/3)\rho_0 r_0^3} = \frac{3}{4\pi\rho_0} \frac{E_0}{r_0} \tag{8.75}$$

在直线粒子加速器的电场 E 中，微粒的加速度为

$$a = \frac{3}{4\pi\rho_0} \frac{E_0 E}{r_0} \tag{8.76}$$

用粒子半径表示,达到速度 v 的加速器长度为

$$\frac{L}{r_0} = \frac{2\pi\rho_0}{3E_0 E}v^2 \tag{8.77}$$

对于 $\rho_0 = 2$ g/cm^3（铍）,$E_0 = 1.6\times10^6$ esu,$E\simeq10^5$ V/cm$\simeq3.3\times10^2$ esu,上式变为

$$\frac{L}{r_0} \simeq 0.8\times10^{-8} v^2 \tag{8.78}$$

当 $v = 10^8$ cm/s 时,$L/r_0\sim10^8$。如果 $r_0\simeq10^{-4}$ cm,则 $L\simeq10^4$ cm $= 100$ m,但当 $r_0\simeq\lambda_0 = 0.3$ cm(点燃产生固体 DT 中的爆震波所需)时,$L\simeq3\times10^7$ cm $= 300$ km,粒子动能为 $\sim4\times10^{14}$ erg $= 40$ MJ。将 DT 靶压缩 10 倍将使 λ_0 减小为 1/10,因此 r_0 减小为 1/10。将粒子的质量减小到 $\sim1/10^3$,其动能将降低到 4×10^{11} erg,不过加速器仍然有 30 km 长。将 DT 靶压缩 100 倍将使加速器的长度减小到 ~3 km。粒子大小将为 $r_0\simeq3\times10^{-3}$ cm,动能为 ~40 J。

放弃加速一个较大的粒子,我们可以加速一束小粒子,但在那里,Child-Langmuir 定律 (8.48)设定了粒子数的上限。对于二极管中的电压 V [esu]引起的加速,可以得到

$$v^2 = \frac{2q}{m}V \tag{8.79}$$

代入式(8.75)的 q/m 值,有

$$V = \frac{2\pi}{3}\rho_0 r_0 \frac{v^2}{E_0} \tag{8.80}$$

对于 $\rho_0\simeq2$ g/cm^3,$E_0 = 1.6\times10^6$ esu,V 的单位取伏特,则为

$$V \simeq 8\times10^{-4} v^2 r_0 \quad [\text{V}] \tag{8.81}$$

当 $v = 10^8$ cm/s 时,$V\simeq8\times10^{12} r_0$ [V]。如果 $r_0\simeq10^{-4}$ cm,则需要 $V\sim10^9$ [V]。正如我们已经展示的,这可能是通过超导悬浮环电容器实现的。对于 $r_0\simeq10^{-6}$ cm,仅需要 $V\sim10^7$ [V],使用马克斯发生器即可达到。

根据 Child-Langmuir 定律(8.48),我们得到在高压二极管中加速的带电微粒束的电流为

$$I = \frac{\sqrt{2}}{9}\left(\frac{q}{m}\right)^{1/2}\left(\frac{r}{d}\right)^2 V^{3/2} \tag{8.82}$$

其中 r 为束半径,d 为二极管间隙。由于 $q/m = v^2/(2V)$,方程(8.82)可写成如下形式:

$$I = \frac{1}{9} v\left(\frac{r}{d}\right)^2 V \tag{8.83}$$

二极管阻抗公式为

$$Z = \frac{9}{v}\left(\frac{d}{r}\right)^2 \quad [\text{esu}] = 270\frac{c}{v}\left(\frac{d}{r}\right)^2 \quad [\Omega] \tag{8.84}$$

对于 $v = 10^8$ cm/s,上式变为

$$Z = 8.1\times10^4\left(\frac{d}{r}\right)^2 \quad [\Omega] \tag{8.85}$$

如果我们假设 $d/r\simeq10^{-1}$,则 $Z\simeq10^3$ Ω,束功率为

$$P = \frac{V^2}{Z} \simeq 10^{-3} V^2 \quad [\text{W}] \tag{8.86}$$

当 $V=10^7$ ［V］时，P 仅为 10^{11} ［W］，但当 $V=10^9$ ［V］时，$P=10^{15}$ ［W］。这两个例子说明了使用高压的重要性。重离子聚变也是如此，只是在高压下，阻止射程变得太大。由于粒子速度小得多，微粒束的阻止射程短得多。由于微粒的质量相当大，微粒的热速度很小，束发射度也是如此。

可以从突然施加高压脉冲的磁绝缘二极管的凹阳极表面发射微粒(图 8.11)。在通过阴极栅极时，微粒被栅极的电子场发射中和，并在栅极后弹道聚焦到热核靶上。

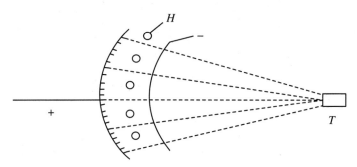

图 8.11　从凹高压二极管产生带电微粒束

一个问题是，除非所有微粒都具有相同的 q/m，否则会出现轴向束扩散，同时束功率通量降低。为了解决这个问题，建议通过向连接到阳极的针刷施加高压脉冲来产生微粒，如图 8.11 所示。对于重复的脉冲操作，可以用从阳极的许多孔中流出的微小射流来代替针头。

在向针刷施加电压 V 时，每个针尖都会产生电场

$$E \simeq \frac{V}{r} \tag{8.87}$$

其中 r 是针尖的半径，每根针都带有电荷

$$q = r^2 E = rV \tag{8.88}$$

当 $E > E_0$ 时，针尖分解成半径为 r_n、电荷为 q_n 的 n 个微粒，从而

$$\frac{q_n}{r_n^2} = E_0 \tag{8.89}$$

如果电荷 q 均匀分布在 n 个微粒中，则每个微粒都将具有电荷

$$q_n = \frac{q}{n} \tag{8.90}$$

半径为

$$r_n = rn^{-1/3} \tag{8.91}$$

将式(8.90)和式(8.91)代入式(8.89)，可以得到

$$E = n^{1/3} E_0 = \frac{V}{r} \tag{8.92}$$

一个微粒的质量为

$$m_n = \frac{4\pi}{3} \rho_0 r_n^3 \tag{8.93}$$

其中 ρ_0 为微粒的密度，于是荷质比为

$$\frac{q_n}{m_n} = \frac{3}{4\pi\rho_0} \frac{E_0}{r_n} \tag{8.94}$$

或者根据式(8.91)和式(8.92)有

$$\frac{q_n}{m_n} = \frac{3}{4\pi\rho_0} \frac{E}{r} = \frac{3}{4\pi\rho_0} \frac{V}{r^2} \tag{8.95}$$

所有微粒都是一样的。

要达到所需的速度,必须有

$$\frac{1}{2} m_n v^2 = q_n V \tag{8.96}$$

或根据式(8.90)、式(8.91)和式(8.93),可以得到

$$\frac{2\pi}{3} \rho_0 v^2 r^3 = qV \tag{8.97}$$

用式(8.88)消去 q,再求 r:

$$r = \frac{1}{(2\pi\rho_0/3)^{1/2}} \frac{V}{v} \tag{8.98}$$

从式(8.92)和式(8.98),我们可以计算出 n:

$$n = \left(\frac{2\pi\rho_0}{3}\right)^{3/2} \left(\frac{v}{E_0}\right)^3 \tag{8.99}$$

如果 N 是针数,则总束能量为

$$E_b = N \frac{4\pi}{3} r^3 \rho_0 v^2 \tag{8.100}$$

因为式(8.98),有

$$N = \left(\frac{2\pi\rho_0}{3}\right)^{1/2} \frac{E_b v}{V^3} \tag{8.101}$$

假设 $\rho_0 = 2 \text{ g/cm}^3$,$E_b = 10^{14} \text{ erg} = 10 \text{ MJ}$,$v = 10^8 \text{ cm/s}$,$V = 10^9 \text{ [V]} = 3.3 \times 10^6 \text{ esu}$,可以得到 $N \simeq 500$。从式(8.99)和 $E_0 = 1.6 \times 10^6 \text{ esu}$ 可以得到 $n \simeq 2 \times 10^6$,从式(8.98)可以得到 $r \simeq 1.6 \times 10^{-2} \text{ cm}$,因此 $r_n \simeq 10^{-4} \text{ cm}$。

如果电荷中和微粒由具有较大饱和场强的铁磁材料(例如钆)制成,则可改善微粒的聚焦。(平均)密度为 ρ、磁导率为 μ 的磁化介质的力密度为

$$f = \frac{1}{8\pi} \nabla\left(H^2 \rho \frac{\partial\mu}{\partial\rho}\right) - \frac{H^2}{8\pi} \nabla\mu \tag{8.102}$$

因为

$$\frac{\mu - 1}{\mu_0 - 1} = \frac{\rho}{\rho_0} \tag{8.103}$$

其中 μ_0 是固体密度为 ρ_0 时的磁导率,所以

$$\rho \frac{\partial\mu}{\partial\rho} = \mu - 1 \tag{8.104}$$

于是式(8.102)变为

$$f = \frac{\mu - 1}{8\pi} \nabla H^2 \tag{8.105}$$

于是由磁化微粒组成的铁磁流体的运动方程为

$$\rho \frac{\mathrm{d}\boldsymbol{v}}{\mathrm{d}t} = \frac{\mu - 1}{8\pi} \nabla H^2 \tag{8.106}$$

或者因为式(8.103),有

$$\frac{\mathrm{d}\boldsymbol{v}}{\mathrm{d}t} = \frac{\mu_0 - 1}{8\pi\rho_0} \nabla H^2 \tag{8.107}$$

如果

$$H = H_0 \left(\frac{r_0}{r} \right)^2 \tag{8.108}$$

在会聚磁镜场中实现,则式(8.107)的径向分量为

$$\frac{\mathrm{d}v_r}{\mathrm{d}t} = -\frac{\mu_0 - 1}{2\pi\rho_0} \frac{r_0^4 H_0^2}{r^5} \tag{8.109}$$

结合 $\mathrm{d}v_r/\mathrm{d}t = (1/2)\mathrm{d}v_r^2/\mathrm{d}r$,式(8.109)可以积分。忽略较小的项,那么

$$v_r^2 = (\mu_0 - 1)\frac{H_0^2}{4\pi\rho_0} \tag{8.110}$$

假设 $H_0 \sim 10^5$ G, $\mu_0 - 1 \sim 10^4$, $4\pi\rho_0 \sim 10^2$ g/cm^3,则得到 $v_r \sim 10^6$ cm/s。如果通过这种聚焦方法,铁磁微粒彼此接近,那么它们将凝结成一个杆体,从而大大增加束功率。

图 8.12 解释了另一种有趣的可能性,即通过长磁螺线管中的磁绝缘电子云加速薄圆盘。将圆盘放置在圆柱电子云的前面,充电到云的电势 V。为了避免云受圆盘严重影响,螺线管的磁场叠加了一个磁行波,将圆盘放在波的位置。行波场充当圆盘后面电子的磁镜,该镜与高电荷的圆盘结合,将电子云限制在圆盘后面的空间中。如 8.8 节所述,电子云由无箔高压二极管的电子注入产生。如果圆盘的半径 R 为螺线管内径的数量级,则电子云和圆盘表面的电场均为 $E \sim V/R$ 数量级。为了防止圆盘通过电子场发射失去电荷,$E \lesssim 10^7$ V/cm。假设 R 的数量级为 cm,这意味着 $V \sim 10^7$ V。

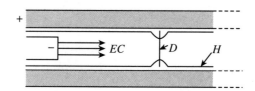

图 8.12　薄圆盘 D 被无箔二极管产生的磁绝缘电子云加速

由于磁绝缘,云表面的电场 $E < H$。在 $H \sim 5 \times 10^4$ G 和 $E \sim 10^7$ V/cm $\sim 3 \times 10^4$ esu 的情况下,很好地满足上述条件。当 $E = 3 \times 10^4$ esu 时,作用在云后部的电压强为 $P_E = E^2/(8\pi) \simeq 4 \times 10^7$ dyn/cm^2。如果圆盘的密度为 $\rho \simeq 4$ g/cm^3,厚度为 δ,则其加速度为 $a = P_E/(\rho\delta) \sim 10^{10}$ cm/s^2。为了达到速度 v [cm/s],圆盘加速的长度为 $L = v^2/(2a) = 5 \times 10^{-11} v^2$。当 $v = 10^7$ cm/s 时,有 $L = 50$ m,但当 $v = 10^8$ cm/s 时,$L = 5$ km。由圆盘的质量为 $\rho R^2 \delta \sim 10^{-2}$ g 数量级,动能在 $v = 10^7$ cm/s 时为 ~ 50 kJ,在 10^8 cm/s 时为 5 MJ。

从二极管引出的电流为 $I \sim nevR^2$,其中 $ne \sim E/R$,因此 $I \sim EvR$。对于 $E \sim 3 \times 10^4$, $v \sim 10^8$ cm/s, $R \sim 1$ cm,有 $I \sim 3 \times 10^{12}$ esu $= 10^3$ A,远低于阿尔芬电流 $I_A = 17000\gamma$ A ~ 400000 A,这可从无箔二极管中引出。

我们必须补充三点:首先,作用在圆盘上的压强必须小于其抗拉强度 σ。通常 $\sigma \sim 10^{10}$ dyn/cm^2。这一条件得到了很好的满足。其次,在圆盘的薄边缘,电场将远大于 $\sim 10^7$ V/cm,其中它不适用于由边缘的电子场发射形成的环形电子云,它以漂移速度 $v_\phi = cE/H < c$ 绕边缘角向旋转,屏蔽边缘。再次,由铁磁物质制成的圆盘可通过磁反馈控制保持在稳定位置。

8.11 磁行波宏粒子加速器

在被认为是惯性约束聚变潜在驱动器的粒子谱中,我们终于到达了终点:加速到高速的单个宏粒子。事实证明,这在静电加速下几乎不可行,但在磁加速下肯定是可行的,即使这样,加速器的尺寸也不小。由于需要几百 km/s 的速度,宏粒子不允许与加速器管壁接触。

如图 8.13 所示,搭载在行波上的铁磁或超导弹丸的加速是可能的。和等离子体磁约束一样,其中洛伦兹力作用于等离子体电子,等离子体离子通过静电力束缚于电子上,这里也是如此,磁力作用于电子,离子通过静电作用束缚于电子上以保持电中性。

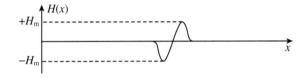

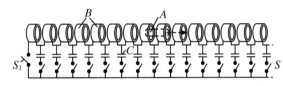

图 8.13 二极管型磁行波加速器。弹丸 A 可以是小铁磁或超导螺线管,通过线圈 B 的外部磁场进行磁加速。C 是电容器,S_1、$\cdots$、S 是开关,在弹丸穿过加速器管的时候闭合

与其他粒子加速器不同,磁行波加速器是一种偶极加速器,其作用在宏粒子上的力为

$$F = M\nabla H \tag{8.111}$$

其中 M 是宏粒子的磁矩。如果宏粒子具有长度为 l 和横截面积为 A 的圆柱体形状,则其磁矩为 $M = AlH_0/(4\pi)$,其中 H_0 为内禀磁场。对于铁磁体,$H_0 \simeq 60$ kG(钆),$H_0 \simeq 80$ kG(钬),但对于超导体,H_0 据信可达 300 kG。

如果磁场在圆柱形宏粒子的长度 l 上从 $-H_m$ 上升到 $+H_m$,则可以得到 $\nabla H = 2H_m/l$,因此

$$F = \frac{AH_0 H_m}{2\pi} \tag{8.112}$$

密度为 ρ 的圆柱形宏粒子的质量 $m = Al\rho$,其加速度为

$$a = \frac{H_0 H_m}{2\pi\rho l} \tag{8.113}$$

达到速度 v 所需的加速器长度为

$$L = \frac{v^2}{2a} = \frac{\pi\rho l}{H_0 H_m} v^2 \tag{8.114}$$

H_0 和 H_m 的上限由制造磁场线圈的材料的抗拉强度确定。当 $\sigma \simeq 10^{10}$ dyn/cm^2 时,$H_{max} = \sqrt{8\pi\sigma} \simeq 5\times10^5$ G。因此,我们可以举下面这个例子:$H_0 = H_m = 3\times10^5$ G,$\rho = 5$ g/cm^3,$l = 3$ cm,$v = 10^8$ cm/s。我们发现 $L \simeq 50$ km,但由于其巨大的动量,一个巨大的弹丸在撞击时不仅可以内爆并压缩热核靶,而且还可以将靶约束得比其他情况更长久。这意味着只需要 $v = 2\times10^7$ cm/s 的速度,由此 L 从 $L = 50$ km 减小到 $L = 2$ km。但实际上,假设的磁场强

度 $H_0 \sim H_m \sim 3 \times 10^5$ G 过高,$H_0 \sim H_m \sim 10^5$ G 的可能性更大,从而 $L \simeq 20$ km。

一个更严重的问题是开关。为了产生行波,开关必须在时间 $\tau \simeq l/v \sim 10^{-7}$ s 内完成,不仅是接通电流,更重要的是切断电流。解决这个问题的办法是完全放弃直线行波加速器,代之以圆形加速器。在那里,宏粒子只需要在静态磁场的作用下保持在圆形轨道上,而相对较弱的磁行波可以缓慢地将宏粒子加速到所需的最终速度。还有第二个好处。这就是加速器环只需要由一个大的圆形槽组成,槽壁由良导体构成。磁化的宏粒子,无论是铁磁体还是超导体,都会被感应镜像电流的磁场从导电壁排斥。(然而,为了充分利用这一效应,宏粒子的形状应该是薄板而不是球体。)

对此加速器的分析与对直线加速器的分析非常相似,除了此处 $H_0 = H_m$,H_m 为感应镜像电流的磁场。由 $H_0 = H_m = H$,半径为 r 的球形宏粒子上的径向磁力为

$$F_p = \frac{4\pi}{3} r^2 H^2 \tag{8.115}$$

它必须在半径为 R 的圆形轨道上平衡离心力:

$$Z_p = \frac{mv^2}{R} = \frac{4\pi}{3} \rho r^3 \frac{v^2}{R} \tag{8.116}$$

令式(8.115)与式(8.116)相等,并求解 R,得

$$R = \frac{\rho r}{H^2} v^2 \tag{8.117}$$

以 $v = 2 \times 10^7$ cm/s,$r = 1$ cm,$H = 6 \times 10^4$ G,$\rho = 5$ g/cm^3 为例,我们得到 $R \simeq 5$ km,加速环的周长为 $2\pi R \simeq 30$ km。

当动能为 $\sim 10^{14}$ erg $= 10$ MJ 时(以 200 km/s 的速度进行撞击聚变所需的典型值),宏粒子质量为 ~ 0.5 g。图 8.14(a)显示了槽中的宏粒子和它的磁镜像,图 8.14(b)显示了如何以与直线加速器相同的方式加速宏粒子,除了行波在这里可能更弱,从而大大减少了开关问题。图 8.14(c)显示了注入-出射宏粒子调节站,新鲜的宏粒子注入加速器,而较快的宏粒子离开加速器环,并被输送到热核反应堆中用于点火。最后,图 8.15 显示了沿加速器外围布置的四个热核电厂的排列,每个电厂都接收快速移动的宏粒子。

如果将要被加速的弹丸携带了一种在加速过程中蒸发的冷却剂,那么直线宏粒子磁加速器的长度似乎有可能大幅缩短。这使我们能够用普通导体代替超导体或铁磁体,在拉伸强度极限 $H_{max} = \sqrt{8\pi\sigma} \simeq 5 \times 10^5$ G 下用磁场驱动宏粒子。在该极限下,可能的最大加速度为

$$a_{max} = \frac{\sigma}{\rho r} \tag{8.118}$$

对于钢,$\sigma \sim 10^{10}$ dyn/cm^2,$\rho \simeq 7$ g/cm^3,$r \simeq 1$ cm,有 $a_{max} \simeq 1.4 \times 10^9$ cm/s^2。当 $v = 2 \times 10^7$ cm/s 时,加速器长度需为 $L = v^2/(2a_{max}) = 1.4$ km。

为了计算携带冷却剂的宏粒子的最大速度,我们从磁力密度开始:

$$f = \frac{1}{c} j \times H \tag{8.119}$$

由麦克斯韦方程 $4\pi j/c = \text{curl} H$ 或 $H \simeq 4\pi jr/c$,可以得到

$$f = \frac{4\pi r}{c^2} j^2 \tag{8.120}$$

电阻性能量耗散成热的速率(σ 在这里是电导率)为

$$\varepsilon = \frac{j^2}{\sigma} \tag{8.121}$$

因此

$$\frac{f}{\varepsilon} = 4\pi r \frac{\sigma}{c^2} \tag{8.122}$$

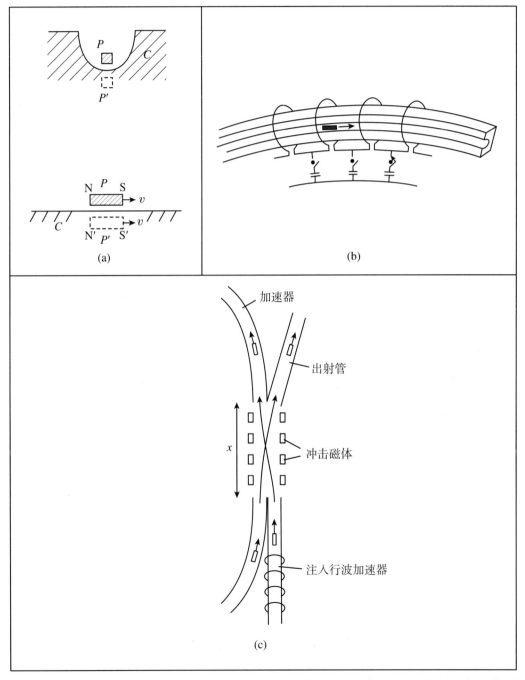

图 8.14　(a) 弹丸位置处加速器的垂直和平行断面。P 为弹丸；C 为导体；N 和 S 分别为磁偶极弹丸的
　　　　北极和南极；P' 为弹丸虚拟镜像，N′ 和 S′ 分别为虚拟北极和南极。(b) 磁行波的产生加速了环
　　　　内的弹丸。(c) 注入－出射调节站

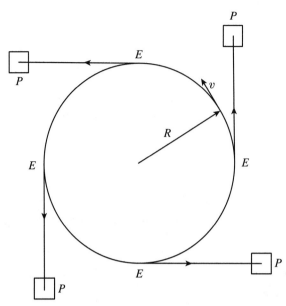

图 8.15 加速器和发电厂的总体布局。P 为发电厂；E 为宏粒子出射点

宏粒子的导电部分应具有密度 ρ_0 并占据体积 V_0，而不导电的冷却剂应具有密度 ρ_1 并占据体积 V_1。宏粒子的质量为

$$M = \rho_0 V_0 + \rho_1 V_1 \tag{8.123}$$

作用在 V_0 上的力是

$$R = fV_0 \tag{8.124}$$

因此加速度

$$a = \frac{F}{M} = \frac{f}{\rho_0}\left(1 + \frac{\rho_1 V_1}{\rho_0 V_0}\right)^{-1} \tag{8.125}$$

在时间 t_0 内，冷却剂带走的热量为

$$E_{\text{out}} = c_V T_0 \rho_1 V_1 \tag{8.126}$$

其中 T_0 是冷却剂的蒸发温度，c_V 是冷却剂的比热，包括蒸发能。电阻性耗散释放的热量在同一时间 t_0 内为

$$E_{\text{in}} = \varepsilon V_0 t_0 \tag{8.127}$$

设 $E_{\text{out}} = E_{\text{in}}$，$t_0$ 的解为

$$t_0 = c_V T_0 \rho_1 \frac{V_1}{\varepsilon V_0} \tag{8.128}$$

t_0 时刻所有冷却剂都蒸发了，这一瞬间宏粒子的速度为

$$v = at_0 = \frac{4\pi \sigma r c_V T_0}{c^2}\left(1 + \frac{M_0}{M_1}\right)^{-1} \tag{8.129}$$

其中 $M_0/M_1 = \rho_0 V_0/(\rho_1 V_1)$ 是弹丸与冷却剂的质量比。该结果的重要之处是冷却剂使导体保持低温，从而使 σ 较高。当然，这需要 $M_1 > M_0$。在 σ 保持较大的情况下，可设 $\sigma \simeq 10^{18}\ \text{s}^{-1}$，以及 $c_V T_0 \sim 10^{10}\ \text{erg/g}$，可以得到 $v \lesssim 500\ \text{km/s}$。

人们可能会通过一种类似海绵的弹丸来实现这一想法，在这种弹丸中，海绵里充满了冷却剂（例如液氢）。在加速过程中，蒸发的冷却剂被磁行波的压力从海绵中挤出。

更有效的方法是如图 8.16 所示的电磁火箭炮概念。在那里,蒸发的冷却剂被磁行波加热,并对弹丸状宏粒子产生推力。

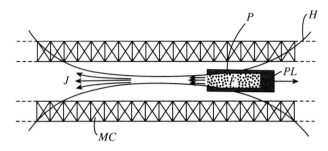

图 8.16　电磁火箭炮原理。P 为弹丸的一部分,装有将会蒸发的推进剂 F,并与推进剂一起成为射流 J 的一部分。PL 为弹丸的有效载荷,MC 为磁场线圈,H 为磁力线

8.12　磁约束致密物质的磁加速

如果要被加速的导体是由磁力而不是固体内部的内聚力结合在一起的,则普通导体的磁加速会导致更高的速度。如果加速导体的时间 t_0 等于通过电阻加热使其蒸发的时间,则

$$\frac{j^2}{\sigma}t_0 = \rho c_V T_0 \tag{8.130}$$

其中 $c_V T_0$ 是每单位质量的蒸发能,ρ 是导体的密度。根据式(8.120),导体的加速度为

$$a = \frac{f}{\rho} = \frac{4\pi r}{\rho c^2}j^2 \tag{8.131}$$

直到它汽化的时刻,最后的速度为

$$v = at_0 = 4\pi\sigma r \frac{c_V T_0}{c^2} \tag{8.132}$$

假设 $\sigma \sim 10^{16}\ \text{s}^{-1}$(热导体),$c_V T_0 \sim 10^{10}\ \text{erg/g}$,$r \sim 1\ \text{cm}$,可以得到 $v \sim 10\ \text{km/s}$。但如果导体通过磁压力结合在一起,则约束时间 t_0^H 为

$$\frac{j^2}{\sigma}t_0^H = \frac{H^2}{8\pi} \tag{8.133}$$

因此

$$v = at_0^H = \sigma r \frac{H^2}{2\rho c^2} \tag{8.134}$$

在磁约束条件下,如果 $t_0^H > t_0$ 或者说

$$\frac{H^2}{8\pi} > \rho c_V T_0 \tag{8.135}$$

则更大的速度是可能的。当 $c_V T_0 \sim 10^{10}\ \text{erg/g}$,$\rho \simeq 10\ \text{g/cm}^3$ 时,需要满足 $H > 2 \times 10^6\ \text{G}$ 的条件,即需要兆高斯的场。

通过比较 t_0^H 与磁场穿透导体的扩散时间(3.86),可以得到导体在时间 t_0^H 内被磁压力固定在一起。在小于扩散时间的时间内,磁场可以通过作用在导体表面的磁压力来约束导体。由 $j \simeq Hc/(4\pi r)$,从式(8.133)可以得到 $t_0^H \simeq 2\pi r^2/c^2$,乘以系数 2(设 $t_0 \to t_0^H$ 和 $R \to r$),就与式(3.86)相同。

我们假设 $H = 10^7\ \text{G}$(这可通过磁通量压缩实现),$\sigma \sim 10^{16}\ \text{s}^{-1}$,$\rho \sim 10\ \text{g/cm}^2$,$r \sim 1\ \text{cm}$,

则从式(8.134)可以得到 $v \sim 500 \text{ km/s}$。

对于细小的导线，让大电流流过导线可以产生数兆高斯的磁场。对于半径为 r_0 的两根平行导线，间隔距离 r，且电流 I［esu］相等，每根导线上的磁力密度为

$$f = \frac{1}{c} jH \tag{8.136}$$

由 $H = 2I/(rc)$ 和 $j = I/(\pi r_0^2)$，上式变为

$$f = \frac{2}{\pi r_0^2 c^2} \frac{I^2}{r} \tag{8.137}$$

每根金属丝的质量 $m = \pi r_0^2 l\rho$，其中 ρ 是金属丝的密度，l 是金属丝的长度，那么它们的相对加速度为

$$a = \frac{f}{\rho} = 2 \frac{lI^2}{mc^2 r} \tag{8.138}$$

用两条导线的约化质量 $m/2$ 替换 m，其相对速度 v 的相对运动方程为

$$\frac{\mathrm{d}v}{\mathrm{d}t} = -\frac{4lI^2}{mc^2} \frac{1}{r} \tag{8.139}$$

由 $\mathrm{d}v/\mathrm{d}t = (1/2)\mathrm{d}v^2/\mathrm{d}t$，可以对式(8.139)进行积分，以获得相互碰撞速度：

$$v = \sqrt{\frac{8lI^2}{mc^2} \log \frac{r}{r_0}} \tag{8.140}$$

或者由

$$m = \pi r_0^2 l\rho$$

有

$$v = \frac{I}{cr_0} \sqrt{\frac{8}{\pi\rho} \log \frac{r}{r_0}} \tag{8.141}$$

I 的单位用安培，就是

$$v = 0.1 \frac{I}{r_0} \sqrt{\frac{8}{\pi\rho} \log \frac{r}{r_0}} \tag{8.142}$$

作为第一个例子，我们取两根半径为 $r_0 = 10^{-3}$ cm 的导线，相隔 $r = 4$ cm，每根导线中流过的电流 $I = 10^6$［A］。从式(8.142)可以得到相对速度为 $v \simeq 1.4 \times 10^8$ cm/s，因此绝对速度 $v \simeq 700$ km/s。我们必须检验该速度是否小于式(8.134)给出的上限，其中设 $r = r_0 = 10^{-3}$ cm。由电流为 $I = 10^6$［A］，导线半径为 $r_0 = 10^{-3}$ cm，可以得到 $H = 2 \times 10^8$ G。将式(8.134)改写为电导率的条件 $\sigma \geqslant 2\rho c^2 v/(r_0 H^2)$。当 $\rho \simeq 10$ g/cm³ 时，我们得到 $\sigma \gtrsim 4 \times 10^{17}$ s⁻¹。这与良好的金属导体($\sigma \sim 10^{-18}$ s⁻¹)相近。

如果两根导线发生碰撞，它们的动能会转化为黑体辐射的热量。为了估计黑体辐射的温度，我们必须令导线的动能密度 $(1/2)\rho v^2$ 与黑体辐射的能量密度 aT^4 相等。可以得到 $T \simeq 6 \times 10^7$ K。

对于两根长度为 $l = 4$ cm、速度为 $v = 700$ km/s 的导线，动能为 $E_{\text{kin}} \simeq 10^{12} = 100$ kJ[①]，在非弹性碰撞时间 $\tau_c \simeq 2r_0/v \simeq 2.5 \times 10^{-11}$ s 内转化为热能。借助于式(4.72)，可以得到这个能量以辐射形式释放的时间 τ_r，即 $\tau_r = 2\pi r_0 j_r/(\pi r_0^2 aT^4) \simeq (2/3)(c/r_0)(\lambda_{\text{opt}}/r_0)$，其中 $\lambda_{\text{opt}} = (\kappa\rho)^{-1}$，$\kappa$ 由式(4.71)给出。当 $\rho = 10$ g/cm³，$T \simeq 10^7$ K 时，可得 $\tau_r \simeq 2 \times 10^{-13}$ s。很

---

① 上述公式第一个动能值的单位为［dyn］，然后换算成［kJ］。——译者注

明显,辐射不可能在比非弹性碰撞时间 τ_c 更短的时间内释放。考虑到这一点,keV X 射线脉冲的功率为 $E_{kin}/\tau_c \simeq 4\times10^{15}$ [W]。二极管的阻抗的数量级为 1 Ω。对于具有良好导电性、半径为 $r_0 \sim 10^{-3}$ cm、长度为 l 的导线,它们电阻的数量级是相同的。因此,对于总电流 2×10^6 [A](每根导线通过 $I = 10^6$ [A]),二极管的电压必须 $\simeq 2\times10^6$ [V],输入功率 $\sim 4\times10^{12}$ [W]。在输出功率 $\sim 4\times10^{15}$ [W]的情况下,这意味着 $\sim 10^3$ 倍的脉冲功率压缩。

当输入能量为 ~ 100 kJ 时,高压脉冲必须持续 $\sim 2\times10^{-8}$ s。这个时间与在 ~ 4 cm 的距离上将导线加速到 ~ 700 km/s 所需的时间相近。当然,并非所有的能量都变成了动能,有相当一部分变成了磁场能。

只要聚变 α 粒子被捕获在靶中,速度为 ~ 700 km/s 就足以在撞击 DT 靶时点火。由于这种情况发生在箍缩电流超过式(6.23)给出的 I_c 的情况下,这表明我们应该达到 $\sim 10^7$ [A]的电流,并在碰撞导线之间放置一个圆柱形 DT 靶。对于 $\sim 10^7$ [A]的电流和导线半径 $r_0 \simeq 10^{-2}$ cm,几乎达到了相同的速度。对于 ~ 700 km/s 的速度,两根 4 cm 长的导线将获得 ~ 10 MJ 的动能,足以点燃一个含有 $\sim 10^{21}$ 个 DT 核的 DT 圆柱体。在 $kT \sim 10$ keV $\sim 10^{-8}$ erg 的情况下,由冲击压 $(1/2)\rho v^2 \simeq 3\times10^{16}$ dyn/cm² 等于等离子体压 $\sim nkT$,我们得到 $n \sim 10^{26}$ cm⁻³。由劳森判据 $n\tau \gtrsim 10^{14}$ cm⁻³·s⁻¹,就可以得到 $\tau \gtrsim 10^{-12}$ s,为 DT 圆柱体的惯性约束时间 $\tau = 10^{-9}$ s 的 1/100。这意味着对于 $\sim 10^{21}$ 个 DT 核来说,有一个很大的燃耗,释放出 10^{16} erg,增益为 ~ 100。

对于阻抗为 ~ 1 Ω、电流为 2×10^7 A 的二极管,电压必须是 $\sim 2\times10^7$ V,功率为 $\sim 4\times10^{14}$ W。和之前一样,为将 ~ 10 MJ 的能量传输到负载,脉冲时间长度需要大于 2×10^{-8} s。

8.13　多导线内爆

我们可以用一个由 n 根导线组成的圆柱形组件来代替两根导线在其圆柱轴线上内爆。如果内爆速度为 v,那么导线的相互碰撞速度为 $v_0 = 2\times(2\pi/n)v = (4\pi/n)v$。为了计算撞击时的温度,我们必须令动能密度与黑体辐射的能量密度相等:

$$\frac{1}{2}\rho v_0^2 = aT^4 \tag{8.143}$$

或者说

$$\frac{8\pi^2}{n^2}\rho v^2 = aT^4 \tag{8.144}$$

以 $n = 100, \rho = 19.3$ g/cm³(钨丝), $v = 10^7$ cm/s 为例,我们得到 $T \simeq 6.3\times10^6$ K $= 540$ eV,这在软 X 射线范围内。

有人提议利用碰撞导线产生的强 X 射线脉冲驱动烧蚀内爆热核靶。图 8.17 显示了用于此目的的构型,其中 X 射线脉冲进入放置球形热核靶的黑腔。该方案的一个局限性是内爆圆柱形导线组件的瑞利-泰勒不稳定性。

图 8.18 显示了一种不同的构型,据信更好。如果用导线辐条替换等离子体,则与等离子体聚焦构型相同。观察到的等离子体聚焦的高能量积累是箍缩聚焦的剪切流稳定(见 8.18 节)的结果。同样的情况也会发生在内爆导线聚焦中。

导线在一定距离内加速至 $\sim 10^7$ cm/s,而 X 射线在导线碰撞时释放。因此,内爆导线是一种脉冲压缩方案,能量首先缓慢地转化为导线的动能,然后作为软 X 射线脉冲迅速释放。

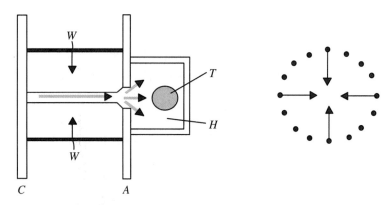

图 8.17 圆柱形内爆多导线构型。C 为阴极，A 为阳极，W 为导线，H 为黑腔，T 为热核靶

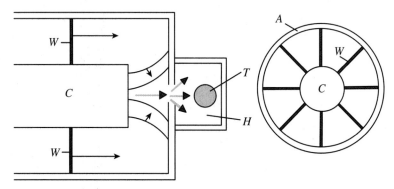

图 8.18 多导线等离子体聚焦构型。C 为阴极，A 为阳极，W 为导线，H 为黑腔，T 为热核靶

在如图 8.17 所示的构型中，加速发生在比如图 8.18 所示聚焦构型的可能距离更短的距离上。在后者中，导线在径向向内内爆之前先轴向加速。这样，除了第二种构型的更好的稳定性外，它能提供更大的脉冲压缩。

在多导线内爆的典型例子中，输入能量为 ~ 10 MJ，在 $\sim 2 \times 10^{-7}$ s 内传递给导线，输入功率为 50 TW，在内爆过程中放大到 ~ 200 TW。按数量级计算，一个速度为 ~ 50 km/s、动能为 ~ 10 MJ 的 ~ 8 g 固体弹丸在撞击时可提供 50 TW 的输入功率。让宏粒子通过一个感应线圈，它可以驱动所射入的一个黑腔内的爆炸导线阵列（图 8.19）。由于导线相互磁吸引，它们以高速度碰撞，导致释放的软 X 射线的脉冲功率放大。

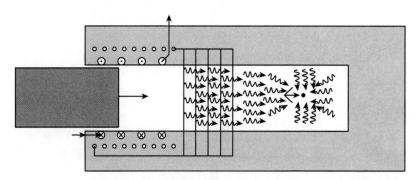

图 8.19 爆炸导线由快速移动的弹丸驱动，释放软 X 射线，压缩并点燃热核靶

在黑腔内放置一个高增益靶材，靶材前面放置一个锥形屏蔽，如图 8.19 所示，靶材可预

压缩至高密度,并通过从坍缩锥体喷出的快速射流点火。为了达到所需的高点火速度,锥体朝向靶被烧蚀加速,同时坍缩锥体的聚能效应将射流作为点火脉冲指向靶。

实验表明,碰撞时动能转化为热能的模型不可能完全正确,特别是对于细导线碰撞,其碰撞速度最高,因为发射的 X 射线比这个简单模型预测的要多得多。11.6 节给出了这种行为的可能解释。

8.14　关于脉冲功率压缩的一些意见

通过使用一组内爆导线将动能转换为软 X 射线脉冲进行脉冲功率压缩只是通过缓慢动能累积,然后将动能快速转换为高功率脉冲来实现脉冲功率压缩的更一般方法的一个示例。脉冲功率被压缩的系数等于加速所需的较长时间与动能作为辐射释放的较短时间之比。一般来说,在宏粒子加速器中,缓慢积累的能量在撞击时迅速传递到靶上。驱动宏粒子的功率可以保持在相对较低的水平,但需要一个较长的宏粒子加速器。如果加速器的长度为 L,粒子的平均速度为 v,积累到粒子中的能量为动能 E,则加速粒子的功率为

$$P \sim \frac{v}{L}E \tag{8.145}$$

以 $v \sim 10^7$ cm/s,$L \sim 10^6$ cm,$E \sim 10^7$ J 为例,得 $P \sim 2 \times 10^7$ W。对于厘米大小的宏粒子,脉冲功率压缩比为 5×10^6,将 P 从 $\sim 2 \times 10^7$ W 提高到 $\sim 2 \times 10^{14}$ W。

在 8.2 节中,我们已经证明飞轮发电机可以提供功率 $P \sim 10^{10}$ W。要达到 10^{14} W 的功率,需要进行 $\sim 10^4$ 倍的脉冲功率压缩。

以下三个概念是 $\sim 10^{10}$ W 同极飞轮发电机的有希望的脉冲功率压缩候选方案:

1. 累积磁驱动电子束加速器,如图 8.6 所示。

2. 重离子束等离子体射流加速器,如图 8.7 所示。

3. 如 8.11 节所述,用于携带冷却剂的普通导体的宏粒子磁加速器。

通过磁化大的存储线圈,然后通过一系列更快断开的开关中断电流,负载作为最快的最后断开开关,也可以实现大的脉冲功率压缩。8.20 节解释了如何实现这一想法。

脉冲功率压缩可以在功率-时间(P-t)图中描述,其中能量 $E = Pt = $ 常数。如图 8.20 所示,脉冲功率压缩要求将低功率、长持续时间脉冲转换为高功率、短持续时间脉冲。

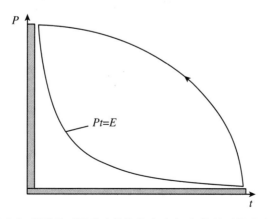

图 8.20　通过将低功率、长持续时间脉冲转换为高功率、短持续时间脉冲进行脉冲功率压缩

8.15 磁增强器撞击聚变概念

在 6.10 节中,我们已经证明,对于磁化聚变靶,撞击聚变所需的~200 km/s 的速度可以降低约一个数量级。弹丸速度降低为~1/10 意味着宏粒子磁加速器的长度将减少为~1/100,减少到几百米。然而,对于磁化靶,预期的热核增益 G 相当小,在给出的示例中 $G\sim30$,而对于商业热核能量释放,应为 $G\sim10^3$。(热核火箭推进也有同样的要求。)我们现在将展示如何通过磁增强器撞击聚变概念克服这一限制。如图 8.21(a)~(d)所示,过程如下:

1. 一个高速弹丸 P 在前部有一个锥形凹陷,内爆放置在"砧座" A 的锥形凹陷处的圆柱形空心增强器靶室 T。增强器靶室充满 DT 气体,DT 气体被 $H_0\sim10^5$ G 数量级的磁场渗透。第一级中的磁场可由脉冲单圈磁场线圈产生,或者由小超导线圈或具有较大饱和场强的铁磁体(如钆或钬)产生。

2. 在入射弹丸撞击靶室前的一瞬间,一个能量相对较低的短激光脉冲通过一个孔进入靶室,将 DT 气体预热到 $T_0\sim10^6$ K 的温度,将其转化为磁化等离子体。

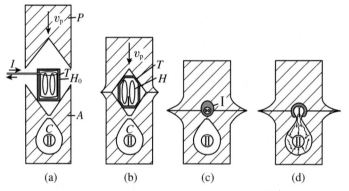

(a)　　　　(b)　　　　(c)　　　　(d)

图 8.21　在两级磁增强器撞击聚变靶中,第一级靶 I 为低增益增强器靶,第二级靶 II 为高增益靶。P 是以速度 v_p 移动的入射弹丸,B 为激光或带电粒子束,通过开口 O 进入增强器靶室 T。V 是圆锥顶点位置,H_0 是 T 内的初始磁场。(a) 入射弹丸内爆增强器低密度 DT 气体,该气体已被激光或带电粒子束磁化和预热。(b) 磁场反转闭合了高度压缩的靶 I 的磁力线。(c) 当靶室处于其最小直径时,磁场达到最大压缩。(d) 在达到其点火温度时,DT 等离子体在 V 处使黑腔壁破裂,将大量能量释放到室 C 中。释放到 C 中的辐射和热等离子体烧蚀内爆并点燃高增益靶 II

3. 靶室中的磁化 DT 等离子体被入射的弹丸内爆并被高度压缩,导致捕获在靶室内的磁场迅速增强。等离子体和靶室壁中感应的电流导致磁场反转,闭合等离子体中的磁力线。磁场反转发生后,DT 等离子体进入靶室壁的热传导损失仅与磁力线垂直,大大增加了能量约束时间。在没有能量损失的情况下,靶室内的等离子体温度和磁场按下式变化:

$$\frac{T}{T_0} = \frac{H}{H_0} = \left(\frac{l_0}{l}\right)^2 \tag{8.146}$$

其中 l_0 和 l 分别是内爆过程开始时和一段时间后靶室的线性尺寸。磁场反转发生于 $H\approx2H_0$ 时,即

$$l \lesssim \frac{l_0}{\sqrt{2}}$$

因为达到热核点火所需的温度为 $T_i \simeq 10^8$ K,所以黑腔必须内爆到最小直径

$$l_{min} \simeq \frac{l_0}{10}$$

因此,除了内爆过程的初始阶段外,磁化等离子体大部分时间处于完全场反转状态。在靶室最终到达最小直径时,磁场已增强至其最大值 $H_{max} \simeq 10^7$ G。

4. 在达到点火温度 T_i 后,约束在靶室内的 DT 等离子体进行热核漂移。热核反应引起的内能快速上升导致等离子体压快速上升,从而使靶室壁在最弱点破裂。如果将该最弱点选在由衬底①和弹丸形成的锥形黑腔的顶点 V 处,则辐射和热等离子体形式的大量能量被释放到相邻的室 C 中,其中放置由液体或固体 DT 构成的第二级热核 DT 靶 Ⅱ。

5. 随着以光速流入室 C 的辐射能通过烧蚀内爆点燃第二级 Ⅱ,该级的增益为 $\sim 10^3$ 倍。正是这第二级释放了大部分能量,第一级增强器作为高增益第二级的触发器。

有了这个两级靶概念,可以在更小的撞击速度下起效,并且仍然具有较高的增益。

这些总体想法现在将得到一些更定量的估计的支持:

1. 如果我们假设弹丸的密度为 $\rho_p \simeq 10$ g/cm^3,并以 $v_p = 2 \times 10^6$ cm/s 的速度移动,则在撞击时会导致停滞压

$$p_s = \frac{1}{2} \rho_p v_p^2 = 2 \times 10^{13} \text{ dyn/cm}^2$$

在 $T_i \simeq 10^8$ K 的情况下,设靶室中的最终等离子体压 $p = 2nkT_i$ 与停滞压相等,我们得到 $n \simeq 10^{21}$ cm^{-3}。靶室内 DT 气体的初始密度乘以系数

$$\left(\frac{l_{min}}{l_0} \right)^3 \simeq 10^{-3}$$

因此,气体 DT 靶的初始数密度为 $n_0 \simeq 10^{18}$ cm^{-3}。

2. 假设靶室的初始和最终直径分别为 $l_0 \simeq 4$ cm 和 $l_{min} \simeq 0.4$ cm。因此,最大压缩时的体积为

$$l_{min}^3 \simeq 6 \times 10^{-2} \text{ cm}^3$$

在这个室中的原子总数是 $N \sim 6 \times 10^{19}$。

3. 由于室的内爆是三维的,在压缩完全等熵的假设下,DT 气体从 $T_0 \simeq 10^6$ K 加热到 $T_i \simeq 10^8$ K 的时间由下式给出:

$$\tau_A \simeq \frac{l_0}{2v_p} \tag{8.147}$$

在我们的例子中,我们得到 $\tau_A \simeq 10^{-6}$ s。正如我们在 6.10 节中所表明的,在这样的速度和粒子数密度下,与通过内爆压缩的等熵加热相比,磁化 DT 等离子体的能量损失可以忽略不计。

4. 将一个由 $N \simeq 6 \times 10^{19}$ 个离子组成的等离子体加热到 $T \simeq 10^6$ K 需要能量

$$E_0 = 3NkT \simeq 2.4 \times 10^{10} \text{ erg} = 2.4 \text{ kJ}$$

预热所需的相对较小的能量可以通过短脉冲激光或带电粒子束轻松提供。由于束脉冲必须通过一个小开口进入室,因此激光束似乎更适合此目的。此外,由于 DT 气体的初始密度相当低,因此可以使用高效率的红外气体激光器。

---

① 在作者设计的构型中,弹丸撞击一个类似铁砧的衬底装置。——译者注

5. 通过等熵压缩将 DT 气体加热至点火温度 $T_i \simeq 10^8$ K 需要将其内部能量提高至

$$E_i = 3nkT \simeq 2.4 \times 10^{12} \text{ erg} = 240 \text{ kJ}$$

悲观地假设只有大约 1% 的动能进入内能，则弹丸能量必须为 2.4×10^{14} erg。当弹丸速度为 2×10^6 cm/s 时，弹丸质量为 $m_p = 120$ g。其余 99% 的弹丸能量不会损失，但将用于惯性约束靶等离子体。在这种假设下，大多数能量用于惯性约束而不是点火，就像激光或带电粒子束聚变那样。

6. 在 DT 等离子体达到热核点火温度 $T_i \simeq 10^8$ K 后，以 α 粒子形式释放的部分热核能量在 DT 等离子体中耗散，因为这些 α 粒子在 $H = 10^7$ G 时的拉莫尔半径为 $r_L \simeq 0.03$ cm，不到内爆室直径($l_{min} \simeq 0.4$ cm)的 1/10。因此，DT 等离子体经历了热核漂移，只要惯性约束持续，它的温度就会大大提高。惯性约束时间的数量级为

$$\tau_i \simeq \frac{h}{v_p} \tag{8.148}$$

其中 h 是由弹丸和衬底构成的材料厚度。h 的值可以通过 $h^3 \rho_p = m_p$ 来估算，在我们的示例中，$\rho_p = 10$ g/cm^3，$m_p = 120$ g，给出 $h = 2.3$ cm。因此 $\tau_i \simeq 10^{-6}$ s。同时，燃料燃耗时间由下式给出：

$$\tau_b \simeq \frac{1}{n \langle \sigma v \rangle} \tag{8.149}$$

在热核漂移中，温度上升直到 $\langle \sigma v \rangle$ 达到其最大值，对于 DT 反应，

$$\langle \sigma v \rangle_{max} \simeq 10^{-15} \text{ cm}^3/\text{s}$$

在温度 $\sim 8 \times 10^8$ K 下达到。当 $n = 10^{21}$ cm^{-3} 时，有 $\tau_b \simeq 10^{-6}$ s。

7. 由于 $\tau_i \simeq \tau_b$，我们可以假设燃料燃耗很大，例如 50%。因此，对于有 6×10^{19} 个离子的 DT 等离子体，释放到动能均为 2.8 MeV 的 α 粒子中的总能量为

$$E_\alpha = \frac{1}{2} \left[\frac{1}{2} (6 \times 10^{19}) \right] (4.5 \times 10^{-6}) = 3.4 \times 10^{14} \text{ erg} = 34 \text{ MJ} \tag{8.150}$$

$$p \sim \frac{E_0}{l_{min}^3} \simeq 5 \times 10^{15} \text{ dyn/cm}^2$$

比 10^7 G 时的磁压大 100 倍。结果，热等离子体将与壁材料对流混合。由于这种混合效应，大部分能量将进入黑体辐射。这个黑体辐射的温度 T_b 由下列表达式决定：

$$a T_b^4 = \frac{E_\alpha}{l_{min}^3} \tag{8.151}$$

其中 $a = 7.67 \times 10^{-15}$ erg/(cm$^3 \cdot$ K^4)，可以得到 $T_b \simeq 3 \times 10^7$ K。我们假设在顶点破裂之前，室允许从高压膨胀大约 3 倍，则温度将下降到 $T_b' = T_b/3 \simeq 10^7$ K。

8. 在顶点破裂后，进入室 C(高产额热核靶放置在室 C 内)的光子能量通量由下式给出：

$$P = \sigma T_b'^4 \tag{8.152}$$

其中 $\sigma = ac/4 = 5.75 \times 10^{-5}$ erg/(cm$^2 \cdot$ s $\cdot$ K^4)。当 $T_b' = 10^7$ K 时，我们发现

$$P = 5.75 \times 10^{23} \text{ erg/(cm}^2 \cdot \text{s)} = 5.75 \times 10^{16} \text{ W/cm}^2$$

如果能量可通过的破裂点处形成的开口的横截面为 $l_{min}^2 \sim 10^{-1}$ cm^2 数量级，则通过该开口的功率通量为 $\sim 5 \times 10^3$ TW。增强器级释放的 α 粒子能量约等于 30 MJ，只有三分之一，即 ~ 10 MJ 可用作黑体辐射。剩余的 ~ 20 MJ 用于将靶室直径扩大 3 倍，但 ~ 10 MJ 足以使高密度、高增益热核靶内爆。当 $T_b' = 10^7$ K 时，黑体辐射的波长足够短，以确保与靶的良好耦

合,从而使其压缩到~10^4 倍固体密度。

最后,我们想想及的是,对于磁增强器级,可以使用快速 Z 箍缩放电,如图 8.22 所示。Z 箍缩可以通过 3.8 节中描述的轴向剪切流来稳定。在如图 8.22 所示的构型中,快速射流由 5.8 节中描述的聚能效应产生(通过弹丸和衬底中锥形凹陷的碰撞)。通过这些射流产生的剪切流,Z 箍缩可以稳定下来,前提是射流的动能密度与箍缩的磁能密度具有相同的数量级。

图 8.22　快速 Z 箍缩磁增强器高增益 DT 靶

8.16　密集 Z 箍缩的激光点火

线性 Z 箍缩放电是第一个被考虑用于控制释放热核能量的等离子体磁约束构型,但在很久以前被放弃了,主要是因为 $m=0$(腊肠)和 $m=1$(扭曲)不稳定性。最近,快速 Z 箍缩通过在细固体丝上放电高压脉冲电源而复活,该丝可能是细导线,甚至是 DT 纤维(实际上迄今为止只使用了氘纤维)。为了克服 $m=0$ 和 $m=1$ 不稳定性,可以叠加一个轴向磁场,其强度数量级必须与放电电流的角向磁场相同,但由于放电电流的磁场为许多兆高斯,可以排除这种稳定方法。3.8 节中描述的轴向剪切流稳定更有前景。

如果快速射流穿过箍缩中心,或通过沿箍缩表面流动的空心射流,则可以实现轴向剪切流模式。在 3.8 节中,假设剪切流密度与箍缩密度相同。如果射流密度为 ρ_s,稳定要求

$$\frac{1}{2}\rho_s v_z^2 \geqslant \frac{H^2}{8\pi} \tag{8.153}$$

式(8.153)在 $\rho=\rho_s$ 时与式(3.157)相同,此时式(8.153)可写为

$$v_z \geqslant v_A \tag{8.154}$$

其中 v_A 为阿尔芬速度。计算机模拟显示 $v_z/v_A \gtrsim 3$ 才能达到稳定状态。当射流密度大于等离子体密度时,v_z 值越小,箍缩放电越稳定。

乍一看,这种稳定似乎会使热核温度的实现变得困难(如果不是完全不可能的话),沿着箍缩通道会有很大的轴向热能损失。但是,如果热核爆震波在某一点被点燃,从此点沿箍缩放电通道超音速传播,这些损失是微不足道的。理想情况下,放电通道应处于绝对零度,此时在给定磁压下,其密度最高。因此,这里需要的是冷箍缩而不是热箍缩。

对于高于 Pease-Braginskii 电流(4.87)的电流,箍缩柱收缩到一个较小的半径,直到它变得光学不透明。从式(4.70)得到,这种情况发生在箍缩半径大约等于光子路径长度 $\lambda_p =$

$1/(n\sigma_{\mathrm{opt}})$ 的情况下。当 DT 等离子体满足 $T \sim 10^7$ K 和 $n \sim 5 \times 10^{24}$ cm^{-3}（比固态密度高 ~100 倍的压缩）时，我们发现 $\lambda \sim 5 \times 10^{-2}$ cm。为了达到这个高密度，等离子体必须从固体密度坍缩到固体密度的 ~100 倍。当 $T \simeq 10^7$ K 和 $n = 5 \times 10^{24}$ cm^{-3} 时，我们发现辐射坍缩时间(1.26)为 $\tau_{\mathrm{R}} \sim 10^{-8}$ s。对于给定的温度和粒子数密度，$p = 2nkT \sim 10^{14}$ dyn/cm^2，由 $p = H^2/(8\pi)$，可以得到 $H \sim 5 \times 10^7$ G。当 $r \sim 10^{-2}$ cm 时，这需要 $I = 5Hr \sim 2 \times 10^6$ A，刚好高于 DT 的 Pease-Braginskii 电流，即 $I_{\mathrm{PB}} \sim 1.7 \times 10^6$ A。

当辐射坍缩非常快速时，电流应该远远高于 Pease-Braginskii 电流，这意味着 $I \gtrsim 10^7$ A。

为了使热核爆震波沿着箍缩放电通道传播，放电电流必须大于表 6.1 中列出的许多热核反应的 I_{c}。在 DT 反应中，该电流为 $I_{\mathrm{c}} \simeq 1.35 \times 10^6$ A。这再次意味着 $I \gtrsim 10^7$ A。

要产生热核爆震波，箍缩放电通道的长度必须大于 $T \sim 10^9$ K 时式(4.25)或者说式(6.13)的 α 粒子射程 λ_0，此时 $\langle \sigma v \rangle$ 值最大。对于 $T = 10^9$ K 和 $n = 5 \times 10^{24}$ cm^{-3}，可以得到 $\lambda_0 \simeq 0.2$ cm。在此温度下，热 DT 离子的粒子速度（即声速）为 $a_0 \sim 2 \times 10^8$ cm/s。

如果将长度为 λ_0 的箍缩放电通道的一段加热到 $T \sim 10^9$ K，则其膨胀时间为 $\tau \sim \lambda_0/a_0 \sim 10^{-9}$ s。因此，点燃热核爆震波的能量

$$E_{\mathrm{ign}} = 3nkT\pi r^2 \lambda_0 \tag{8.155}$$

必须在小于 ~10^{-9} s 的时间内供应至箍缩放电通道长度为 $\lambda_0 \simeq 0.2$ cm 的一段。对于给定的例子，有 $E_{\mathrm{ign}} \sim 3 \times 10^{11}$ erg = 30 kJ，功率为 $P \sim E_{\mathrm{ign}}/\tau \sim 3 \times 10^{13}$ W。该能量和功率集中在 ~0.01 cm 厚、0.2 cm 长的丝上，可由脉冲激光提供。由于原子数密度大(5×10^{24} cm^{-3})，点火必须遵循快速点火器的方法，只是在磁约束 Z 箍缩等离子体中没有需要在等离子体晕上钻穿的孔。

如图 8.23 所示，用于稳定箍缩放电的射流可通过辅助放电产生。为了稳定箍缩放电，射流的能量必须与箍缩放电的能量具有相同的数量级。由于放电通道不能太长，因此增益受到限制。然而，通过分级，即使使用小型箍缩放电通道也可能获得更大的增益。在那里，在箍缩放电通道中释放的热核能量作为磁约束射流被释放，通过射流对第二级的轰击来促进分级。

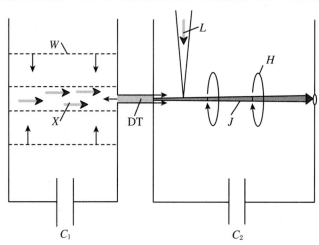

图 8.23　激光点火的剪切流稳定密集 Z 箍缩。C_1、C_2 为马克斯电容器组；W 为被 C_1 放电内爆的导线阵；软 X 射线 X 加热细管中的固体或液体 DT，产生烧蚀驱动射流 J，C_2 在其上放电，形成具有角向磁场 H 的密集 Z 箍缩。L 是脉冲激光束，点燃密集 Z 箍缩通道

8.17　等熵压缩密集 Z 箍缩的激光点火

Pease-Braginskii 电流以上箍缩放电的辐射坍缩并不是达到高密度的最有效手段。在激光聚变中,使用等熵压缩更为有效。正如我们所说,对于热核爆震波的点火,不是温度而是密度应尽可能高。超过 Pease-Braginskii 电流的大等离子体电流下很难达到高密度,其产生的是热等离子体,而不是冷等离子体。但只有在冷等离子体而不是热等离子体中才能达到最高密度。为了达到高密度,将 DT(或其他热核材料)置于金属毛细管内。管上电脉冲能源驱动放电产生的电流在管表面产生巨大的磁压,压缩管内的 DT。此外,在适当选择电流 $I = I(t)$ 的时间依赖性的情况下,压缩可以为等熵的,因为需要通过将 DT 保持在其最低绝热水平来达到最高密度。作用在毛细管上的磁压与 I^2 成比例,放电功率与 $I^2 Z$ 成比例,其中 Z 是放电通道的阻抗。忽略 Z 对放电通道半径的弱对数依赖性,圆柱形组件的等熵压缩功率必须具有式(5.40)的时间依赖性:

$$\frac{P}{P_0} = \left(1 - \frac{t}{t_0}\right)^{-9/5} \tag{8.156}$$

例如,如果 $I = 10^7$ A 且毛细管半径 $r = 2 \times 10^{-2}$ cm,则磁场已增强至 $H = 0.2I/r = 10^8$ G,磁压 $H^2/(8\pi) = 4 \times 10^{14}$ dyn/cm^2。在此压强下,根据式(3.170),冷氢的粒子数密度为 $n = 5 \times 10^{24}$ cm^{-3}(固态密度的 100 倍)。当电流为 10^7 A 时,热核爆震波(由毛细管一端的激光脉冲点燃)可以沿着毛细管传播。

在其内爆过程中,除了 $m = 0$ 和 $m = 1$ 磁流体动力学箍缩不稳定性外,毛细管还受到瑞利-泰勒不稳定性(5.7 节)的影响。如 3.8 节所述,轴向剪切流可抑制磁流体动力学不稳定性,快速旋转可抑制瑞利-泰勒不稳定性。

我们现在证明,通过毛细管的螺旋波纹,可以同时克服磁流体动力学和瑞利-泰勒不稳定性。图 8.24 解释了这一想法。

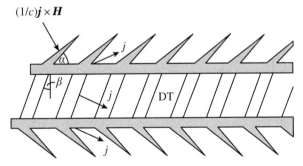

图 8.24　填充固体 DT 的波纹毛细管:α 为楔角,β 为波纹表面的螺距角,j 为射流,$(1/c)j \times H$ 为体磁力

如果毛细管的电导率足够高,且与磁场扩散到毛细管中所需的时间相比,内爆时间短,则磁场无法穿透到毛细管中。当电流 j 沿毛细管表面流动时,体磁力 $(1/c)j \times H$ 垂直指向锯齿表面。于是,磁场就像毛细管表面上的活塞,必须将楔形内爆速度 v_0 设为等于阿尔芬速度 $v_A = H/\sqrt{4\pi\rho}$,其中 $H = 0.2I/r_0$ 是电流的磁场,I 的单位为安培,r_0 为毛细管的初始半径,ρ 为毛细管的密度。结果,片状射流沿着内爆的锯齿喷射。这些射流的反冲产生一个巨大的"杵体",朝着与射流相反的方向移动。射流和杵体都会产生剪切并使毛细管内爆。根据 5.8 节公式(5.104),射流速度和杵体速度为

$$
\left.
\begin{aligned}
v_{\mathrm{j}} &= \frac{v_0}{\sin \alpha}(1 + \cos \alpha) \\
v_{\mathrm{s}} &= \frac{v_0}{\sin \alpha}(1 - \cos \alpha)
\end{aligned}
\right\}
\tag{8.157}
$$

其中 α 为锯齿角,如图 8.24 所示。射流和杵体质量的相对分数由式(5.103)给出,在我们的例子中有

$$
\left.
\begin{aligned}
\frac{m_{\mathrm{j}}}{m} &= \frac{1}{2}(1 - \cos \alpha) \\
\frac{m_{\mathrm{s}}}{m} &= \frac{1}{2}(1 + \cos \alpha)
\end{aligned}
\right\}
\tag{8.158}
$$

射流和杵体的停滞压为

$$
\left.
\begin{aligned}
p_{\mathrm{j}} &= \frac{1}{4}(1 - \cos \alpha)\rho v_{\mathrm{j}}^2 = \frac{1}{4}\rho v_{\mathrm{A}}^2(1 + \cos \alpha) \\
p_{\mathrm{s}} &= \frac{1}{4}(1 + \cos \alpha)\rho v_{\mathrm{s}}^2 = \frac{1}{4}\rho v_{\mathrm{A}}^2(1 - \cos \alpha)
\end{aligned}
\right\}
\tag{8.159}
$$

相加为

$$
p_{\mathrm{j}} + p_{\mathrm{s}} = \frac{1}{2}\rho v_{\mathrm{A}}^2 = \frac{H^2}{8\pi}
\tag{8.160}
$$

这正是剪切流稳定的必要条件。

杵体的动量密度可从式(8.157)和式(8.158)获得,该动量密度使毛细管旋转,同时也使剪切流和径向内爆发生:

$$
I_{\mathrm{s}} = \frac{1}{2}\rho v_{\mathrm{A}}\sin \alpha
\tag{8.161}
$$

它与烧蚀材料的动量密度相等且相反。I_{s} 的切向和径向分量分别为

$$
\left.
\begin{aligned}
I_{\mathrm{s}}\cos \alpha &= \frac{1}{4}\rho v_{\mathrm{A}}\sin 2\alpha \\
I_{\mathrm{s}}\sin \alpha &= \frac{1}{2}\rho v_{\mathrm{A}}\sin^2 \alpha
\end{aligned}
\right\}
\tag{8.162}
$$

速度的切向和径向分量分别为

$$
\left.
\begin{aligned}
v_t &= \frac{1}{4}v_{\mathrm{A}}\sin 2\alpha \\
v_r &= \frac{1}{2}v_{\mathrm{A}}\sin^2 \alpha
\end{aligned}
\right\}
\tag{8.163}
$$

切向速度分量的最大值在 $\alpha = 45°$ 处取得,此时

$$
\left.
\begin{aligned}
v_t &= \frac{1}{4}v_{\mathrm{A}} \\
v_r &= \frac{1}{2}v_{\mathrm{A}}
\end{aligned}
\right\}
\tag{8.164}
$$

切向速度分量可进一步分解为轴向和角向分量,前者产生剪切,后者产生旋转:

$$
\left.
\begin{aligned}
v_z &= \frac{1}{4} v_A \cos \beta \\
v_\phi &= \frac{1}{4} v_A \sin \beta
\end{aligned}
\right\}
\tag{8.165}
$$

其中 β 是螺旋波纹的螺距角,如图 8.24 所示。

对于球形内爆,瑞利-泰勒不稳定性带来了限制最大可达压缩的严重问题。对于圆柱形内爆,情况要好得多,因为叠加的旋转运动可以抑制这种不稳定性。圆柱形内爆虽然利用了这种效应,但需要一个比直径长的圆柱体,而这只在足够长的 Z 箍缩中实现。为了抑制瑞利-泰勒不稳定性,毛细管波纹表面的螺旋缠绕产生快速旋转运动,螺距角 β 仍有待确定。

为了计算 β,我们假设最初所有沉积的能量都是动能,其中一部分进入径向内爆,另一部分进入毛细管的旋转。如果 r_0 为初始半径,r_1 为最终内爆半径,进而 $v_r^{(0)}$、$v_\phi^{(0)}$ 和 $v_r^{(1)}$、$v_\phi^{(1)}$ 分别为初始和最终速度分量,其中 $v_\phi^{(1)} = 0$,则能量和角动量守恒要求

$$
(v_\phi^{(1)})^2 = (v_r^{(0)})^2 + (v_\phi^{(0)})^2
\tag{8.166}
$$

$$
r_1 v_\phi^{(1)} = r_0 v_\phi^{(0)}
\tag{8.167}
$$

从式(8.166)和式(8.167)中消去 $v_\phi^{(1)}$,可以得到

$$
\frac{v_r^{(0)}}{v_\phi^{(0)}} = \left[\left(\frac{r_0}{r_1} \right)^2 - 1 \right]^{1/2}
\tag{8.168a}
$$

当 $r_0 \ll r_1$ 时,有

$$
\frac{v_r^{(0)}}{v_\phi^{(0)}} \simeq \frac{r_0}{r_1}
\tag{8.168b}
$$

径向减速度

$$
a_1 = \frac{(v_r^{(0)})^2}{r_0}
\tag{8.169}
$$

导致瑞利-泰勒不稳定性,但离心加速度

$$
a_2 = \frac{(v_\phi^{(0)})^2}{r_1}
\tag{8.170}
$$

起着抵消和稳定的作用。如果

$$
\frac{a_2}{a_1} \gg 1
\tag{8.171}
$$

则瑞利-泰勒不稳定性被抑制。由式(8.167)和式(8.168a),这表明

$$
\frac{a_2}{a_1} = \frac{r_0}{r_1} \gg 1
\tag{8.172}
$$

经过 100 倍压缩,$r_0/r_1 = 10$,不等式(8.172)可以得到很好的满足。

将式(8.164)和式(8.165)的 $v_r = v_r^{(0)} = \frac{1}{4} v_A$ 和 $v_\phi = v_\phi^{(0)} = \frac{1}{4} v_A \sin \beta$ 代入式(8.168a),可以得到

$$
\sin \beta = \frac{r_0}{r_1} = 0.1\phi
\tag{8.173}
$$

因此 $\beta = 6°$。

除了稳定瑞利-泰勒不稳定性外,快速旋转还有一个好处,即它通过离心力将毛细管内的 DT 与毛细管的高原子序数材料分离,后者径向向外与 DT 分离。

8.18 激光切割密集 Z 箍缩和电感储能

如 8.1 节所示,磁场线圈中的电感储能比电容器中的静电储能每单位体积高约 10^3 倍,但电感储能的问题是需要断开开关而不像静电储能那样闭合开关。如果开关电阻为 R,则电容器 C 的放电时间为

$$\tau_C = RC \tag{8.174}$$

而对于电感器 L,则为

$$\tau_L = \frac{L}{R} \tag{8.175}$$

要从电容器或电感器中获取高功率,都需要较短的放电时间。对于电容器来说,它需要一个小的开关电阻。对于电感器来说,开关的电阻应该很大,但这样一来,大部分能量就会在开关中耗散了。快速 Z 箍缩为这一问题提供了解决方案,它使箍缩既是开关又是负载,电感储存的能量被耗散到其中。

如图 8.25 所示,这可以分为三个阶段完成:

1. 廉价的低功率直流电源对储存有几兆焦能量的线圈进行磁化(如果在 ~ 0.1 s 的时间尺度上进行,直流电功率为 $\sim 10^9$ W,可通过同极发电机实现。在直流电压为 ~ 100 V 的情况下,电流必须是 $\sim 10^7$ A)。

2. 一个机械移动的开关断开线圈,电流转向通过一个封装的导线,导线在 $\sim 10^{-7}$ s 内爆炸(对于一个 ~ 10 cm 长的导线,电压上升到 ~ 100 kV)。

3. 爆炸的导线产生的高电压触发了箍缩放电,随后被激光束切割,进一步提高电压和脉冲功率。

通过电感式马克斯发生器 Xram(8.2 节和图 8.1)的概念可以解决一个大电流通过一个开关的问题,其中一组线圈串联充电,并联放电,将所有线圈的电流相加。这样电流在许多开关之间平均分配。例如,对于一组 100 个线圈,每个开关中的电流将减少为 1/100,电流从 $\sim 10^7$ A 降低到 $\sim 10^5$ A。

于是,脉冲功率压缩场景假设了以下事件序列:

1. 一个 10^7 W、10^2 V、10^5 A 的直流电源使一组串联的 100 个线圈磁化。

2. 通过机械断开连接线圈的开关并且切换到并联,它们的电流相加,将脉冲功率增加到 10^9 W。

3. 10^7 A 的加总电流通过一根封装的导线,导线在 $\sim 10^{-7}$ s 内爆炸,电压从 10^2 V 提高到 10^5 V,脉冲功率从 10^9 W 提高到 10^{12} W。

4. 由 10^{12} W 脉冲点燃的箍缩放电被激光束切

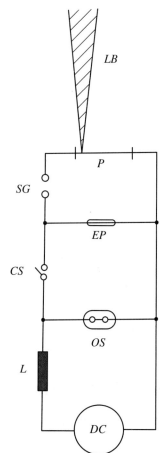

图 8.25 *DC* 为同极发电机;*L* 为储存线圈;*OS* 为机械断开开关;*CS* 为机械闭合开关;*EP* 为爆炸导线断开开关;*SG* 为火花间隙闭合开关;*P* 为箍缩放电;*LB* 为激光束

断,将电压从 10^5 V 提高到 10^8 V,功率提高到 10^{15} W。

最后一步中的高压脉冲发生在 10^{-8} s 的时间尺度上,这段时间足够短,以防止绝缘材料因流光形成而击穿,同时储存在箍缩周围空间中的磁场能的惯性保持电流恒定。

我们估算磁存储线圈(该线圈需要存储 ~ 10 MJ 的能量,在 $\sim 3 \times 10^{-8}$ s 内放电)的尺寸如下:在静电单位制下,具有长度 l 和高度 h 的导线的线圈的自感近似为 $L \sim l^2/h$,其电容近似为 $C = h/\log(R/r)^2$,其中 r 是线圈半径,R 是"包含"线圈的壁的半径。因此,$LC \sim l^2/\log(R/r)^2$,放电时间为

$$\tau \sim \sqrt{LC}/c = (l/c)\sqrt{\log(R/r)^2} \tag{8.176}$$

使用实用单位的线圈阻抗为

$$Z = 30(l/h)\sqrt{\log(R/r)^2} \ [\Omega] \tag{8.177}$$

例如,对于 $l \sim h$,$Z \simeq 10$ Ω。因此,对于 3×10^6 A 的电流,电压脉冲将上升至 $\sim 10^8$ V。

在 $\sim 5 \times 10^4$ G 的磁场(磁压为 ~ 100 atm)中储存 ~ 10 MJ 的能量,需要 ~ 1 m^3 的体积。相比之下,储存相同能量的电容器组的体积为 10^3 m^3 数量级。忽略数量级单位的对数因子,放电时间由 l/c 简单给出,这是电磁脉冲以光速沿线圈导线传播所需的时间。对于放电时间为 $\sim 3 \times 10^{-8}$ s,线圈导线的长度必须为 $l = 10$ m。在电感式马克斯发生器的电路中,这是每个线圈的导线长度,因为如果线圈切换成并联,所有线圈的放电时间不会改变。

根据式(6.96),切割的激光强度对于黄光为 $I_L \sim 3 \times 10^{19}$ W/cm^2。对于半径为 r 的箍缩,切口的宽度为 d 所需的激光功率为

$$P \sim I_L rd \tag{8.178}$$

切口的宽度 d 不能小于激光波长,对黄光为 $\lambda = 6 \times 10^{-5}$ cm。选择 $r \sim 10^{-2}$ cm 和 $d \sim 10^{-4}$ cm,可以得到 $P \sim 3 \times 10^{13}$ W,如果在时间 τ 内需要保持切口打开,则所需的激光能量为

$$E \sim I_L rd\tau \tag{8.179}$$

当 $\tau \sim 10^{-8}$ s 时,$E \sim 3 \times 10^5$ J。

我们现在证明,如果切口可以小到 $d \sim 10^{-4}$ cm,那么它可以成为磁自绝缘,有利于离子电流穿过间隙,而牺牲电子电流。

应用于切口的磁绝缘概念如下:如果 V 是切口上的电压,e 和 m 分别是电子的电荷和质量,v 是电子速度,$\gamma = (1-v^2/c^2)^{-1/2}$,则相对论能量方程为

$$\frac{eV}{mc^2} = \gamma - 1 \tag{8.180}$$

磁绝缘要求切口的宽度 d 大于电子拉莫尔半径:

$$r_L = \frac{\gamma mvc}{eH} = \frac{mc^2}{eH}\sqrt{\gamma^2-1} < d \tag{8.181}$$

通过从式(8.180)和式(8.181)中消去 γ,可以得到

$$\left(\frac{eHd}{mc^2}\right)^2 > \left(1 + \frac{eV}{mc^2}\right)^2 - 1 \tag{8.182}$$

箍缩磁场(高斯单位下)由下列表达式得出:

$$H = \frac{2I}{rc} \tag{8.183}$$

可以从式(8.182)得到

$$4\left(\frac{I}{I_A^c}\right)^2\left(\frac{d}{r}\right)^2 > \left(1 + \frac{eV}{mc^2}\right)^2 - 1 \tag{8.184}$$

其中 $I_A^e = mc^3/e = 17000$ A 是电子阿尔芬电流。穿过切口的离子电流由 Child-Langmuir 定律给出(其中 M 是离子质量):

$$I = \frac{\sqrt{2}}{9}\left(\frac{e}{M}\right)^{1/2}\left(\frac{r}{d}\right)^2 V^{3/2} \tag{8.185}$$

从式(8.184)和式(8.185)可以得到

$$\frac{I}{I_A^e} \geqslant \frac{9}{4\sqrt{2}}\left(\frac{M}{m}\right)^{1/2}\left[\left(1 + \frac{eV}{mc^2}\right)^2 - 1\right]\left(\frac{eV}{mc^2}\right)^{-3/2} \tag{8.186}$$

$$\frac{d}{r} = \frac{2\sqrt{2}}{9}\left(\frac{M}{m}\right)^{1/2}\left[\left(1 + \frac{eV}{mc^2}\right)^2 - 1\right]^{-1/2}\left(\frac{eV}{mc^2}\right)^{3/2} \tag{8.187}$$

由于磁场向箍缩放电通道轴线方向减小,磁绝缘并不完善,一些电子电流穿过切口。因此,所作的估计有点过于乐观。激光可以在 10^{-10} s 内切割,这足够短,以形成具有式(8.186)和式(8.187)给出的参数的磁绝缘切割。

式(8.186)还可以写成

$$I \geqslant \frac{9}{4\sqrt{2}}\sqrt{I_A^e I_A^i}\left[\left(1 + \frac{eV}{mc^2}\right)^2 - 1\right]\left(\frac{eV}{mc^2}\right)^{-3/2} \tag{8.188}$$

其中 $I_A^i = Mc^3/e$ 是离子阿尔芬电流。对于质子,$I_A^i = 3.1 \times 10^7$ A,大约是电子阿尔芬电流的 2000 倍。作为 $eV/(mc^2)$ 的函数,式(8.188)在 $eV/(mc^2) = 2$ 时有最小值,其中 $I \geqslant (9/2)\sqrt{I_A^e I_A^i}$,对于质子为 $\sim 3 \times 10^6$ A。由贝内特关系式 $I^2 = 400NkT$(I 的单位用 A,在 $T \sim 10^8$ K 时,$kT \sim 10^{-8}$ erg),我们发现对于 $I \sim 3 \times 10^6$ A,有 $N \sim 2 \times 10^{18}$ cm^{-1}。要使 $n_c = 3 \times 10^{21}$ cm^{-3}(黄色激光的临界密度),应满足 $r \leqslant 10^{-2}$ cm。

根据式(8.188),可以得到

$$I_A^e < I < I_A^i \tag{8.189}$$

其中 $I \sim \sqrt{I_A^e I_A^i}$。对于 $I \gg I_A^i$,箍缩是不稳定的或者说"软"的,如果电流由电子携带,则是这种情况;如果电流由离子携带,或者 $I \ll I_A^i$,则箍缩是稳定的或者说"硬"的。由于这一条件不能完全满足,不稳定性只会减少,而不会消除。

对于 $eV/(mc^2) = 2$ 时的最小电流,可从式(8.187)得到 $d/r = (2\sqrt{2}/9)(m/M)^{1/2}$,对于质子,$d/r \sim 7 \times 10^{-3}$。如果电流以高斯单位给出,则必须有 $\pi r^2 \leqslant I/(nec)$,其中 n 是电子的数密度。对于 $I \sim 3 \times 10^6$ A $\sim 10^{16}$ esu 和 $n \sim 10^{21}$ cm^{-3},我们可以得到 $r \geqslant 10^{-3}$ cm,$d \sim 10^{-5}$ cm。

由于切口很小,可以使用更高的电压,此时切口会变大。

在 $eV/(mc^2) \gg 1$ 的极限下,有

$$I \geqslant \frac{9}{4\sqrt{2}}\sqrt{I_A^e I_A^i}\left(\frac{eV}{mc^2}\right)^{1/2} \tag{8.190}$$

$$\frac{d}{r} = \frac{2\sqrt{2}}{9}\left(\frac{M}{m}\right)^{1/2}\left(\frac{eV}{mc^2}\right)^{1/2} \tag{8.191}$$

在实用单位下,$I_A^i = 1.7 \times 10^4$ A,$mc^2 \approx 0.5 \times 10^6$ eV,则有

$$I \geqslant 38.0\left(\frac{M}{m}\right)^{1/2} V^{1/2} \tag{8.192}$$

对于质子,上式为

$$I \geqslant 1.6 \times 10^3 V^{1/2} \tag{8.193}$$

或者说

$$V \leqslant 4 \times 10^{-7} I^2 \tag{8.194}$$

间隙阻抗由下式给出：

$$Z = \frac{V}{I} = 7.5 \times 10^{-4} V^{1/2} = 4 \times 10^{-7} I \tag{8.195}$$

在实用单位下，式(8.191)为

$$\frac{d}{r} = 4.5 \times 10^{-4} \left(\frac{M}{m} \right)^{1/2} V^{1/2} \tag{8.196}$$

对于质子，为

$$\frac{d}{r} = 10^{-5} V^{1/2} \tag{8.197}$$

对于 $V = 10^8$ V，有 $d/r = 0.1$，即对于 $r = 10^{-2}$ cm，有 $d = 10^{-3}$ cm。

对于 $r > d$，最大激光波长应为 $\lambda \sim r \sim 10^{-3}$ cm，电场矢量的偏振方向为切割方向，必须使用波长分布从 $\lambda \sim 10^{-3}$ cm 的红外线到 $\lambda \sim 10^{-5}$ cm 的紫外线，覆盖的等离子体密度范围为 $n_c^{\min} \sim 10^{19}$ cm^{-3} 至 $n_c^{\max} \sim 10^{23}$ cm^{-3}。强度分布由式(6.97)给出，但对于 $d < \lambda$，强度分布与 $1/\lambda$ 成正比。穿过间隙的剩余电流的数量级为

$$I \sim n_c^{\min} r^2 ec \approx 10 nr^2 \; [\text{esu}] = 3 \times 10^{-9} nr^2 \; [\text{A}] \tag{8.198}$$

对于给定的例子，为 $\sim 3 \times 10^4$ A，远低于兆安箍缩电流。

在切口中设置的较大轴向电场 E_z 导致较大的向内径向坡印亭矢量 $S = (c/(4\pi)) E_z H_\phi$，其中 H_ϕ 是箍缩周围空间中的磁场。

对于质子，快离子穿过切口的射程由式(4.25)给出：

$$\lambda_i = \frac{3}{8 \sqrt{\pi} \log \Lambda} \frac{(kT)^{3/2}}{e^4 n} \left(\frac{M}{m} \right)^{1/2} \sqrt{E_{\text{ion}}} \tag{8.199}$$

其中 E_{ion} 是质子能量，$\log \Lambda \sim 10$ 是库仑对数，n 是等离子体粒子数密度。E_{ion} 的单位用 eV，有

$$\lambda_i = 3.5 \times 10 \frac{T^{3/2}}{n} \sqrt{E_{\text{ion}}} \tag{8.200}$$

对于示例 $T = 10^8$ K，$n = 5 \times 10^{22}$ cm^{-3}（对应于固态密度），我们发现当 $E_{\text{ion}} = 3 \times 10^6$ eV 时，$\lambda_i \sim 1$ cm；当 $E_{\text{ion}} = 3 \times 10^8$ eV 时，$\lambda_i \sim 7$ cm。对于氘核，射程是它的两倍。正如预期的那样，高电压会导致更大的射程，从而导致更大的长度，在该长度上，箍缩的稳定性增加。在相同的长度上，快离子分量偏离了麦克斯韦速度分布。当然，这增加了聚变反应的 $\langle \sigma v \rangle$ 值，对于无中子的 H^{11}B 反应，可能达到燃烧。

在箍缩放电通道的辐射坍缩下，如果等离子体温度尽可能最低，则密度最高。但即便如此，切割也会导致高能离子的爆发。例如，如果 $T = 10^6$ K，$n = 5 \times 10^{23}$ cm^{-3}（相当于固体密度的 10 倍），则 $\lambda_i \sim 10^{-3}$ cm，这意味着在切口位置产生了一个热斑，从该热斑可以发射沿着箍缩通道传播的热核爆震波。

当 $I = 3 \times 10^6$ A 时，从式(8.194)得到 $V \sim 3 \times 10^6$ V，从式(8.195)得到 $Z \sim 1$ Ω。但如果 $V = 10^8$ V，则 $I = 1.67 \times 10^6$ A，$Z = 6.4$ Ω。相比之下，横截面为 $\sim 10^{-4}$ cm^2、温度为 $\sim 10^8$ K 的 ~ 10 cm 长的等离子体柱的电阻为 $R = 6 \times 10^{-3}$ Ω，电阻损耗为 $1/10^3$。因此，磁绝缘切割将耗散到箍缩的功率增加 $\sim 10^3$ 倍，从而产生较大的脉冲功率压缩。由于箍缩放电作为负载，切口充当快速开关，因此在开关位置将磁储能耗散到负载中。

储存在长度为 l、回流电流导体半径为 R 的箍缩周围空间中的磁能为

$$\varepsilon_{M} = 10^{-9}I^2 l\log\frac{R}{r} \quad [\text{J}] \tag{8.201}$$

例如,当 $I = 3\times10^6$ A, $l = R = 10$ cm, $r\sim10^{-2}$ cm 时,可以得到 $\varepsilon_{M}\sim30$ MJ。

放电通道的电感为

$$L = 2\times10^{-9}l\log\frac{R}{r} \quad [\text{H}] \tag{8.202}$$

对于给定的示例,$l = R = 10$ cm, $r\sim10^{-2}$ cm,故 $L\sim10^{-7}$ H。

放电时间为

$$\tau = \frac{L}{Z} \quad [\text{s}] \tag{8.203}$$

当 $Z = 1$ Ω 时,其中 $I = 3\times10^6$ V, $V\sim3\times10^6$ V,可以得到 $\tau\sim10^{-7}$ s;当 $Z = 6$ Ω 时,其中 $I\sim1.7\times10^7$ A, $V\sim10^8$ V,可以得到 $\tau\sim2\times10^{-8}$ s。

如果切口变大并且违反了磁绝缘标准,则切口会被强流相对论电子束桥接。在高相对论电子能量的极限下,排斥性空间电荷由吸引性磁力补偿。因此,束电流与箍缩携带的电流保持相等。通过切口的电压由下式给出:

$$V \sim \frac{LI}{\tau} \tag{8.204}$$

当 $L\sim10^{-7}$ H, $I\sim3\times10^6$ A, $\tau\sim3\times10^{-8}$ s 时,可以得到 $V\sim10^7$ V。

从切口的另一侧重新进入等离子体后,电子束只能在 $I\leqslant I_{A}^{e}\beta\gamma = 5\times10^5$ A 的条件下在等离子体内部传播。当电子能量为 3×10^7 eV 时,$\beta = 1$,$\gamma = 20$,因此 $I_{A}^{e}\beta\gamma = 5\times10^5$ A,从而 $I = 6\times10^5$ A $\geqslant I_{A}^{e}\beta\gamma$。在这种情况下,电子被迫围绕束自磁场做拉莫尔运动,从而阻止了束的传播。由于磁轫致辐射而失去能量(见 4.12 节),因此它们在 $(\gamma\gg1)$ 给定的距离内静止:

$$\lambda_{e} \sim \frac{(mc^2)^4}{e^4 H^2}\frac{1}{E} \tag{8.205}$$

其中 E 是电子能量。由 $E_0 = mc^2\sim5\times10^5$ eV, $e^2/r_0 = mc^2$,其中 r_0 为经典电子半径,此式可写成

$$\lambda_{e} \sim \frac{mc^2}{r_0^2}\frac{1}{H^2}\frac{E_0}{E} \tag{8.206}$$

当 $\gamma = 20(E/E_0\approx20)$, $H\sim10^8$ G(对 $I = 5\times10^5$ A, $r = 10^{-2}$ cm 成立)时,可以得到 $\lambda_{e}\sim10^{-5}$ cm。由于射程较短,电子束重新进入等离子体的切口一侧成为强 X 射线点源,其功率为

$$P = IV \sim \frac{LI^2}{\tau} \tag{8.207}$$

当 $L\sim10^{-7}$ H, $I\sim10^7$ A, $\tau\sim10^{-8}$ s 时,可以得到 $P\sim10^{15}$ W。这种辐射的最大值出现在频率

$$\omega_{max} \approx \frac{eH}{mc}\gamma^2 \tag{8.208}$$

处,光子能量

$$E_{max} = \hbar\omega_{max} = e\frac{\hbar}{mc}H\gamma^2 \approx 10^{-8}H\gamma^2 \quad [\text{eV}] \tag{8.209}$$

例如,当 $H\sim10^8$ G, $\gamma\approx20$ 时,可以得到 $E_{max}\sim400$ eV。这是一个非常有趣的结果,因为它表明 X 射线点源可以用来驱动热核黑腔靶,黑腔放置在切口附近,例如箍缩轴上。应该强调的是,这种构型在使用爆炸导线箍缩放电时是可能的。

8.19　两根同心磁绝缘传输线中心处热核爆震波的点火

正如我所表明的,不同概念的组合,如两级磁增强器撞击聚变概念,或密集 Z 箍缩的激光点火,有望在不压缩聚变燃料至超高密度(数量级为固体密度的 ~10^3 倍)的情况下获得巨大的增益。在两级磁增强器的概念中,这种巨大的压缩只在第二级通过密度低得多的第一级的燃烧来实现。一般来说,实现如此高的密度总是很困难的。

我现在介绍一种构型,其中使用两个惯性约束聚变驱动器,在不同的状态下运行,一个较小的驱动器具有高电压和低电流,另一个较大的驱动器具有高电流和低电压。两者都通过磁绝缘传输线将其能量传输到热核 DT 靶。

如图 8.26 所示,传输线是嵌套的,内层的高电压低电流传输线的末端是一个圆锥体,圆锥体的顶端作为场发射的强流相对论电子束的阴极。内层传输线的回流电流导体在其最小直径处与一个细长的固体 DT 锥体相连,该锥体也作为内层传输线的阳极。强流相对论电子束被束自磁力聚焦到 DT 锥体上,通过静电双流不稳定性将锥体尖端加热到热核温度。同时,一个大电流通过外层传输线放出,电流经过 DT 锥体以及内层传输线的锥形段的外侧。这个电流必须足够大,以产生一个磁压能够平衡热核温度下 DT 等离子体的压强的磁场。除了加热 DT 等离子体之外,从内层传输线末端发射的相对论电子束必须补偿热等离子体在相反方向上被吹走的轴向膨胀损失。如果满足这个条件,冲击波就会向右移动进入 DT 锥体,如果带电的聚变反应 α 粒子被流过锥体的电流磁场约束在锥体内,冲击波就会转变成热核爆震波,以超音速沿着 DT 锥体移动。除了锥体顶点附近的小区域外,不需要对等离子体进行磁约束,磁场的作用只是将带电的聚变反应 α 粒子困在锥体中。因此,这里可以达到非常大的聚变增益。

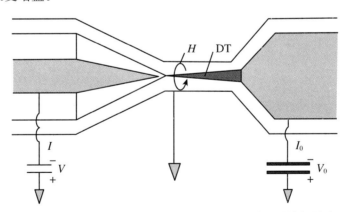

图 8.26　在两条嵌套的磁绝缘传输线的中心处点燃热核爆震波

场发射电子的电流密度由式(8.68)给出。对于 $V = 10^7$ V,$r = 0.1$ cm,$W = 4.4$ eV(对钨成立),我们发现 $I = 3.5 \times 10^5$ A。通过会聚锥形回流导体中的自磁场和排斥像电流,束可以聚焦到更小的直径,从阴极尖端到阳极的轴向电场防止束反射回阴极。假设束可以聚焦到半径 $r_0 = 10^{-2}$ cm,则电流密度为 ~10^9 A/cm^2,束中的电子[1]数密度为 $n_{\mathrm{b}} \simeq 0.7 \times$

---

① 或者,可以让束从更小的阴极尖端发射。由 $E = V/r$,这不会减少总电流,总电流与 $2\pi r^2 E^2$ 成正比。——作者注

10^{17} cm^{-3}。

集体双流不稳定的 e 倍束阻止长度由式(4.57a)给出,考虑到 $\varepsilon = n_\mathrm{b}/n_0$ ($n_0 = 5 \times 10^{22}$ cm^{-3} 对固体 DT 成立),$\omega_\mathrm{p} = \sqrt{4\pi n_0 e^2/m} = 1.3 \times 10^{16}$ s^{-1},$\gamma \simeq 20$(~ 10 MeV 电子),我们发现 $\lambda_\mathrm{c} = 6 \times 10^{-3}$ cm。这意味着只有 DT 的尖端被加热。

在稳态条件下,入射电子束的功率通量密度

$$\Phi_\mathrm{in} = \frac{IV}{\pi r_0^2} \tag{8.210}$$

必须平衡烧蚀 DT 的功率通量密度

$$\Phi_\mathrm{out} = 2n_0 \frac{Mv^2}{2} \frac{v}{6} = \frac{1}{6}\rho v^3 \tag{8.211}$$

其中 v 为非定向烧蚀速度,分数 1/6 为一个方向,M 为 DT 核的质量,$\rho = 0.21$ g/cm^3 为固体 DT 的密度。对于 $V = 10^7$ V,$I = 10^5$ A,$r_0 = 10^{-2}$ cm,可以得到 $\Phi_\mathrm{in} = 3 \times 10^{22}$ erg/(cm^2 · s)。令 Φ_out 与 Φ_in 相等,得到 $v \simeq 10^8$ cm/s。

从

$$\frac{Mv^2}{2} = \frac{3kT}{2} \tag{8.212}$$

可以得到,当 $v = 10^8$ cm/s 时,$T \simeq 10^8$ K,大约为 DT 热核反应的点火温度。

令等离子体压与 $r = r_0$ 时通过外层传输线的电流 I_0 的磁压 $H_0^2/(8\pi)$ 相等,可以从

$$2n_0 kT = \frac{H_0^2}{8\pi} \tag{8.213}$$

得到 $H_0 = 1.9 \times 10^8$ G,$I_0 = 5r_0 H_0 \simeq 10^7$ A。

根据式(6.23)和表 6.1,电流需超过 1.35×10^6 A 来捕获 DT 反应的带电聚变 α 粒子。当电流 $I_0 = 10^7$ A 时,该条件得到很好的满足。

用一个半径和高度为 $2r_\mathrm{L}$ 的圆柱体(磁捕获聚变 α 粒子的有效射程)近似 DT 锥体的磁约束尖端(r_L 由式(6.21)给出),点火的条件是

$$E_\mathrm{ign} > 3nkT\pi r_0^2 \cdot 2r_\mathrm{L} \simeq 2 \times 10^9 \text{ erg} = 200 \text{ J} \tag{8.214}$$

为克服轫致辐射损耗,这个能量必须在 10^{-8} s 内由相对论电子束提供。电子束的 e 倍阻止长度等于 6×10^{-3} cm,约为 $2r_\mathrm{L} \simeq 3 \times 10^{-3}$ cm 的两倍,要求 $E_\mathrm{ign} > 400$ J。现有的束技术使我们能够产生 10^7 V、10^5 A、10^{12} W 的束,持续 10^{-9} s,并根据点火所需的估计值提供 ~ 1 kJ。

如果 DT 圆锥体的高度为 h,并且其底面半径为 R,则圆锥体中有 $(\pi R^2 h/3)(n/2)$ 对 DT 核,释放的能量为

$$E_\mathrm{out} = \frac{\pi R^2 h}{3} \frac{n}{2} \varepsilon_\mathrm{f} \tag{8.215}$$

其中 $\varepsilon_\mathrm{f} = 17.4$ MeV $\simeq 2.8 \times 10^{-5}$ erg。以高度 $h = 1$ cm,底面半径 $R = 0.1$ cm 的圆锥体为例,我们得到 $E_\mathrm{out} = 7.3 \times 10^{15}$ erg。对于稍大的圆锥体,其 $E_\mathrm{out} \simeq 1$ GJ。输入能量 E_in 基本上由高电流脉冲的能量决定,相比之下,高电压脉冲的点火能量较小。对于电压为 $V_0 = 10^6$ V 的 $I_0 = 10^7$ A 的电流,功率为 10^{13} W,持续 10^{-8} s,输入能量为 $E_\mathrm{in} = 10^5$ J,增益为 $E_\mathrm{out}/E_\mathrm{in} = 10^4$。

同轴传输线的阻抗由式(8.50)给出,如果其阻抗与通过该线的电流脉冲相匹配,则该传输线具有磁自绝缘性。在内层传输线中,$I = 10^5$ A,$V = 10^7$ V,这要求 $Z = 100$ Ω。因此,如果 $a = 0.5$ cm 是内导体的半径,则外导体的半径必须为 $b = 2.1$ cm,以保持锥形截面中的比

值 b/a 恒定。对于外层传输线,$I = 10^7$ A,$V = 10^6$ V,要求 $Z = 0.1$ Ω。当多条线并联时,可能会产生这么小的阻抗。

8.20　化 学 点 火

凝聚高爆炸药的化学能密度的数量级为 $\sim 10^{11}$ erg/cm^3。由于热核反应的点火能量的数量级为 10^{14} erg(10^7 J),几千克高爆炸药应足以点燃热核反应。问题是这个能量必须在空间上集中在小于 1 cm^2 的区域,并且时间必须短于 10^{-8} s。爆速的数量级为 $\sim 10^6$ cm/s,释放化学能的速度很快,但不足以进行热核点火。因此,化学点火需要某种能量累积概念。若能将高比例的化学能直接转换成短脉冲激光束,那将是理想的。如果这不起作用,人们可以利用爆炸释放的化学能产生强大的闪光,用光学方式泵浦激光。人们还可以设想一个爆炸驱动的磁流体发电机,发电机输出的电流会泵浦激光。为了在所需的短时间内释放激光能量,可以使用一种具有自感应透明的物质作为激光材料,在这种材料中,激光的发射被延迟,直到达到高粒子数反转。

热核反应化学点火的一种完全不同的方法是通过高爆炸药驱动的流体动力学能量聚焦,以达到点火所需的 $\sim 10^{15}$ W/cm^2(10^{-8} s 内在 ~ 1 cm^2 中达到 10^7 J)的高能流。这可以通过会聚冲击波或内爆壳来实现,最终与 8.15 节中描述的磁增强器 DT 靶概念相结合。

表 8.2 总结了使用化学高爆炸药的一些可能的热核点火概念。现在对它们进行详细描述。

表 8.2　化学点火概念

驱动器	直接/间接	概　　念	备　　注
1. 激光	直接	叠氮化物(和其他)高爆炸药	自感应透明
2. 激光	间接	冲击波泵浦	氢弹
3. 激光	间接	高爆炸药发电机泵浦	有前景
4. 撞击	直接	会聚冲击波	太大
5. 撞击	直接	内爆壳	瑞利-泰勒不稳定性
6. 撞击	间接	磁化靶	小增益
7. 撞击	间接	磁增强器靶	大增益,有前景

1. 为了将化学能直接转换为激光脉冲,必须使高爆炸药在其占据的整个体积内同时点燃,否则将产生爆震波,留下处于热力学平衡且没有粒子数反转的介质。这一问题可以通过为高爆炸药提供层状结构来解决,在低激光辐射强度下,层状结构的厚度大于光程长度,但在高激光辐射强度下是透明的(自感应透明条件)。高爆炸药的体积点火可以通过一道强闪光穿过将各层彼此隔开的间隙来完成。

二氧四环的叠氮化物是一种可能适用于此目的的高爆炸药。两者都是强发光辐射的来源。理想情况下,炸药将是氮的三重态,在远紫外波段具有较高的激光能级,但直到现在,还不可能对感兴趣的原子数密度稳定三重态氮。其他有趣的候选是惰性气体化合物。作为炸药,它们也比传统炸药具有更高的能量密度。

图 8.27 显示了如何将化学能直接转换为激光能。

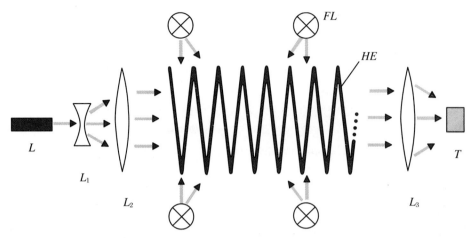

图 8.27　*HE* 为高爆炸药层，*FL* 为闪光灯，*L* 为触发激光器，*L₁* 为发散透镜，*L₂*、*L₃* 为会聚透镜，*T* 为热核靶

高爆炸药呈层状之字形布置，用触发闪光灯从两侧点燃。粒子数反转爆震产物的膨胀有助于维持高粒子数反转到最后一刻，此时辅助短脉冲激光触发由爆震产物组成的粒子数反转介质中的光子雪崩。

2. 玻璃激光器可以用氙闪光灯有效地泵浦，因为在几 eV 的温度下，氙是一种明亮的光源。在氙闪光灯中，氙的密度很低。一种更强大的光源是氙弹，其中高爆炸药的爆震波进入固态氙中。这种氙弹可以泵浦足够强大的激光来点燃热核微爆炸。因为热氙会发出宽光谱的光，可以使用具有大量上激光能级态的染料激光器。

氙弹染料激光器的一种可能结构如图 8.28(a)所示，其中激光棒位于圆柱形结构的中心，并被固体氙和高爆炸药包围。该构型的一个问题是，在发光最强的几 eV 温度下，固体氙的厚度必须小于固体氙的光程长度。为此，需要一层相当薄的固体氙，该层不足以释放将激光棒泵浦至~10^7 J 能量所需的光子。不过此问题可以通过如图 8.28(b)所示的分层结构解决，其中每个氙层足够薄，以使其透明。于是有许多激光束从所有层发射，通过菲涅耳透镜聚焦到热核 DT 靶上。

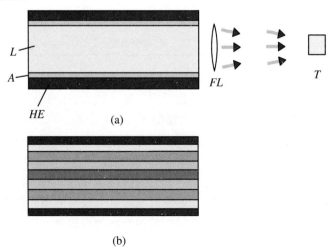

图 8.28　氙弹泵浦的染料激光器：*L* 为激光棒，*A* 为固体氙，*HE* 为高爆炸药，*FL* 为聚焦透镜，*T* 为热核靶

在粒子数反转的数量级为 10^{-2} 的染料激光器中,原子数密度的数量级为 $n \sim 10^{22}$ cm^{-3},上激光能级能量为 ~ 0.1 eV $\sim 10^{-13}$ erg 的情况下,泵浦激光棒的能量密度为 $\sim 10^7$ erg/cm^3,需要数 m^3 的体积来存储 $\sim 10^{14}$ erg $= 10^7$ J 的能量。如果爆炸释放能量的分数 f 部分转换为热氙发射的光子,并且激光器效率为 η,则将激光器泵浦至 $\sim 10^{14}$ erg 所需的能量密度为 $\sim 10^{11}$ erg/cm^3 的高爆炸药的体积为 $V \sim (10^{14}/10^{11})f$ cm^3,能量为 $V \times 10^{11}$ erg/cm^3 $= 10^{16}$ erg(假设 $f = 0.1$)。这相当于 100 kg TNT。

3. 高爆炸药的爆速的数量级为 $v \sim 10^6$ cm/s。良好的电导体被高速推动到这一速度时,通过磁通量压缩可以达到 $H = \sqrt{4\pi\rho}v$ 数量级的磁场,其中 ρ 是导体的密度。当 $\rho \simeq 10$ g/cm^3,$v = 10^6$ cm/s 时,我们得到 $H \simeq 10^7$ G。在一个长度为 l 的单耳磁螺线管中,电流为 $I \sim Hl$ A,比如在 $H \simeq 10^7$ G,$l \sim 10$ cm 时,电流为 $I \sim 10^8$ A。从磁通量压缩发生器中可以获得的电功率由坡印亭矢量 $S = (c/(4\pi))E \times H$ 决定,其中 $E = (v/c)H$,因此 $|S| = (v/(4\pi))H^2$,或者由于 $H = \sqrt{4\pi\rho}v$,$|S| = \rho v^3$。例如当 $\rho \simeq 10$ g/cm^3,$v = 10^6$ cm/s 时,我们得到 $|S| = 10^{19}$ erg/(cm^2 · s) $= 10^{12}$ W/cm^2。在一个线性尺寸为 l 的导体中压缩磁通需要的时间 $\tau \sim l/v$,对给定的例子,$\tau \sim 10^{-5}$ s。因此,在 1 cm^2 面积上,10^{-5} s 内传递的能量是 $\sim 10^{12}$ [W/cm^2] $\times 10^{-5}$ s $= 10^7$ J。磁通量压缩发生器的电场[EMF]是 $E = (v/c)H$ [esu] $= 10^{-8}vH$ [V/cm] $= 10^5$ [V/cm],大到足以驱动一个二极管激光器。但问题是要把激光脉冲压缩到 $\sim 10^{-8}$ s。一个可预见的解决方案是用二极管激光器的输出来泵浦一个具有自感应透明的第二级激光器。

4. 使用会聚冲击波来热核点火可能是最早的非裂变点火想法。在球形会聚冲击中,温度和压强按 $r^{-0.9}$ 上升(见 5.3 节式(5.29)),在会聚中心,液体 DT 将被压缩 ~ 30 倍,密度为 ~ 3 g/cm^3。因此,为了满足热核点火和燃烧的 $\rho r \simeq 1$ g/cm^2 条件,需要在 $r \sim 0.3$ cm 处达到点火温度 $T = 10^8$ K。假设 $T_0 \sim 3 \times 10^3$ K 为高爆炸药驱动的会聚冲击波的初始温度,那么就必须从半径 $r_0 \sim 300$ m 处发射冲击。因此,这个想法确实不可行。

5. 与会聚冲击波相比,通过 5.5 节中描述的金属壳内爆,温度的上升要快得多。在兆巴压强下,内爆速度按 $\sim 1/R$ 上升,因此壳撞击时的温度按 $1/R^2$ 上升。为了达到撞击聚变所需的 ~ 200 km/s 的速度,需要一个米级尺寸的初始壳半径,由高爆炸药推动到几 km/s 的速度。与在内爆壳中心放置撞击聚变靶不同,可以在其中放置一个较小的壳,当受到内爆大壳的撞击时,该壳将产生软 X 射线爆发,以内爆激光聚变中使用的高增益靶(图 8.29)。

实际上,壳的整个内爆比 5.5 节中介绍的自相似解所描述的要复杂得多。该解对理想气体成立,且忽略了塑性变形引起的能量损失。图 8.30 补充了 5.5 节给出的理想解析解,显示了所涉及的不同过程的能量流图。

一个重要的问题是,与会聚冲击波相比,内

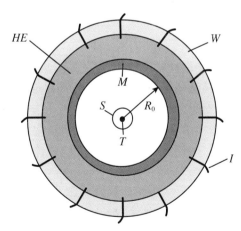

图 8.29　化学内爆驱动的壳,用于产生和压缩黑体辐射。W 为外封装;HE 为高爆炸药;I 为点火线;M 为初始内径为 R_0 的壳;S 为内壳;T 为热核 DT 靶

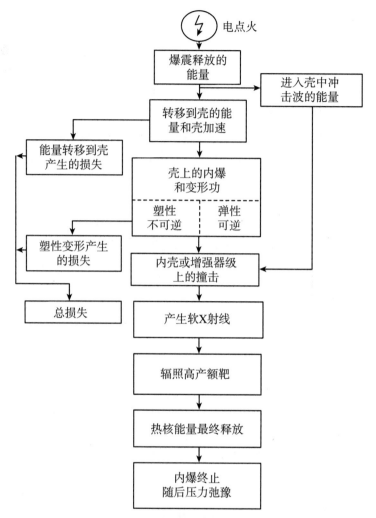

图 8.30　内爆壳点火的能量流图

爆壳受到瑞利-泰勒不稳定性的影响。不过这个问题可以通过 5.6 节中分析的多壳结构来缓解,该结构不知何故处于会聚冲击波(无限多个壳的极限)和单个壳之间。正是由于这个原因,对于多壳结构,瑞利-泰勒不稳定性不太严重,但付出的代价是更多的能量损失。在会聚冲击波中实现的无限多个壳的极限情况下,该损失由冲击波产生的不可逆非等熵变化表示。对于具有非弹性能量损失的多壳结构,我们从式(5.83a)和式(5.83b)得到,设 $T \propto v^2$,则有 $T \propto r^{-1.4}$。

综上所述,稳定性不断下降,但温度不断上升:

(1) 会聚冲击波: $T \propto r^{-0.9}$。

(2) 多壳内爆: $T \propto r^{-1.4}$。

(3) 单壳内爆: $T \propto r^{-2}$。

6. 在 6.10 节中,我们已经证明,对于磁化聚变 DT 靶,冲击聚变～1/10 的内爆速度足以点火。如果由内爆壳驱动,对于单个壳而言,这将使内爆速度从～200 km/s 降低到～20 km/s,初始壳半径减小为～1/100。对于更稳定的多壳构型,半径将除以系数 $10^{1.4} = 25$,从例如～1 m 降至～5 cm。然而,正如我们在 6.10 节中指出的,磁化聚变靶的热核增益不是很大,对于由高爆炸药推动壳驱动的磁化聚变靶的增益也是如此。

　　7. 利用 8.15 节所述的磁增强器靶概念,可获得较大的热核增益。图 8.31 显示了将该概念与内爆壳点火相结合的构型。

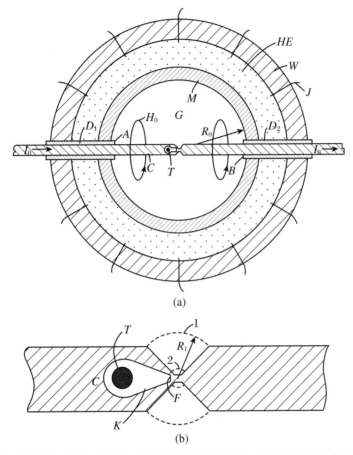

(a)

(b)

图 8.31　由化学炸药驱动的内爆壳与磁增强器级概念相结合。HE 为高爆炸药;M 为初始半径为 R_0 的壳;J 为点火线;W 为封装;G 为由 DT 组成的气体;C 为载有电流 I_0 的导电棒;D_1、D_2 为绝缘体;K 为包含热核靶 T 的室;H_0 为初始磁场;F 为窗口

　　在那里,增强器用软 X 射线烧蚀内爆点燃一个高增益靶 T。如果该靶向放置在中心载流棒内的热核炸药发射热核爆震波,则可能获得非常大的增益(和产额)。如果中心棒中的电流超过临界电流 I_c(式(6.23)),即使没有热核炸药的压缩,热核爆震波也可以在那里传播。

8.21　低产额高增益热核爆炸装置的目标

　　低产额高增益的热核微爆炸对于聚变能的商业释放以及核火箭推进都具有重要意义。对于电力生产,产额不应超过 1 t TNT 释放的能量,增益为 $\sim 10^3$。对于核火箭推进来说,产额可能更大,但不超过 ~ 100 t TNT 当量,且增益很大(这意味着较小的聚变触发器)。

　　对于裂变点火热核爆炸装置,触发能量不能小于裂变爆炸释放的能量,而裂变爆炸释放的能量远远大于点火实际需要的能量。正是由于这个原因,裂变触发的千吨以下(小裂变弹释放的能量)热核爆炸装置变得非常奢侈。产额低于千吨的热核爆炸装置不仅具有军事意义,而且可以用于核火箭推进。这就是无裂变点火将填补空白的地方。不幸的是,这也带来了无裂变点火大型热核爆炸装置的幽灵,为最具破坏性的热核武器开辟了一条无裂变的捷径。

除了纯粹的无裂变触发装置外,还有裂变-聚变混合点火概念。为了避免"临界质量的苛刻条件"(F. 戴森),可以通过使用与 DT 靶压缩相同的技术压缩裂变弹丸来降低临界质量。如 2.3 节所示,临界半径与裂变核的数密度成反比。在 $\sim 10^{16}$ dyn/cm^2 的压强下,DT 可以压缩 $\sim 10^3$ 倍,但铀(或钚)只能压缩 ~ 10 倍。~ 10 倍的压缩意味着临界质量减少到 $\sim 1/100$,从 ~ 10 kg 降至 ~ 100 g。这仍然相当大,但通过 2.6 节中描述的裂变-聚变链式反应,可以进一步减少。在那里,临界半径可减小到 $\sim 1/30$,临界质量可减少至 ~ 10 g。为了获得这样的小临界质量,人们必须付出将裂变-聚变材料压缩到高密度所需的能量代价。尽管如此,在 2.6 节描述的自催化裂变-聚变内爆形式中,这种能量可能相对较小。看来,低产额高增益热核微爆炸装置的最大希望是剪切流稳定的激光点火密集 Z 箍缩,以及 8.19 节中描述的新概念。

参 考 文 献

[1] Bostick W H, Nardi V, Zucker O S F. Energy Storage, Compression and Switching[M]. New York: Plenum Press, 1976.

[2] Proceedings IEE International Pulsed Power Conference, Nov. 9-11, Lubbock, Texas[C]. New York: Institute of Electrical and Electronics Engineers, 1976.

[3] 4th IEE Pulsed Power Conference, Albuquerque New Mexico 1983; Library of Congress Catalog Number 83-80951; IEE Catalog Number 83CH1908-3.

[4] Winterberg F. Physical Review, 1968, 174: 212.

[5] Kidder R E//Physics of High Energy Density. New York: Academic Press, 1971: 306 ff.

[6] Winterberg F//Physics of High Energy Density. New York: Academic Press, 1971: 370 ff.

[7] Dawson J M. The Physics of Fluids, 1964, 7: 981.

[8] Basov N G, Krokhin O N//3rd International Conference on Quantum Electronics Paris, 1963, Vol. 2. Paris: Dunod, 1964: 1373 ff.

[9] Winterberg F. Physics of Plasmas, 1995, 2: 733.

[10] Martin R. IEEE Trans. Nucl. Sci., 1975, 22: 1763.

[11] Maschke W. IEEE Trans. Nucl. Sci., 1975, 22: 1825.

[12] Winterberg F. J. Plasma Physics, 1979, 21: 301.

[13] Winterberg F. Physics of Plasmas, 2000, 7: 2654.

[14] Winterberg F. J. Plasma Physics, 1980, 24: 1.

[15] Winterberg F. Z. f. Naturforschung, 1964, 19a: 231.

[16] Harrison E R. Plasma Physics, 1976, 9: 183.

[17] Maisonnier C. Nuovo Cimento, 1966, 42B: 232.

[18] Winterberg F. J. of Nuclear Energy Part C, Plasma Physics, Accelerator, Thermonuclear Research, 1966, 8: 541.

[19] Proceeding Impact Fusion Workshop Los Alamos New Mexico USA 1979 (LA-8000-C Los Alamos Scientific Laboratory).

[20]　Winterberg F. Nuclear Fusion, 1990, 30: 447.

[21]　Winterberg F. Physics of Fluids, 1992, B4: 3350.

[22]　Winterberg F. Z. f. Naturforschung, 1986, 41a: 495.

[23]　Winterberg F. Atomkernenergie/Kerntechnik, 1982, 41: 291.

[24]　Winterberg F. Beiträge Plasmaphysik, 1985, 25: 117.

[25]　Winterberg F. Plasma Physics, 1968, 10: 55.

[26]　Stallings C, Nielsen K, Schneider R. Applied Physics Letters, 1976, 29: 404.

[27]　Sanford T W L, et al. Physics of Plasmas, 1997, 4: 2188.

[28]　Winterberg F. Z. f. Naturforschung, 1998, 53a: 933.

[29]　Winterberg F. Z. f. Naturforschung, 1999, 54a: 443.

[30]　Winterberg F. Z. f. Naturforschung, 1999, 54a: 459.

[31]　Sänger E. Z. f. Naturforschung, 1951, 6a: 302.

[32]　Winterberg F. Atomkernenergie, 1982, 40: 56.

[33]　Winterberg F. Acta Astronautica, 1983, 10: 443.

[34]　Boller K-J, Imamoglu A, Harris S E. Physical Review Letters, 1991, 66: 2593.

[35]　Winterberg F. Z. f. Naturforschung, 2003, 58a: 197.

第 9 章　热核透镜和聚能装药

9.1　热　核　透　镜

对于传统的高爆炸药,爆震波整形技术已发展成为一门艺术。在所谓的炸药透镜技术中,有可能获得平面、(会聚)圆柱形和球形爆震波。在其中一种波形整形技术中,使用了两种不同爆速的炸药。但该技术不适用于涉及热核炸药的情况,因为基本上所有热核炸药的温度都有很大差异,尤其是当DT和D用作两种炸药时。

另一种波形整形技术是在波必须通过的爆震波阵面路径上设置孔或惰性体。这种技术也只适用于一种炸药。因此,它非常适合热核爆震波阵面的波形整形。热核爆震的波形整形不仅在某些技术应用中具有重要意义,而且在基础科学中也具有重要意义。

波形整形技术最容易用热核平面波透镜的例子来解释,如图 9.1 所示。从点火点 IP 开始的热核爆震波阵面传播到热核炸药 TF 中,呈锥形,并被封装 T 包围。在爆震波阵面的路径上,空心气泡或实心惰性体 B 如图所示放置。这些障碍物的密度 $\rho(B)$ 作为与锥形组件轴线的径向距离 r 的函数,其选择应使爆震波阵面速度 v 作为极角 ϕ 的函数具有以下依赖性:

$$v(\phi) = \frac{\text{常数}}{\cos \phi} \tag{9.1}$$

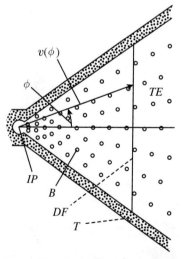

图 9.1　热核平面波透镜,其中爆震波由惰性障碍物 B 的气泡整形,这些气泡位于爆震波阵面 DF 的路径上,波阵面从热核炸药 TE 的点火点 IP 开始移动。T 是一个封装

这种依赖性导致从点火点 IP 出现平面波。由于假设波速与障碍物密度成反比是合理的,我们必须设

$$\rho(B) = \text{常数} \times \cos \phi \tag{9.2}$$

其他分布 $\rho(B) = f(r,\phi)$ 显然允许其他波形的出现。例如,图 9.2 显示了设计用于进行锥形内爆的波形整形透镜。

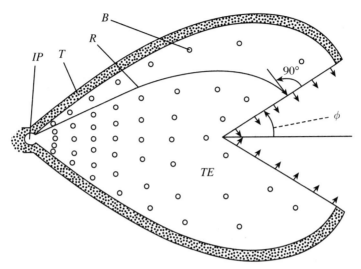

图 9.2　锥形内爆的波形整形透镜,可以产生会聚的锥形波。IP 是热核炸药 TE 的点火点;B 是放置在波程中的气泡;T 是封装;R 是爆震波的射线

最后,图 9.3 显示了如何通过波形整形获得球形内爆。如果爆震波从一个点开始,为了获得圆柱形内爆,需要更复杂的三维透镜结构。

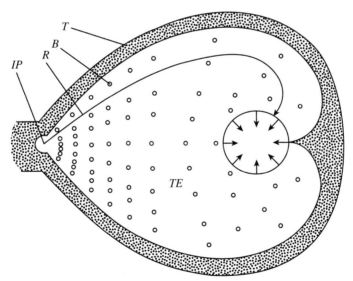

图 9.3　通过波形整形得到的球形内爆。这里的爆震透镜产生会聚的球面波。IP 是点火点;TE 是热核炸药;T 是封装;R 是爆震波的射线;B 是气泡

爆速的空间依赖性以及由此推断的爆震波路径上障碍物的密度可以通过对从点火点发射的爆震波射线的恒定传播时间的要求来获得。这个时间由下列表达式得出:

$$t = \int \frac{\mathrm{d}s}{v} \tag{9.3}$$

在式(9.3)中,$v = v(x,y,z)$ 是可变爆速。对于在图 9.1~图 9.3 中描述的所有三种构型中

实现的旋转对称,可以引入圆柱 r-z 坐标系,由此式(9.3)变为

$$t = \int \frac{\sqrt{1 + (\mathrm{d}r/\mathrm{d}z)^2}}{v(r,z)} \mathrm{d}z \tag{9.4}$$

所有射线具有恒定时间的条件要求 $\delta t = 0$。它导致了欧拉-拉格朗日方程

$$\frac{\mathrm{d}}{\mathrm{d}z} \frac{\mathrm{d}r/\mathrm{d}z}{v(r,z)\sqrt{1 + (\mathrm{d}r/\mathrm{d}z)^2}} + \frac{\sqrt{1 + (\mathrm{d}r/\mathrm{d}z)^2}}{v^2(r,z)} \frac{\partial v(r,z)}{\partial r} = 0 \tag{9.5}$$

射线由形式为 $r = r(z)$ 的方程给出,从而式(9.5)是未知函数 $v(r,z)$ 的一阶偏微分方程,可通过特征线法求解。

9.2 热核聚能装药

接下来,我们将讨论热核炸药中聚能装药的概念。一个好的聚能装药需要两样东西:(1) 一个形状良好的波,(2) 一个由波推动的套筒。简单聚能装药如图9.4所示。从点火点 IP 开始的热核爆震进入锥形平面波透镜 PW。离开透镜后,由此产生的平面波传播到热核炸药 TE 中,使锥形金属套筒 L 向其轴线坍塌,并产生快速前向金属射流 J。图9.4显示了爆震波到达线 DF 所示位置时部分坍塌的套筒。这种简单聚能装药产生的最大射流速度只有爆速的两倍。由于金属套筒的密度大约是热核炸药密度的 10 倍,因此射流的能量密度大约是爆炸聚变材料的 40 倍。

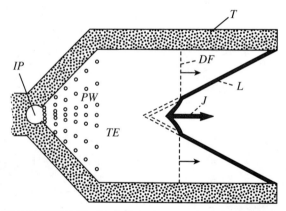

图 9.4 简单热核聚能装药:IP 为点火点;PW 为平面波透镜;TE 为热核炸药;DF 为爆震波阵面;L 为金属套筒;J 为坍塌套筒的射流;T 为封装

导致更高速度的聚能装药在锥形套筒上使用锥形内爆。图9.2显示了如何通过波形整形实现锥形内爆。在这种情况下,产生的射流速度与 $\sin\phi$ 成反比,其中 ϕ 为图9.2所示的角度。由此看来,通过减小锥角 ϕ,射流速度可以变得任意大。然而,已发现 ϕ 的较低实际截止值为 $\mathrm{arc}\phi \simeq 1$。因此,可达到的最大射流速度约为爆震速度的 10 倍。对于氘,爆震速度约为光速的 1/100,因此可以获得约为光速 10% 的射流。

9.3 热核透镜和聚能装药的一些应用

现在介绍热核爆炸透镜和聚能装药技术的几种潜在应用:

1. 在"猎户座"核脉冲火箭推进概念中,一系列小型裂变爆炸(~1 kt TNT)在推板后面引爆,如图 9.5(a)所示。猎户座核推进概念具有较大的推力和比冲,因此非常适合太阳系内需要较短传输时间的大型载人任务。

当然,更大的有效载荷可以用更大的核爆炸推动,用聚变爆炸取代裂变爆炸。与裂变爆炸相比,具有热核透镜和聚能装药技术的聚变爆炸更加灵活。由于没有像化学推进那样的喷嘴,裂变弹推进的大部分能量都被消散到太空中。如图 9.5 所示,使用热核聚能装药推进聚变弹可以部分弥补低效的缺点。

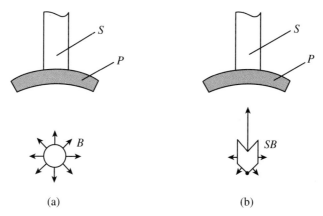

图 9.5　(a) 球形爆炸裂变弹的简单猎户座推板构型。(b) 不对称爆炸热核聚能炸弹 **SB** 的推板构型与(a)相同。**S** 是将推板连接到有效载荷的杆

2. 用于火箭推进的同一热核聚能装药技术也可用于彗星或小行星的偏转中,以防止其撞击地球。尽管很少发生撞击事件,但它们确实会发生,一颗哈雷彗星大小的彗星撞击后会造成难以想象的灾难。在核炸药和太空火箭技术出现之前,没有任何办法可以防止这样的灾难,但现在这项技术已经存在,等待开发。

简单地引爆附着在彗星或小行星表面的核炸药是不可取的,因为这将导致彗星或小行星分裂成许多小子弹,在撞击时产生更具破坏性的霰弹枪效应。最明智的技术是用热核聚能装药的喷流烧蚀彗星或小行星表面,方式与图 9.5 所示的热核脉冲火箭推进相同。

使用 7.9 节和 7.10 节中解释的分级和自催化爆震波技术,可以制造出非常大的热核爆炸装置,这可能是偏转大型彗星和小行星所需要的。

3. 热核聚能炸药也可以成为深层采矿的重要工具,将竖井爆破到很深的地方。计算表明,利用这种技术,人们甚至可以炸出一条穿过月球中心的隧道(图 9.6)。

现代文明依靠镍和铬等重元素来制造钢。因为地球上的所有矿藏最终都会被耗尽,行星体的采矿终有一天会变得非常重要。重元素应该

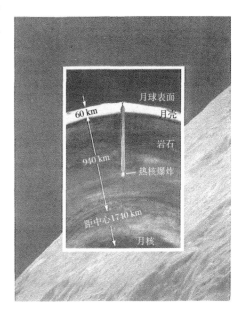

图 9.6　建造穿越月球的隧道

集中在行星体的中心,这使得人们对这些行星体的深层采矿非常感兴趣。密度最高的水星似乎特别有希望成为这种核采矿的候选行星。如图 7.9 所示的"铅笔型"热核炸弹与平面波透镜相结合,非常适合在岩石中炸出一个狭窄的钻孔。

4. 对于粒子密度 $n \gtrsim 10^{27}$ cm^{-3},核聚变链式反应即使在像 H^{11}B 这样的特殊聚变燃料中也容易发生。这样的密度由如图 9.3 所示的热核透镜在球形会聚冲击波中达到。在平面热核爆震波中,温度的数量级为 $\sim 10^8$ K。当爆速为 $\sim 10^9$ cm/s 时,压强为 $p \sim \rho v^2 \sim 10^{18}$ dyn/cm^2,在球形会聚波中按 $\sim r^{-0.9}$ 上升。如果波的半径减小到 $\sim 1/10$,则压强升高至 $\sim 10^{19}$ dyn/cm^2。在此压强下,冷粒子数密度上升至 $\sim 10^{27}$ cm^{-3},足以点燃聚变链式反应。为了防止待压缩材料的实质性加热,必须将其放入一个被会聚爆震波等熵内爆的胶囊内。

5. 假设半径 $r = 10$ cm 时,$T \sim 10^9$ K。在会聚冲击波中,在 $r \sim 1$ cm 处,它会上升到 $T \sim 10^{10}$ K ~ 1 MeV。这个例子表明,会聚爆震波技术可能成为研究极端条件下物质的一个重要工具,例如在奇异星中发现的物质。

6. 当压强为 $p \sim 10^{19}$ dyn/cm^2 时,磁场可压缩至 $H \simeq \sqrt{8\pi p} \sim 10^{10}$ G,可能出现在磁星中。

7. 最后,还有军事用途,特别是弹道导弹防御。使用热核聚能装药,人们可以制造一支霰弹枪,瞄准弹道导弹释放的一大群物体,包括弹头和诱饵。

参 考 文 献

［1］ Schall//Caldirola P, Knoepfel H. Physics of High Energy Density. New York: Academic Press, 1971: 230 ff.

［2］ Winterberg F. The Physical Principles of Thermonuclear Explosive Devices[M]. New York: Fusion Energy Foundation, 1981: chapter 16, 117 ff.

［3］ Winterberg F. Kerntechnik, 1998, 63: 202.

［4］ Winterberg F. Fusion, 1981, August; 1986, May-June.

第10章 热核微爆炸在基础研究中的意义

10.1 概 要

现在有两个伟大的科学前沿,一个是对更远的太空距离的追求,另一个是对更小的亚核区域的研究。无论是对大距离还是对小距离的追求,前者是用太空火箭完成的,后者是用高能粒子加速器完成的,都需要更大的能量。在太空研究的前沿,我们有能力探索太阳系中所有天体的物理性质。通过将大型望远镜置于地球大气层的干扰影响之外,我们可以比以往任何时候都更深入地探测太空,甚至可以瞥见我们称之为大爆炸的重大初始事件。在高能物理学的前沿,英里①长的粒子加速器使我们能够探索小至~10^{-15} cm 的微观世界,不久将达到10^{-18} cm。由于在空间探索和高能物理方面取得了巨大的进步,因此有理由考虑极限可能在哪里。不到 100 年前,在私人实验室里仍然有做出基本发现的可能。如今,这在生物学中仍然是可能的,但在物理学中可能性要小得多,在空间研究中则是不可能的。空间研究和高能物理的巨额支出已经完全超出了普通大学物理系的预算。如今,空间研究和高能物理都是大生意,关键取决于政府的善意和社会的支持。所需的资金可以使整个国家的财政能力感到压力。阿波罗登月计划花费高达数十亿美元。探索电磁和弱相互作用在质心能量超过 100 GeV 处统一所需的粒子加速器也是如此。有人推测,如果能量增加一个因子~137,即精细结构常数的倒数,就会发生一些令人兴奋的新事情。如果这是真的,那么下一个突破将发生在质心能量超过10^4 GeV 的地方。用目前可用的加速器技术来达到这些能量将是如此昂贵,以至于没有政府愿意或能够提供这些资金。

至于另一个前沿领域,即空间探索,其资金问题也日益严重,特别是如果只使用目前可用的推进技术。对载人火星探测而言尤其如此。

除了探索其他天体的科学兴趣外,空间研究对高能物理学也有直接影响。如果宇宙是在大约 2×10^{10} 年前由时空奇点创造出来的,那么一直到~10^{19} GeV 的普朗克能量一定在遥远的过去发生过。假设大爆炸假说是正确的,宇宙可以作为一个超高能加速器,只要我们能读懂 2×10^{10} 年后留下的极其微弱的痕迹。这可以通过远离地球干扰影响的太空望远镜来实现。利用粒子加速器的高能物理学也能告诉我们一些关于宇宙起源的事情。因此,我们看到可以在科学的两大前沿之间架起了一座桥梁。对大尺度世界的探索可以给我们小尺度世界的答案,反之亦然。目前加速器所能达到的能量比普朗克能量低许多数量级。在高能粒子加速器的实验探索和宇宙学的观测推断之间的差距可能会被聪明的理论家填补。

目前的实验表明,所有力的统一在~10^{16} GeV 处,为普朗克能量的~$1/10^3$,远高于现在或可预见的未来任何可用加速器所能达到的水平。眼光放低些,重要的是看我们现在的想法是否一直到质心能量$\gtrsim10^4$ GeV 都能被证实。

我们先来仔细看看空间探索的前沿。我们可以利用化学火箭推进系统进行载人月球探

---

① 1英里 = 1.61 km。——译者注

险。如果使用化学推进去往火星,这将花费大量时间和金钱。当然,对于使用化学推进的载人空间探险来说,更大的问题是对木星及更远处的载人探险。

但是,如果化学燃料被核燃料取代,情况就完全不同了。与化学燃料相比,核燃料的能量密度要大几百万倍。从铀裂变被发现的第一刻起,科学家们就开始推测它是否可以用于火箭推进。沃纳·冯·布劳恩在 1942 年左右与海森伯讨论了这个问题。海森伯告诉布劳恩,潜艇可能用铀堆推进,但目前还看不到驱动火箭发动机的简单方法。这种消极观点仍然适用于核裂变,但不适用于惯性约束下的热核微爆炸。非裂变触发的小型氢弹将改变这一切。

利用聚变微爆炸推进,载人探索和工业化整个太阳系成为可能,甚至使访问附近的太阳系成为一种遥远但真实的可能。这意味着在不到 10^7 年的时间里,我们整个银河系都可能以这种方式被殖民。与银河系的年龄相比,10^7 年的时间很短。这一事实使人们对存在数百万其他类似人类的文明这一普遍信念产生了怀疑。银河系中的大量太阳比我们的太阳早出现几十亿年,而在其中一个太阳系中出现的文明可能在很久以前就已经殖民整个银河系了。有了微爆炸火箭推进,我们还可以把大型研究观测站发射到太空中,把太阳系作为一个实验室来测试爱因斯坦的引力理论。例如,快速旋转的木星可以被用来测试广义相对论所提出的冷泽-提尔苓(Lense-Thirring)效应,它类似于电动力学中旋转的电荷所产生的磁场。

回到对小尺度世界的探索,如果我们用热核微爆炸来驱动粒子加速器以达到超过 10^4 GeV 的能量,那么将又一次取得突破。

在前往附近的太阳系时,我们关于大尺度的知识被扩展了~10^3 倍。同样,根据海森伯的不确定性原理,~10^5 GeV 的能量对应着我们关于小尺度的知识有了 10^3 倍的扩展。

除了粒子加速和火箭推进之外,热核微爆炸还有其他重要的研究应用。

10.2　热核微爆炸反应堆

热核微爆炸释放的能量可能有 10^9 J,相当于 1 t 化学能,也许更高。只有当热核燃料的压缩程度超过目前所认为的可能时,更小的能量才是经济的。在热核微爆炸反应堆中,在爆炸能量远大于~10^9 J 的情况下,会对爆炸火球造成约束问题,而爆炸火球必须放置在用作反应堆燃烧室的黑腔内。

火球的典型膨胀速度约为 10^8 cm/s。对于半径为~300 cm 的反应堆黑腔,火球可在 $3×10^{-6}$ s 内通过磁流体动力转换将其大部分能量转换为电脉冲。因此,在每一次微爆炸中,释放出 $3×10^9$ J 的能量,功率将为 10^{15} W。

图 10.1 显示了作者 1969 年的早期微爆炸反应堆版本,其中磁场穿透反应堆黑腔。每一次微爆炸的快速膨胀的高导电火球将磁场推到一边,形成一个没有磁场的空间。从这个空间移走的磁能是 $E = (H^2/(8\pi))V$,其中 $H^2/(8\pi)$ 是磁能密度,V 是这个空间的体积。当火球把磁场推到一边时,这个能量被转换成电磁能。

8.21 节的方案提出了一个非常不同的反应堆概念。由于这种结构保证以适度的产额获得高增益,因此可以将图 8.26 中的 DT 锥体替换为位于液态锂涡旋中心的长封装 DT 圆柱体,如图 10.2 所示。快中子释放了 80% 的 DT 核反应能量,中子在液态锂中耗散能量,同时在液态锂中增殖氚。用 ^{238}U 或 ^{232}Th 进行封装时,大量额外的同时快速裂变燃烧也是可能的。

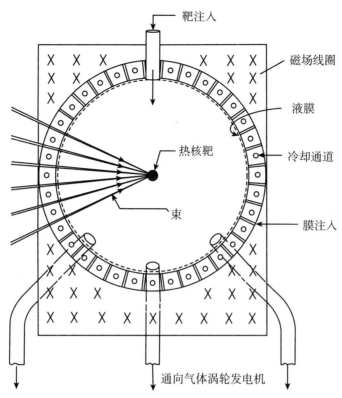

图 10.1　热核反应堆示意图,该反应堆基于激光或粒子束点燃的球形室内微爆炸链的约束

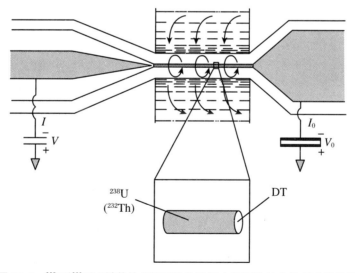

图 10.2　^{238}U(^{232}Th)封装的 DT 圆柱位于液态锂涡旋核心的反应堆构型

　　如果在电子束耗散能量的圆柱体末端放置少量 DT,这种构型甚至可以用来燃烧 D。于是 DT 燃烧可以点燃圆柱剩余部分的 D。

　　由于流过封装的 DT 圆柱的电流非常大,超过~10^7 A,因此需要如图 10.3 所示的外部传输线的卷积馈电。在那里,外部传输线是一条圆形带状线,在带状线内部放置液体锂涡旋。

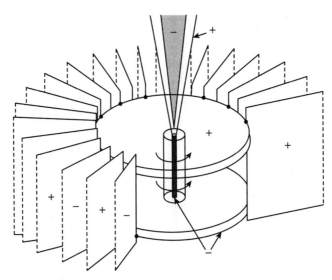

图 10.3　位于内部高压传输线下方的外部传输线的卷积大电流馈电,中心为液态锂涡旋

如图 10.4 所示,电子束可以通过激光引发的二极管内部稀薄背景气体的击穿而精确地聚焦在阳极上,其中电子束是通过大电场中的逃逸电子建立的,如 4.15 节所述。

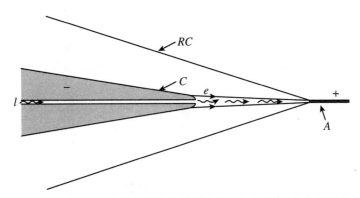

图 10.4　低密度空间电荷中和背景气体中的激光引导逃逸电子束,激光束引发击穿。C 为阴极,A 为阳极,RC 为回流电流导体,l 为引导激光束,e 为相对论电子

10.3　热核微爆炸火箭推进

热核火箭推进发动机的概念如图 10.5 所示(摘自作者 1969 年的一篇论文)。注入磁镜焦点的热核微型炸弹被强流束点燃。镜的磁场反射火球,使其向首选方向偏转,磁场由超导磁体产生。为了使这些磁体在火球膨胀引起的磁场快速变化过程中正常工作,它们必须受到高熔点导电屏蔽的保护,例如钨。于是,在该屏蔽中感应的涡流产生 $j \times H$ 的力,从而产生推力。

在膨胀的火球中释放的一部分能量通过磁流体环被回收,用于为下一次微爆炸的触发装置充电。此外,启动操作需要一个小型核裂变反应堆来进行初始点火。为了达到比简单微爆炸可能达到的更高的产额,可以采用分级的概念(7.9 节),以及 8.15 节解释的磁增强器靶分级概念。

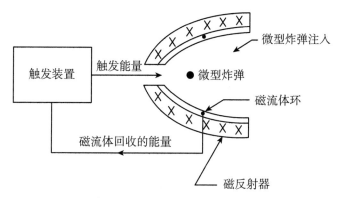

图 10.5 用于高效火箭推进系统的核微爆炸单元的示意图,由此大型有效载荷可
以在太阳系内高速移动

对于太阳系内的任务,$\gtrsim 10^8$ cm/s 的高排气速度(可由热核微爆炸推进系统得到)是不可取的,因为如果火箭最终速度与排气速度数量级相同,则推进效率最高。如果不满足这一条件,则释放的大部分能量将进入喷气,而不是火箭。对于太阳系内的大多数任务,载具最终速度为 $\sim 10^2$ km/s 就足够了,飞往火星的飞行时间约为一周。这意味着热核微爆炸的比冲应该减少为 1/10。如果喷射功率(比冲和推力的乘积)保持不变,则比冲的降低有利于增加推力。只要在火球中加入一些惰性推进剂,最好是氢气,就可以减少比冲,增加推力。携带一些惰性推进剂的要求还有一个别的好处,即它可以用来冷却空间飞行器,以抵御来自火箭发动机的残余废热,从而减少了对重型散热器的需要。

有了热核微型炸弹火箭推进,数百万吨的有效载荷可以在我们的太阳系内快速、经济地移动,到达火星的时间约为一周,到达木星的时间约为一个月,到达冥王星的时间不到一年。这对天体物理学产生的影响目前很难评估,但很可能非常重要。例如,在位于太阳系边缘的冥王星上建立一个大型研究基地将具有重大科学价值。

除了纯粹的聚变微爆炸,或 6.11 节中描述的利用天然铀(或钍)的自催化裂变-聚变过程的微爆炸,还可以使用 7.14 节中描述的微型核弹。在那里,裂变和聚变反应产生的高能中子在化学高爆炸药的燃烧产物中失去动能,从而增加了比冲和推力。

至于反应堆,也可以使用如图 8.26 所示的构型。火箭推进的一种可能实现如图 10.6 所示,其中如图 10.3 所示,图 8.26 中的外部大电流传输线变形为同轴圆形带状线。

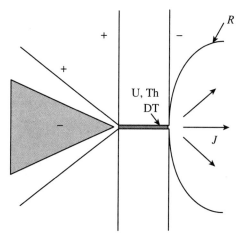

图 10.6 火箭推进的圆形带状线构型,R 为磁反射器,J 为等离子体射流

10.4　星际火箭推进

　　利用多级热核微型炸弹火箭推进，可以达到 1/10 的光速。英国星际协会前段时间以"代达罗斯计划"为名对达到这一速度的多级无人星际探测器进行了研究。其目的是巴纳德星①的飞掠任务。图 10.7 显示了一个推进装置。

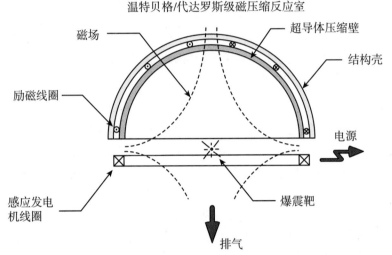

温特贝格/代达罗斯级磁压缩反应室

图 10.7　由 NASA 马歇尔航天飞行中心和阿拉巴马大学汉茨维尔分校提供

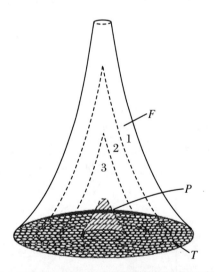

图 10.8　使用许多推进装置的"指数塔"星际飞船(示意图)。这艘船可能有数百万吨的质量，并以光速的 1/10 行驶。T 是众多微爆炸推进装置之一，P 是有效载荷。这种构型类似于太空飞行先驱沃尔特·霍曼的霍曼"动力塔"

　　以～1/10 的光速计算，这次旅行将持续数十年，考虑到这一项任务的艰巨性，这个时间是相当合理的。

　　如果生物研究能够将我们的寿命延长～10 倍，那么持续数十年的载人旅行将与现在持续数年的旅行相媲美。因此，载人星际飞行任务可能比我们想象的更早成为现实。

　　利用微型炸弹推进，就有可能建造像曼哈顿下城一般大的星际飞船，以 1/10 的光速飞往附近的太阳系。这种星际飞船的基本构型如图 10.8 所示，由一个几千米高的指数塔组成。在塔的下部有数以千计的热核微型炸弹推进装置。这艘星际飞船的内部小核心包含了有效载荷和船员。外部主要是燃料。随着飞船速度的提高，标有 1、2、

---

① 巴纳德星以其发现者美国天文学家爱德华·巴纳德(Edward Barnard)命名，位于蛇夫座，距离地球 5.9 光年，是已知相对太阳自行最大的恒星。——译者注

3、…的层中的燃料逐渐用完,用完后,这些层末端的火箭发动机被丢弃。星际飞船的指数截面保证了机械应力的最大均匀分布,并允许它在与最大允许的结构应力对应的最大加速度下持续行驶。

10.5　热核微爆炸驱动粒子加速器

目前,物理学中最重要的基本问题要求使用更大的粒子加速器来研究物质。热核微爆炸在两个领域可以帮助粒子加速器。首先,通过微爆炸可以产生脉冲兆高斯磁场,它可以用来将高能离子束弯曲到比传统加速器技术更小的半径。其次,热核微爆炸可用于驱动集体型加速器,质心能量高达10^5 GeV 或更高。由于脉冲功率大,热核微爆炸驱动的粒子束可能非常强。

热核微爆炸可轻松产生高达~10^6 G 的脉冲磁场。图 8.6 显示了一种特殊的集体电子束加速器,该加速器用于热核微爆炸点火,但也可用于将电子加速到高能。在~10^6 G 的脉冲磁场下,径向向内压缩的旋转电子束前端的电场将达到~3×10^8 V/cm,并且~10 km 长(由于磁绝缘)加速器的电子能量将达到10^5 GeV。

最后,还有可能出现超强流束加速器。目前,强流束加速器是与短脉冲长度的传输线相结合的马克斯发生器。兆焦太瓦级的束可以通过这种方式常规生产。然而,如果在微爆炸中释放的能量被用来驱动强流束发生器,功率超过~10^{15} W 的脉冲束就成为可能,束由微爆炸通过膨胀的火球的直接磁流体能量转换来驱动。这种功率和强度的束将开辟一个低能核物理的新时代,有望实现大规模的核嬗变。图 10.9 显示了这种超级束加速器的框图。它可以被看作一个束放大器,其放大作用由微爆炸完成。

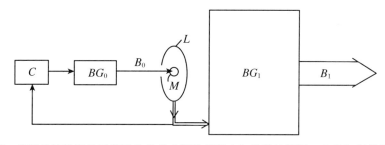

图 10.9　使用热核微爆炸反应堆作为放大器的超级束加速器流程图。C 为初级储能。BG_0 为初级束的束发生器。B_0 为初级束,M 为微爆炸靶,L 为磁流体环。BG_1 为超级束 B_1 的束发生器

10.6　热核微爆炸驱动的太空发射器

8.11 节中描述的磁行波宏粒子加速器是用于撞击聚变的,目标是使小型弹丸的速度达到 200 km/s。如果由一连串的热核微爆炸反应堆驱动,那么这种加速器可以将大型有效载荷发射到近地轨道,其所需的速度是~10 km/s。图 10.10 解释了这一想法。一连串微爆炸反应堆在一系列磁螺线管中感应大电流,形成电磁炮,将一个圆柱形的弹丸推进到 10 km/s 的速度。为了突破大气层,该弹丸最好是细长的圆柱体形式。

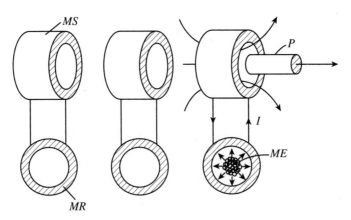

图 10.10　由热核微爆炸驱动的电磁炮,用于向太空发射大量物质。*MS* 为磁螺线管;*MR* 为微爆炸反应堆腔;*ME* 为微爆炸;*I* 为大电流脉冲;*P* 为弹丸

参 考 文 献

［1］　Teller E//Caldirola P, Knoepfel H. Physics of High Energy Density. New York: Academic Press, 1971: 1 ff.

［2］　Winterberg F. Atomkernenergie-Kerntechnik, 1982, 41: 267.

［3］　Winterberg F. Vom griechischen Feuer zur Wasserstoffbombe[M]. Herford und Bonn: E. S. Mittler und Sohn, 1992: 110 ff.

［4］　Winterberg F. Physics Today, 1981, September: 9.

［5］　Fusion. 1981, August; 1986, May-June.

［6］　Winterberg F. Physical Review D, 1987, 35: 3500.

［7］　Winterberg F. Raumfahrtforschung, 1971, 15: 208.

第11章　最近的研究动态

11.1　啁啾激光脉冲放大

在激光放大器中,一个小的激光脉冲被注入高增益介质,即相同频率的"存储"光子粒子数反转很大的介质,其中小的激光脉冲发射光子雪崩(图8.5)。雪崩会变得非常强烈,以至于损坏高增益介质。如果高增益介质由玻璃制成,则尤其如此。在那里,损伤是由玻璃的非线性折射率引起的自聚焦引起的。

为了克服这一问题,我们可以采用所谓的啁啾激光脉冲放大。在那里,将在高增益介质中发射雪崩的超短激光脉冲在注入介质之前会被及时展宽(啁啾)。这是一个被注入高增益介质的、展宽的、低强度的激光脉冲。由于其强度降低,高增益介质中的雪崩也是如此,减少了雪崩造成破坏的危险。短激光脉冲的展宽(啁啾)由时间-能量(即时间-频率)不确定性关系决定:脉冲的持续时间越短,其频率的光谱宽度越大。正因为如此,短激光脉冲并不完全是单色的。这允许将其分为较低(朝向红色)和较高(朝向蓝色)频率部分。这可以通过(正)色散元件(展宽器)来实现,该色散元件由例如一对衍射光栅或折射率随频率变化的长光纤组成,其中分裂光束的低频部分在到达两部分再次合并并注入高增益放大器介质的点之前传播的时间比高频部分长。由于该技术允许将原始激光脉冲展宽数千倍,因此高增益介质中的雪崩强度降低了相同的因子。从增益介质中出现后,高频和低频分量被(负)色散元件(与用于展宽光束的元件相反)重新压缩。通过千倍的展宽和再压缩,可以将初始激光脉冲放大10^6数量级,或者比其他可能大1000倍。因此,人们可以产生10~100 kJ、拍瓦(10^{15} W)的激光脉冲,其强度和能量即快速点火所需的强度和能量。然而,由于展宽器和压缩器的色散元件的损耗以及玻璃激光器的低效率,总体激光效率很低。

图11.1和图11.2显示了展宽和重新压缩激光束的可能方式。

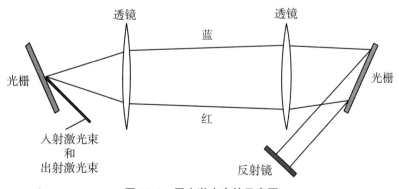

图11.1　展宽激光束的示意图

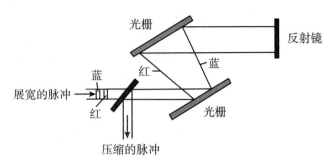

图 11.2　压缩激光束的示意图

11.2　会聚冲击波驱动兆焦-拍瓦激光器[①]

如果高增益介质是致密的光学透明等离子体,可以想象能避免玻璃激光器的激光束损坏问题。对于热核应用,短波长激光器是首选。看来最有希望的候选是惰性气体离子激光器。已报道的最短激光波长是 Ne^{IV} 的 $\lambda = 2358$ Å,位于紫外区。由于可能很难产生四次电离氖,单电离氩的氩离子激光器是更好的选择。已报道的氩离子激光器的最短激光波长为可见光区蓝色波段的 $\lambda = 4879$ Å。由于 Ar^+ 的低能级比通常存在于分子中的要少,因此较低能级的布居阻止激光跃迁的可能性较小。

获得大粒子数反转的一种可能方法是将液态氩加热至 $T = 90000$ K,然后快速膨胀和冷却,从而使高粒子数反转在氩中保持冻结状态。液态氩的密度为 $\rho = 1.404$ g/cm³。当 $T = 9 \times 10^4$ K 时,压强为 $p = 2.55 \times 10^{11}$ dyn/cm²。氩的电离势为 $V_i = 15.7$ eV。于是用萨哈方程可计算出电离度 $x \sim 50\%$。从这个值来看,对于较高的激光能级,预计粒子数反转为 10% 似乎并非不可能。

高能级的粒子[②]可以通过所谓的辐射诱捕来加强,这将发生在比考虑的密度更低的地方。辐射诱捕将使一个光子在激光材料内多次被发射和共振再吸收。这种辐射诱捕将导致较高激光能级的有效寿命增加,这对大粒子数反转非常重要。

建议通过化学炸药的会聚冲击波将液态氩加热到 9×10^4 K 的温度。加热后立即膨胀,可能会导致较低温度的高度反转的氩等离子体。

单电离等离子体中强冲击波后面的温度由以下公式给出:

$$T = \frac{\gamma - 1}{(\gamma + 1)^2} \frac{A}{R} v^2 \tag{11.1}$$

其中 A 为原子量,R 为普适气体常数,γ 为比热比,v 为冲击速度。氩等离子体的 $A = 40$。此外,我们还设 $v = 8 \times 10^5$ cm/s,即黑索金的爆速。因此我们从式(11.1)得到 $T \sim 3 \times 10^4$ K。这是在氩气中获得 50% 电离所需温度 9×10^4 K 的 1/3。由于在 3×10^4 K 的温度下,电离度仅为 2.5%,因此很明显需要更高的温度。

强冲击波后面的温度上升,圆柱形会聚冲击波按 $r^{-0.4}$,球形会聚冲击波按 $r^{-0.8}$,其中 r 是从会聚中心到冲击波的径向距离(5.3 节)。由于激光棒应具有圆柱对称性,因此圆柱形

[①] 摘自最近解密的论文。——作者注

[②] 原文中 population 是指粒子数。——译者注

会聚冲击波似乎最适合我们的目的。如果激光棒的半径为 $r_0 = 10\ \text{cm}$,则必须将高爆炸药布置在圆柱壳中,与会聚中心以半径 $r_1 = 100\ \text{cm}$ 隔开,以使温度升高约 3 倍。该情况如图 11.3 所示,图 11.4 显示了氩离子等离子体激光棒的布置,调 Q 氩离子激光器以高粒子数反转在氩等离子体棒中发射雪崩,光学透镜将激光束聚焦在热核材料上。

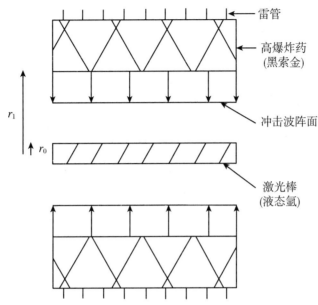

图 11.3　用于会聚冲击波加热的高爆炸药和圆柱形激光棒的圆柱形布置

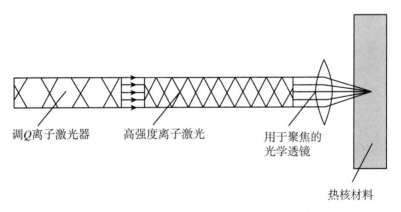

图 11.4　用于辐照热核材料的激光放大器的布置

　　强冲击波后面的粒子数反转问题需要注意。很明显,在完全热力学平衡中,不存在粒子数反转。然而,在强冲击波后面的材料中,情况却大不相同。紧靠着冲击波后面的是均匀的各向同性速度分布,而不是麦克斯韦速度分布。如果粒子数反转是通过在一定能量下原子级粒子碰撞的共振截面实现的,并且冲击波阵面后面的粒子正好拥有这种能量,通过选择适当的 r_0 和 r_1,那么大粒子数反转是可以达到的。

　　由于激光器效率最高为 10%,因此需要超过 10^4 MJ 的能量输入,对应于超过 1 t 的爆炸装药。因此,这种激光器在军事上应用有限,因为它必须与千克范围内的裂变触发器竞争。它的主要意义似乎是在犁铧(和平使用核炸药)领域,触发器的大小无关紧要,重点是基于核装药的"清洁线"。另一种应用可能是猎户座核脉冲火箭推进,燃烧的高爆炸药可以增加推进系统的整体动量。再者,如果一个这样的激光器可以同时驱动大量热核微爆炸室,那么它可能作为用过就丢的一次性装置,使用一系列这样的一次性激光器,就能够与非常昂贵的拍瓦激光器可重复点火概念竞争。

11.3　冲　击　点　火[①]

由于 $10\sim100$ kJ 拍瓦激光器的成本较高(需要通过 100 TW(10^{14} W)激光将 DT 靶压缩到固体密度的千倍,以实现快速点火),村上匡且和长友英夫已经提出用一个移动非常快速的小型弹丸来代替拍瓦激光器,该弹丸在撞击高度压缩的 DT 靶时也会产生同样的效果。如式(8.72)所示,要达到 DT 反应的点火温度,需要 $v\sim10^8$ cm/s 的冲击速度。在此速度下,冲击能量约等于 100 kJ = 10^{12} erg,弹丸质量必须约为 2×10^{-4} g。对于铍弹丸,这意味着铍球体的半径为 $r_0=3\times10^{-2}$ cm。根据式(8.78),要达到 10^8 cm/s 的速度,静电加速器的长度为 24 km。在村上匡且和长友英夫的提议中,一个小飞片在卡在 DT 靶上的圆锥体内,通过与压缩靶相同的 100 TW 激光脉冲烧蚀加速。这种结构的前身是一种这样的结构,其中一个金锥卡在 DT 靶中,以便拍瓦激光脉冲到达压缩靶的中心。在改进的冲击点火构型中,锥体被放大,以允许飞片在更大的距离上加速到最终速度。正是在这里,各种碰撞聚变方案的优势得以发挥:点火器加速到高速时,能量积累相对较慢,否则是不可能的。图 11.5 并排显示了两种快速点火构型。

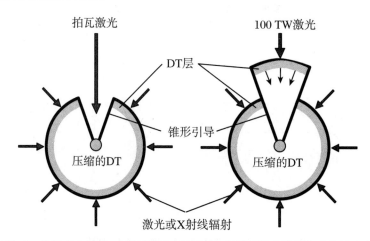

图 11.5　快速点火构型,金锥固定在 DT 靶中,有拍瓦激光快速点火和冲击点火

为验证这一想法而进行的实验迄今仅达到 600 km/s 的速度,低于所需的 1000 km/s。由于飞片在会聚锥形管道内加速,泰勒不稳定性可能成为达到更高速度的严重问题。

为了避免泰勒不稳定性,我们可以使用会聚冲击波,但它的效率要低得多。为了提高效率,可使用多个同心飞片,如 5.6 节所述的多壳结构。这将提高稳定性,效率介于单个飞片

[①] 原文为 impact,本节可以译作冲击点火或者撞击点火。村上匡且和长友英夫提出的物理模型为物体撞击模型,但是该物理模型源于激光形成冲击波点火,所以译者将其译为冲击点火,与目前美国研究的激光冲击波点火进行类比。读者可以自行按其物理过程进行理解。——译者注

和会聚冲击波之间。

11.4　用于冲击点火的热核微爆炸宏观粒子加速器

　　如果使用已点燃的磁化等离子体中释放的热核能量进行加速,则有可能获得更高的宏观粒子弹丸速度。为了实现这个想法,我们最终可以使用沿着大电流箍缩放电通道传播的热核爆震波。正如 6.5 节所显示的那样,对于 DT 反应来说,这需要数量级为 10^7 A 的电流。

　　在箍缩放电通道一端点火后,爆震波将以大约 1/10 光速的速度沿通道传播,该速度是 DT 聚变反应 α 粒子的速度。

　　在等离子体聚焦装置中,动能在被作用于其背面的磁压加速的电流片中累积。正是这种累积过程使等离子体聚焦装置可以由相对便宜的(低电压、长放电时间)电容器驱动。但是,由于沿箍缩放电通道传播的爆震波需要相当大的电流,数量级为 10^7 A,因此在这里可以使用电感式马克斯发生器 Xram(Xram＝马克斯(Marx)倒着读),其中 N 个磁线圈被电流 I 串联磁化,并且并联放电,电流加起来等于 NI。与马克斯发生器一样,Xram 允许缓慢"充电",但在 Xram 中,这必须通过断开开关来完成,这比马克斯发生器中闭合开关更困难。图 11.6 显示了 Xram 如何驱动等离子体聚焦枪。

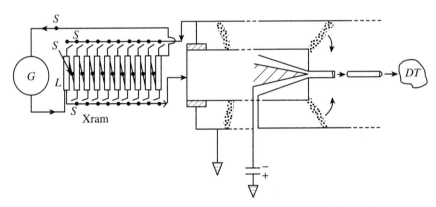

图 11.6　由 Xram 驱动的等离子体聚焦枪,用于沿箍缩约束套筒的热核爆震波的点火,以将飞板弹丸加速至∼10^3 km/s。G 为飞轮发电机,L 为磁场线圈,S 为开关,DT 为压缩 DT 靶

　　与电流 NI 相比,电流 I 更容易断开开关。此外,由于在等离子体聚焦枪中,用长的同轴"枪管"来加速等离子体片,因此允许开关缓慢地断开。或者,也可以使用一组马克斯发生器,但这可能更昂贵,而且更不紧凑。

　　如图 11.6 和图 11.7 所示,箍缩柱右端连接有一个飞片,将其射入管中,以将飞片引导到高度压缩的 DT 靶上。

　　在上述给定能量为 150 kJ、弹丸速度为 10^3 km/s 的情况下,弹丸质量必须为 3×10^{-4} g。但是,由于等离子体聚焦聚变爆震产生的能量很容易增大,它可以将 10^3 km/s、∼10^{-4} g 大小的宏粒子发射到高度压缩的 DT 靶上。这大大增加了至少一个粒子击中并点燃靶的可能性。

　　飞片加速可用爆炸弹道学理论描述,用 DT 聚变爆震代替化学爆震。如果 W 是超音速移动热核爆震波后面的等离子体速度,则放置在引爆 DT 圆柱体末端的金属飞片将加速到

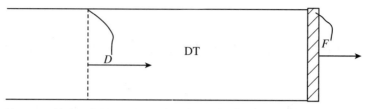

图 11.7 等离子体聚焦箍缩磁场中 DT 的热核爆震波 D, F 为飞片弹丸

$$V = W + \int_0^p \frac{\mathrm{d}p}{a\rho} \tag{11.2}$$

其中等号右边的第二项是黎曼积分,a 为板后燃烧等离子体中的声速。

用化学高爆炸药和金属飞片进行的实验表明,$V \sim 2W$,与厚度为 d、密度为 ρ、在压强 p 作用下的不可压缩板大致相同:

$$V = \frac{1}{\rho d}\int_0^p p\,\mathrm{d}t \tag{11.3}$$

在聚能圆柱形高爆炸药中,由于飞片后面的爆震产物的径向膨胀,放置在圆柱体末端的飞片的速度约为 1/2。然而,在存在径向约束磁场的情况下,径向膨胀受到抑制,但箍缩放电的角向场降低了带电聚变产物的轴向运动,并随之降低了轴向爆速。因此,设 $V \sim W$ 是一个很好的估计。DT 聚变产物(α 粒子)的速度为 1.3×10^4 km/s,当 $\gamma = 5/3$ 时,可以得到 $V = W = D/(\gamma+1) \sim 2.4 \times 10^3$ km/s。

11.5　双激光快速点火

用拍瓦激光快速点燃高度压缩的氘氚(DT)靶需要约 100 kJ 的能量。为了降低激光器的功率,建议使用两台激光器实现快速点火,一台在红外波段,功率较低,另一台在可见光到紫外波段,功率较高。功率较低的红外激光器应通过其辐射压在置于毛细管内的低于固体密度的等离子体中驱动大电流,同时第二个高功率短波长激光器在毛细管一端点火,磁场在其由固体 DT 制成的包层中支持热核爆震波。毛细管的外端及其 DT 包层卡在 DT 靶中。

这一想法如图 11.8 所示,其细节和事件顺序如下:

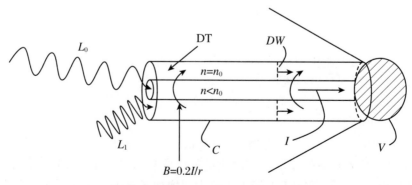

图 11.8 用于快速点火的沿毛细管的爆震:L_0 为较长波长的激光脉冲,L_1 为较短波长的激光脉冲;固体 DT 的 $n = n_0 = 5 \times 10^{22}$ cm^{-3};C 为毛细管,I 为毛细管内的电流,B 为毛细管外磁场;DW 为爆震波阵面,V 为靶的快速点火体积

1. 一个填充有密度小于固体的等离子体($n < n_0$)的毛细管 C 被固体($n = n_0 = 5 \times 10^{22}$ cm^{-3})DT 包层包围。

2. 红外激光脉冲 L_0 从左边注入毛细管 C 的左端。红外激光脉冲的辐射压将毛细管内的电子加速到右边,在这个方向上产生了很大的电子电流,回流电流则在 DT 包层外流动。

3. 一个强大的较短波长激光脉冲 L_1 将包层一端的部分加热到 DT 反应的点火温度,该部分大于 DT 带电聚变产物(α 粒子)的拉莫尔半径。

4. 只要毛细管内的电子电流产生的磁场足够大(数量级为 10^7 A),DT 聚变反应的 α 粒子就会困在 DT 包层内,并因此可以发射向右传播的热核爆震波 DW。如果毛细管的另一端连同其 DT 包层被卡在靶中,它就可以在靶中引发热核爆燃。

具有平均电场 $(\overline{E^2})^{1/2}$ 的相干光束产生等离子体电子的电子漂移运动,漂移速度如下所示:

$$v_d = \frac{e^2 \overline{E^2}}{m^2 c \omega^2} \tag{11.4}$$

其中 ω 是激光的圆频率,e 和 m 分别是电子的电荷和质量,c 是光速。为了使式(11.4)成立,$v_d \ll c$。为了使激光辐射能够驱动电子,激光频率必须大于等离子体频率,即 $\omega \gg \omega_p$,其中 $\omega_p = (4\pi n e^2 / m)^{1/2}$,$n$ 为电子数密度。

引入坡印亭矢量

$$S = \left(\frac{c}{2\pi}\right)\overline{E^2} = \frac{P}{A} \tag{11.5}$$

其中 P 是激光束的功率,单位为 erg/s,A 是激光束投射到的毛细管的面积,单位为 cm^2。由式(11.5),式(11.4)可以写成

$$v_d = \left(\frac{e}{mc\omega}\right)^2 \frac{4\pi P}{A} \tag{11.6}$$

如果毛细管中的等离子体是氢等离子体或单电离等离子体,则激光束产生的总电流为

$$I = n e v_d A = c\left(\frac{\omega_p}{\omega}\right)^2 \frac{P}{I_A} \quad (\omega > \omega_p) \tag{11.7}$$

其中 $I_A = mc^3/e$ 是阿尔芬电流。在标准单位①制下,它等于 17000 A。假设 $\omega = \omega_p$,可以将式(11.7)写成

$$P = I \frac{I_A}{c} \tag{11.8}$$

对于 $I = 10^7$ A 的电流(其磁场大到足以捕获 DT 聚变反应的 α 粒子),我们得到 $P \sim 10^{12}$ W。

对于稍微大于 ω_p 的 ω,可以设 $\omega \sim \omega_p$。在这种情况下,电流仅取决于激光功率。但是,激光波长 λ 不能大于 $\sqrt{A}$,否则激光束不能通过毛细管传播。对于给定的示例,这意味着 $\lambda < 10^{-1}$ cm,允许使用高效红外激光器。

当电流为 $I = 10^7$ A 时,带电 DT 聚变反应产物(α 粒子)的拉莫尔半径 r_L 约为毛细管半径的 1/10,短到足以将 α 粒子困在 DT 反应燃烧区,这是沿毛细管在含 DT 的包层中爆震的条件。对于这种磁支撑爆震的点火,必须在小于劳森时间 $\tau_L = 10^{14}/n_0 = 2 \times 10^{-9}$ s 的时间内,将 $A\sqrt{A} \sim 10^{-3}$ cm^3 数量级的体积加热到 10^8 K 的温度,这是 DT 点火温度。将体积为

---

① 这里是将原子单位换算成国际标准单位。——译者注

10^{-3} cm^3 的固体 DT 加热到 10^8 K 需要约 10^2 kJ 的激光能量,功率为 5×10^3 W,这是现有激光技术可以达到的。

图 11.9 显示了从儿玉了祐、村上匡且、长友英夫构型开始的新型快速点火概念的演变。图 11.9(a)显示了儿玉了祐对拍瓦激光快速点火概念的初步突破。在 DT 靶中插入一个金属锥,大大提高了中子产额。因为只有使用更大的拍瓦激光器,这种构型才有可能获得更大的产额,所以村上匡且和长友英夫提出利用加速到高速的弹丸的动能积累,以约 1/10 的激光功率达到同样的产额。更妙的是,这似乎是一种在低密度磁化等离子体中通过热核反应将能量输入"点火器"的方法。最终,这必须由一个小磁场支持的热核爆炸来完成。

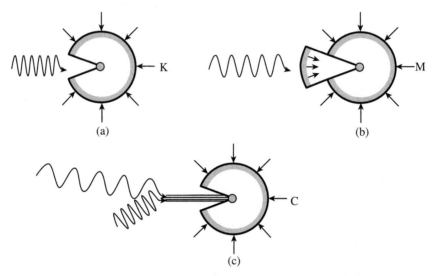

图 11.9　儿玉了祐等人(K)、村上匡且等人(M)和毛细管(C)快速点火构型的演变

11.6　用于热核点火的高压下形成的推测的亚稳超级炸药

在正常压强下,凝聚态物质中两个原子之间的分离距离的数量级为 10^{-8} cm,而由原子的化学结合形成的分子之间的距离为同一数量级。如图 11.10 所示,经历化学结合的两个原子的外层电子壳层的电子在反应的原子之间形成了一个"桥"。桥的形成伴随着两个反应原子的外层电子的电势阱的降低,电子受到两个原子核的吸引力。由于电势阱的降低,电子在 eV 光子发射后转入低能量的分子轨道。

在更高的压强下,会出现如图 11.11 所示的情况,在内壳层(即壳层之内的壳层)之间形成电子桥。爆炸威力在这种情况下更大。现在考虑这样一种情况:许多紧密相邻的原子被置于高压之下,使原子之间的分离距离大大缩小,以至于外壳层的电子进入一个共同的外壳层,围绕着两个原子核,内壳层的电子形成一个"桥"。因为那里的势能变化要大得多,所以电子能级的变化也大得多,可以达到几 keV。于是在那里形成了非常强大的炸药,在 keV X 射线光子的爆发中释放出其能量。这种强大的炸药可能是非常不稳定的,但它可以通过在需要的时候突然施加高压而产生。因为热核微爆炸的点火需要强 X 射线爆发,所以如果所猜想的效应存在,就有可能将热核微爆炸的点火成本降低几个数量级。

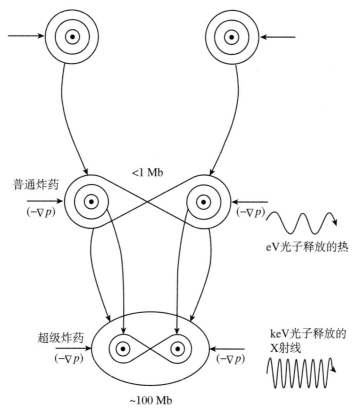

图 11.10　在普通炸药中,反应原子的外层电子形成"eV"分子,同时通过 eV 光子释放热量。在超级炸药中,外层电子"融化"成一个共同的外壳层,内部电子壳层形成"keV"分子,同时释放 X 射线keV 光子

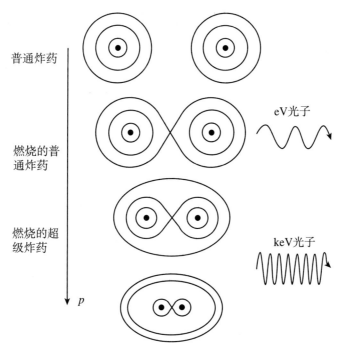

图 11.11　随着压强的增加,壳层内的壳层之间形成了电子桥,融化成共同的壳层

电荷量为 Ze 的核的基态电子的能量为

$$E_1 = -13.6Z^2 \quad [\text{eV}] \tag{11.9}$$

当包含电荷为 Ze 的核周围的所有 Z 个电子时,所有电子的能量为(见式(3.2))

$$E_1^* = -13.6Z^{2.42} \quad [\text{eV}] \tag{11.10}$$

外层电子与原子核的结合力较弱。

现在,假设两个原子核被如此强烈地推到一起,以至它们就像一个带 $2Ze$ 电荷的原子核,作用在 $2Ze$ 电荷周围的 $2Z$ 个电子上。在这种情况下,最内层电子的能量为

$$E_2 = -13.6(2Z)^2 \quad [\text{eV}] \tag{11.11}$$

或者如果考虑到外部电子,则

$$E_2^* = -13.6(2Z)^{2.42} \quad [\text{eV}] \tag{11.12}$$

对比不同,我们可以得到

$$\delta E = E_1^* - E_2^* = -13.6Z^{2.42}(1 - 2^{2.42}) \sim 58.5Z^{2.42} \quad [\text{eV}] \tag{11.13}$$

以 $Z = 10$ 为例,这是一个氖原子核,可以得到 $\delta E \sim 15$ keV。当然,将两个氖原子推到一起需要很高的压强,但这个例子表明,施加在具有更多电子的较重原子核上的较小压强可能导致它们的电子的势阱大幅降低。

现有技术可在足够大的体积下,通过至少三种方式达到 $p \sim 100$ Mb $= 10^{14}$ dyn/cm^2 的压强:

1. 用强流相对论电子束或离子束轰击固体靶。

2. 超高速撞击。

3. 用超高速撞击的束轰击固体靶,然后是会聚冲击波。

对于 1:基德(Kidder)考虑了这种可能性,他计算出如果用 1 MJ(10 MeV-10^6 A)的相对论电子束轰击铁板,聚焦到 0.1 cm^2 的区域,则压强为 50 Mb。相应地,2 MJ 的电子束将产生 100 Mb 的压强。不使用强流相对论电子束,我们可以使用强流离子束,它可以通过同样的高压技术产生,用一个磁绝缘二极管(8.5 节,图 8.2)代替电子束二极管。使用强流离子束有一个额外的好处,即离子在靶中的阻止是由布拉格曲线决定的,在靶内部产生最大压强,而不是在其表面。

对于 2:一个密度为 $\rho \sim 20$ g/cm^3 的弹丸加速到速度为 $v = 30$ km/s,在撞击时,将产生 100 Mb 的压强。将弹丸加速到这一速度可以通过一个磁行波加速器完成。

对于 3:如果在粒子束或弹丸撞击时,压强小于 100 Mb,例如只有 10 Mb 数量级,但作用在较大的区域,则通过从靶表面的较大区域向靶内部的较小区域发射会聚冲击波,可以使较小区域的压强增加 10 倍。会聚球形冲击波的压强按 $r^{-0.9}$ 上升(见 5.3 节),这意味着会聚冲击波的半径减少到 1/10,就可以达到 100 Mb。

我们假设状态方程的形式为 $p/p_0 = (n/n_0)^\gamma$。对于压强为 100 Mb $= 10^{14}$ dyn/cm^2,我们可以设 $\gamma = 3$ 和 $p_0 = 10^{11}$ dyn/cm^2,p_0 是固体在原子数密度为 n_0 时的费米压,n 是升高的压强 $p > p_0$ 下的原子数密度。由 $d = n^{-1/3}$,其中 d_0 是晶格常数,我们得到

$$\frac{d}{d_0} = \left(\frac{p_0}{p}\right)^{1/9} \tag{11.14}$$

当 $p = 10^{14}$ dyn/cm^2 时,$d/d_0 \sim 1/2$。这种内部原子距离的降低对于分子态的形成是足够的。

Müller、Rafelski 和 Greiner[1] 的计算表明,对于分子态$_{35}$Br-$_{35}$Br、$_{53}$I-$_{79}$Au 和$_{92}$U-$_{92}$U, 分离距离降低为 1/2 导致电子轨道能量特征值分别降低了 0.35 keV、1.4 keV 和 10 keV。在 100 Mb = 10^{14} dyn/cm^2 的压强下,其中 $d/d_0\sim1/2$,这些计算的结果可以总结为(δE 的单位为 keV)

$$\log \delta E \sim 1.3 \times 10^{-2} Z - 1.4 \tag{11.15}$$

用来替换式(11.13),其中 Z 是高压下形成的分子的两个组分的核电荷之和。

压强对这些准分子构型变化的影响如图 11.12 的 $p\text{-}d$(压强-晶格距离)图所示。该图说明了在沿绝热线 a 压缩的过程中,在距离 $d = d_c$ 处,分子态是如何达到的,其中压强达到临界值 $p = p_c$。在超过该压强后,电子落入双中心分子的势阱中,以 X 射线爆发的形式释放其势能。减压后,分子沿着下绝热线 b 分解。

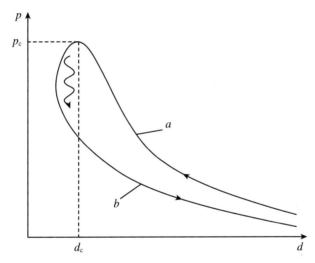

图 11.12　$p\text{-}d$ 图(上部原子和下部分子绝热线的压强-内部原子距离图):压缩期间
为 a,减压期间为 b。$d = d_c$ 是形成分子态的临界距离

发射频率为 ν 的辐射的激发原子(或分子)态的自然寿命由下式给出:

$$\tau_s \sim 3.95 \times 10^{22} / \nu^2 \quad [\text{s}] \tag{11.16}$$

对于 keV 光子,我们得到 $\nu \sim 2.4 \times 10^{17}$ s^{-1},因此 $\tau_s \sim 6.8 \times 10^{-14}$ s。

有两种可能的能量释放方式:

1. 通过冲击波阵面,条件是压强的上升时间 τ_c 小于 τ_s。上升时间 τ_c 大约等于平均自由程除以冲击波速度 v_s。在凝聚态物质中,平均自由程的数量级大约等于晶格常数 d,因此上升时间

$$\tau_c \sim d / v_s \tag{11.17}$$

假设 $v_s \sim 10^6$ cm/s(这是高压下凝聚态物质中冲击波速度的典型值),$d \sim 10^{-8}$ cm,可以得到 $\tau_c \sim 10^{-14}$ s,因此 $\tau_c < \tau_s$。实际上,激发态的寿命比 τ_s 短,且为碰撞时间的数量级(这里它是 τ_c 的数量级)。这意味着 X 射线脉冲在时间(11.17)内被释放。电子在分子壳层中形成激发态的时间要短得多,数量级为 $1/\omega_p \sim 10^{-16}$ s,其中 ω_p 是固态等离子体频率。

冲击波阵面中 X 射线的释放可能会加快冲击波的速度,超过会聚冲击波古德利解的速

---

[1] 作者没有给出这几位研究人员的全名和研究单位,所以没有给出中文译名。——译者注

度剖面。

对于热核反应的点火,可以考虑如图 11.13 所示的下列情况。在半径 $R = R_0$ 处发射的会聚冲击波进入内、外半径分别为 R_0、R_1 的球壳,在半径 $R = R_1$ 附近达到 100 Mb 的压强。在向内移动的会聚冲击波到达半径 $R = R_1$ 处后,一个向外移动的稀疏波从相同半径 $R = R_1$ 处发射,从中发出强 X 射线爆发。于是,人们可以在半径 $R = R_1$ 的黑腔内放置热核靶,靶被 X 射线脉冲轰击、内爆和点燃。

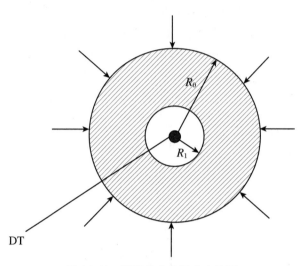

图 11.13 惯性约束快速点火构型

2. 不以冲击波压强尖峰中的 X 射线释放为目标,则可以通过程序化压强脉冲来等熵压缩超级炸药,直到其达到爆炸释放 X 射线的临界压强 p_c。然而,由于超级炸药由高 Z 值原子制成,X 射线将被截留在超级炸药中,其结果是 X 射线辐射能量转化为黑体辐射。为了防止这种情况发生,人们可以在固体氢中放置由超级炸药制成的小粒子阵列。如果粒子足够小,对于释放的 X 射线来说是透明的,则 X 射线会将周围的氢加热到高温。然后,超级炸药释放的能量将转化为高温氢气的热动能,而高温氢气又可用于热核靶的内爆。

如果压强变化较大,由此图 11.12 中上部绝热线中的压强与下部绝热线中的压强相比较大,则 X 射线能流由光子扩散方程

$$\phi = -\frac{\lambda c}{3} \nabla w \tag{11.18}$$

给出,其中 w 是压缩材料时单位体积所做的功,$w = p/(\gamma - 1)$。当 $\gamma = 3$ 时,$w = p/2$,从而式(11.18)变为

$$\phi = -\frac{\lambda c}{6} \nabla p \tag{11.19}$$

假设在与光子平均自由程相同的长度上压强为 e 倍,则

$$\phi \sim \frac{c}{6} p \tag{11.20}$$

以 $p = 100$ Mb $= 10^{14}$ dyn/cm^2 为例,我们有 $\phi \sim 5 \times 10^{23}$ erg/(cm$^2 \cdot$ s) $= 5 \times 10^{16}$ W/cm^2。当面积为 0.1 cm^2 时,功率为 5 PW,足以点燃热核反应。如果要压缩的材料由不同的原子组成,则这两种成分必须形成合金,如果不可能,则应为纳米粒子粉末的混合物。

11.7 人造闪电作为有效的惯性约束聚变驱动器

在惯性约束聚变中,需要高增益。这给激光聚变带来了一个问题,热核微爆炸产生的光子闪光可能会破坏光学激光点火装置。重离子束点火效果更好,但除了在直接和间接(黑体辐射诱导的)靶内爆驱动中在短距离内阻止离子束的问题,它还需要非常大的传统粒子加速器。在 DT 靶周围使用一组马克斯发生器需要可更换的传输线,这是一个不吸引人的特性,但 30 MV 电压的获得使得可以用轻离子束代替激光束。这将消除对可更换传输线的需求,而从马克斯发生器驱动的磁绝缘二极管中提取束。高电压之所以重要,是因为驱动束的电压越高,束越硬。更硬的束意味着二极管与靶的距离可以更大,这对于重复频率操作非常重要。这说明了追求高电压的重要性。使用更高的电压依然会更好。

电压 10^9 V 为理想状态,这样就可以产生 10^7 A 的脉冲 GeV 质子束,电流足够大,可以通过束磁场将聚变反应 α 粒子捕获到靶中。在这一电压下,GJ 能量可以在不到 10^{-7} s 内释放出来,功率为 10^{16} W,可以在没有任何氚的情况下点燃纯 DD 热核反应。在对数尺度下,1 GJ 位于 DT 反应点火所需的 1 MJ 能量和用于 DD 反应(迈克试验)点火的 10^3 GJ(裂变弹)能量之间的中点。对于 1 GJ 的点火能量和 $\sim 10^2$ 的增益,将释放 100 GJ = 10^{18} erg 的能量。如此大的产额需要将爆炸约束在半径超过 10 m 的黑腔中。如果靶位于黑腔中心,则到达靶的束长度必须与黑腔直径相当。要经过这样的距离将束引导到靶上,束必须是硬的。这需要非常高的电压。

在 DT 反应中,80%的能量进入中子。在 DD 反应中,比例则小得多。DT 反应依赖于氚,而氚必须通过相对稀有的元素锂增殖来获得。氘含量丰富,随处可见。所有这些都表明,未来的聚变是氘的点火和燃烧,这意味着需要获得极高的电压。

典型的闪电具有数百 MJ 的能量,以 $10 \sim 100$ kA 的电流放电几 C。如果云层和地面之间的电场超过空气击穿场强(约 30 kV/cm),则会发生闪电。对于 300 m 长的闪电,这意味着电势差为 10^9 V,电流为 100 kA 时,功率为 10^{14} W。大多数闪电放电是从带负电的云层到地面的,但在极少数情况下是从带正电的云层到地面的。在极少数情况下,电流可能达到 300 kA,放电 300 C。在 10^9 V 的电势差下,释放出 300 GJ 的能量。这相当于 75 t TNT 释放的能量,功率为 3×10^{14} W。相比之下,在液态氘氚中点燃热核微爆炸需要约 10 MJ 的能量和 10^{15} W 的功率。这就提出了一个问题,即能否制造出能量和功率与自然闪电相当的人造闪电,并利用由此释放的能量来驱动惯性约束的热核微爆炸。可以想象的一种方法是将悬浮在超高真空中的磁绝缘导体充电到 GV(Winterberg, 1968; Winterberg, 2000)。在这里,我将描述两种方案,通过这两种方案,可以以非常不同的方式实现相同的目标。

在寻求热核反应点火的过程中,高电压的获取非常重要,原因有两个:

1. 充电至电压 V [esu]的电容器 C [cm]中储存的能量 E [erg]为

$$E = \frac{1}{2} C V^2 \tag{11.21}$$

能量密度为

$$\varepsilon \sim \frac{E}{C^3} \sim \frac{V^2}{C^2} \tag{11.22}$$

能量在时间 τ [s]内释放:

$$\tau \sim \frac{C}{c} \tag{11.23}$$

功率 P [erg/s]为

$$P = \frac{E}{\tau} \sim cV^2 \tag{11.24}$$

这表明,对于给定尺寸的电容器,测量出其长度和体积,存储的能量和释放的功率与电压的平方成正比。

2. 如果储存在电容器中的能量被释放为带电粒子束的能量,则电流应低于临界阿尔芬极限:

$$I = \beta\gamma I_A \tag{11.25}$$

其中 $\beta = v/c$,$\gamma = (1 - v^2/c^2)^{-1/2}$ 是洛伦兹因子,$I_A = mc^3/e$。电子为 $I_A = 17$ kA,但质子为 31 MA。只有当 $I \ll \beta\gamma I_A$ 时,才能将束视为伴随着粒子场的粒子束,而当 $I \gg \beta\gamma I_A$ 时,它被视为携带一些粒子的电磁脉冲会更好。当 $I \gg \beta\gamma I_A$ 时,束可以在空间电荷和电流中和等离子体中传播,但只有当 $I \ll \beta\gamma I_A$ 时,可以很容易地将束聚焦到一个小区域,以达到高功率通量密度。如果使用 10^7 V 马克斯发生器产生的相对论电子束达到 $\sim 10^{15}$ W 的功率,则束电流必须为 10^8 A,且 $\gamma \sim 20$,$\gamma I_A \sim 3 \times 10^4$ A,因此 $I \gg \beta\gamma I_A$。但是,如果电势为 10^9 V,质子束加速到这个电压,且电流为 $I = 10^7$ A,则低于质子的阿尔芬电流极限。它的功率为 10^{16} W,足以点燃 DD 热核反应。

根据帕邢(Paschen)定律,两个平面平行导体之间的击穿场强仅是积 pd 的函数,其中 p 是气体压强,d 是导体之间的距离。对于干燥空气,击穿场强为 3×10^6 V/m,因此在 300 m 的距离内,击穿电压为 10^9 V。这是理想条件下闪电放电时达到的电压。实际上,击穿电压要小得多。原因是电场中存在一个小的初始不均匀性,更多的负电荷在不均匀处积累,进一步增加了不均匀性,并最终产生一个"引线",电子的小规模发光放电桥接了具有大电势差的电极之间距离的一部分。结果在"引线"的头部产生了更大的电场不均匀性,重复相同的过程后,会产生第二个"引线",接着是第三个"引线",如此继续,从而导致电极之间出现"阶梯引线"而击穿,即使电场强度小于帕邢定律下的击穿场强。这里有一个不断增长的静电不稳定性,由一个小的初始电场不均匀性触发。

阶梯引线开始的首选点是导体、气体和绝缘体相遇的三相点附近的场不均匀性。

众所周知,高压下的气体射流可以喷出电弧放电,并用于电源开关。认识到低于帕邢极限的击穿是由于不断增长的静电不稳定性后,人们推测,如果气流抑制了这种不稳定性的开始,则可以达到更高的电压,前提是气流的停滞压超过具有大电势差的电极之间的电压强,从而压倒了增长的电场不均匀性的电压强。因此,建议通过泰勒流(Taylor,1922)内的流体动力和磁力使球形导体悬浮,泰勒流是一种特殊的无拖曳螺旋流(图 11.14)。

由于球体在水平流动的螺旋泰勒流中没有曳力,因此球体必须在垂直方向上被外部施加的磁场悬浮起来。通过它的悬浮,作为场不均匀性来源的三相点被消除了。

对于空气,若气压为 1 atm 时击穿场强是 3×10^6 V/m,则它(根据帕邢定律)在 300 atm 时为 $\sim 10^9$ V/m,即对于米级大小的距离是 $\sim 10^9$ V。

当一个米级大小的球体充电到 10^9 V 时,其表面的电场是 $E \sim 10^7$ V/cm $\sim 3 \times 10^4$ [esu],且电压强为 $E^2/(8\pi) \sim 4 \times 10^7$ dyn/cm ~ 40 atm。这个电场强度低于 $\sim 10^8$ V/cm 的电场强度,在后一电场强度下,导体的场离子发射会发生解体。在 300 atm 时,空气(或一些其他气

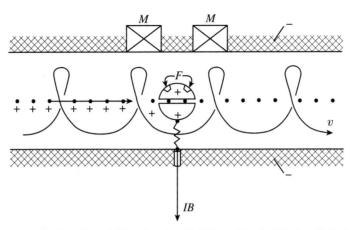

图 11.14　在无拖曳泰勒流中,磁悬浮球体通过穿过球体中心的带电
颗粒充电至超高电势,M 为磁铁,F 为铁磁体,IB 为离子束

体)的密度的数量级为 $\rho \sim 1$ g/cm³。对于以速度 v [cm/s]移动的泰勒流的停滞压 $p = (1/2)\rho v^2$,要超过电压强,需要 $(1/2)\rho v^2 > E^2/(8\pi)$,由此可以得到 $v \sim 100$ m/s。对于 1/10 的速度,人们可以达到 10^8 V,其他参数保持不变。我们也可以使用常压下的非导电液体来代替压强下的气体。

剩下的是如何将球体充电到如此高的电势。有两种可能性:

1. 像在范德格拉夫发生器中那样,通过让带电的非导电带状物通过球体中心,在中心释放其电荷,或用一股带(正)电的颗粒流替换带状物。

2. 通过外部施加的不断增强的磁场感应充电,将电荷从球体释放到流经穿过球体中心的孔的流体中。

泰勒(Taylor,1922)发现的流是匀速 U 的均匀轴向流与恒定涡流 $W = (U/l)r$ 的叠加,其中 r/l 是涡流强度的度量。在柱坐标系中,泰勒流的流函数 $\psi(r,z)$ 满足方程(Squire,1956)

$$\frac{\partial^2 \psi}{\partial z^2} + \frac{\partial^2 \psi}{\partial r^2} - \frac{1}{r}\frac{\partial \psi}{\partial r} + \frac{4}{l^2}\psi = \frac{2U}{l^2}r^2 \tag{11.26}$$

z、r 和 ϕ 方向上的速度分量由下列表达式给出:

$$\frac{u}{U} = \frac{1}{r}\frac{\partial \psi}{\partial r} \tag{11.27}$$

$$\frac{v}{U} = \frac{1}{r}\frac{\partial \psi}{\partial z} \tag{11.28}$$

$$\frac{w}{U} = \frac{2}{lr}\psi \tag{11.29}$$

对于另一个问题,Moore 和 Leibovich(Moore 和 Leibovich,1971)给出了式(11.26)用贝塞尔函数和诺伊曼函数表示的解(κ_1、κ_2 为积分常数):

$$\psi = \frac{1}{2}Ur^2\left(1 + \kappa_1 \frac{J_{3/2}(\xi)}{\xi^{3/2}} + \kappa_2 \frac{N_{3/2}(\xi)}{\xi^{3/2}}\right) \tag{11.30}$$

其中

$$\xi = \frac{2}{l}\sqrt{r^2 + z^2} \tag{11.31}$$

且

$$\mathrm{J}_{3/2}(\xi) = \sqrt{\frac{2}{\pi\xi}}\left(\frac{1}{\xi}\sin\xi - \cos\xi\right), \quad \mathrm{N}_{3/2}(\xi) = \sqrt{\frac{2}{\pi\xi}}\left(\sin\xi + \frac{1}{\xi}\cos\xi\right) \quad (11.32)$$

z、r 和 ϕ 方向上的速度分量由下列表达式给出:

$$\frac{u}{U} = 1 + \kappa_1\left(\frac{\mathrm{J}_{3/2}}{\xi^{3/2}} - 2\frac{r^2}{l^2}\frac{\mathrm{J}_{5/2}}{\xi^{5/2}}\right) + \cdots \quad (11.33)$$

$$\frac{v}{U} = 2\kappa_1\frac{zr}{l^2}\frac{\mathrm{J}_{5/2}}{\xi^{5/2}} + \cdots \quad (11.34)$$

$$\frac{w}{U} = \frac{r}{l}\left(1 + \kappa_1\frac{\mathrm{J}_{3/2}}{\xi^{3/2}}\right) + \cdots \quad (11.35)$$

其中涉及诺伊曼函数和积分第二常数 κ_2 的项用点表示。式(11.30)的 J 解(设 $\kappa_2 = 0$)在 $\xi = 0$ 处没有奇点,是我们感兴趣的解。在适当的边界条件下,它是

$$\psi = \frac{1}{2}Ur^2\left[1 - \left(\frac{2R/l}{\xi}\right)^{3/2}\frac{\mathrm{J}_{3/2}(\xi)}{\mathrm{J}_{3/2}(2R/l)}\right] \quad (11.36)$$

现在,如果 $\mathrm{J}_{5/2}$ 在泰勒流中放置的球体表面上消失,那么所有速度分量在球体表面上消失。如果球体表面上的 $\mathrm{J}_{5/2}$ 为零,则周向剪切也消失。因此,球体表面没有边界层,也没有拖曳。球体上的压强是恒定的,如果 U 是水平方向的,则球体保持静止,除非它仍然受到向下的重力。向下的力可以通过外部施加的磁场来补偿,球体的一部分由铁磁材料制成。

我们可以补充一点,在一个漂亮的实验(Harvey,1962)中,泰勒解已经得到验证。该实验的结果如图 11.15 所示,其中可以看到流体的球形部分如何被困在带有涡流的轴向流中。

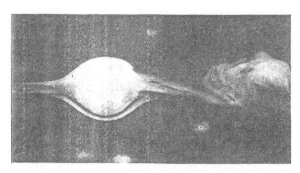

图 11.15　泰勒流的实验验证,泰勒流包围了不受流影响的非移动球形部分

高度带电的球体放电的一个简单方法是通过火花间隙,在磁场的帮助下将球体向壁移动,使球体处于泰勒流的中心,直到积 pd 变得小于帕邢曲线下的击穿值。如果球体带正电,且放电电流大于电子的阿尔芬电流,则这将有利于放电成为低于阿尔芬极限的强流离子束,适合热核点火,束的自磁场甚至适合 DD 热核反应。

为了了解驱动阶梯引线稳定流需要哪一种功率,我们以流速 $v \sim 30\ \mathrm{m/s} = 3 \times 10^3\ \mathrm{cm/s}$、密度 $\rho \sim 1\ \mathrm{g/cm^3}$ 为例。它的停滞压 $p = (1/2)\rho v^2 \sim 5 \times 10^6\ \mathrm{dyn/cm^2}$。如果流的截面是 $1\ \mathrm{m^2} = 10^4\ \mathrm{cm^2}$,则流的功率是 $P = pv \times 10^4\ \mathrm{erg/s} = 15\ \mathrm{MW}$。虽说这个功率相当大,但在技术上是可行的。

另一个问题是,在高雷诺数下气流会变为湍流。在现象学描述中,湍流也可以用泰勒解来描述,但流可能不是无曳力的。如果球体上的曳力不是太大,则它可以被磁力平衡,就像它与引力的平衡一样。

对于密度较小和截面较小的气流,可以通过相对较小的努力来检验这个想法。

如果不是因为击穿,原则上人们可以用马克斯发生器达到任意大的电压。在马克斯发生器中,电压的积累速度不足以达到 1 GV。这就是超级马克斯发生器的想法,它可以实现这一目标,但要如何做呢?

为了用一台马克斯发生器就获得较短的放电时间,马克斯发生器对快速放电电容器进行充电,在短时间内对其负载进行放电。这里建议使用一组这样的快速放电电容器作为马克斯发生器的元件,每一个电容器都由一台马克斯发生器充电到高电压。我们可以把这样的两级马克斯发生器称为超级马克斯发生器(图 11.16)。如果 N 个快速电容器被 N 个马克斯发生器并联充电到电压 V,则超级马克斯发生器中火花间隙开关的闭合会将它们的电压增加到电压 NV。在超级马克斯发生器中,马克斯发生器也作为原始马克斯电路中的电阻。在充电完成后,人们也可以将马克斯发生器与超级马克斯发生器断开。

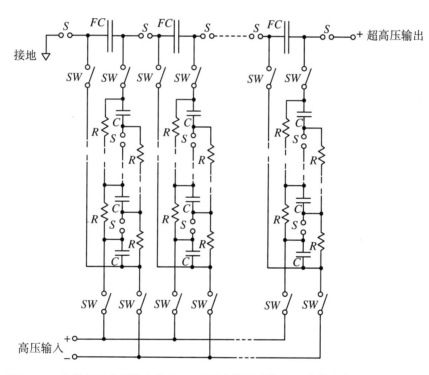

图 11.16　在超级马克斯发生器中,N 个马克斯发生器将 N 个快速电容器 FC 充电至
电压 V,串联后的电容器将其电压相加至电压 NV

通过将超级马克斯发生器的高压终端连接到 Blumlein 传输线,可以产生一个具有快速上升时间的甚高压脉冲。在这样的高压下,离子束比电子束更受青睐,因为电子束在阿尔芬极限以上。为了确保所有离子具有相同的荷质比,气体或液体必须是氢或氘,否则束将沿轴向扩散,失去其最大功率。

与其在氢气中击穿,不如让击穿沿着细液氢射流发生,在 Blumlein 传输线的高压终端和热核靶之间建立起一座桥梁。

与传统的用于 DT 反应的球形内爆靶不同,对于 DD 反应来说,圆柱形靶是首选。只有在这里才有可能发生纯氘的微爆震。这是因为强流氢束的大电流产生了一个强角向磁场,将带电聚变产物困在圆柱形靶内,这是燃烧和爆震的条件。在 Z 箍缩中,对于 10^7 A 数量级的箍缩电流来说,沿箍缩放电通道的磁场支持的爆震是可能的。如果用具有相同电流的离子束取代~10^7 A 的大箍缩电流,情况也是如此。要想在氘中发生爆震,DD 反应的聚变产物氚和 ^{3}He 的燃烧很重要。

在如图 11.17 所示的一种可能构型中,液体(或固体)D 是圆柱体形状,放置在一个圆柱形的黑腔 h 内。来自左边的 GeV 质子束 I 在进入黑腔时,将其部分能量耗散为一个 X 射线爆发,压缩氘圆柱体,部分能量点燃了沿圆柱体传播的爆震波。

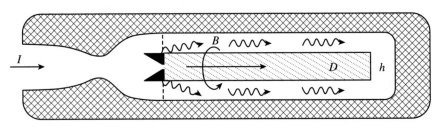

图 11.17　用强流质子束点燃的纯氘聚变微爆震。D 为固体氘棒,h 为黑腔,I 为质子束,B 为磁场

如果棒的长度为 z,密度为 ρ,则氘的点火条件要求 $\rho z > 10$ g/cm²,温度为 $T \sim 10^9$ K。通常情况下,ρz 条件是由氘球半径 r 和 ρr 条件给出的。然而,在这里,由超过 10^7 A 的质子束电流的磁场确保的带电 DD 聚变反应产物的径向俘获将条件 $\rho r > 10$ g/cm² 替换为条件 $\rho z > 10$ g/cm²,后者更容易实现。于是,氘爆炸的产额只取决于氘的总质量。(对于 DT 反应,必须有 $\rho r \geqslant 1$ g/cm² 和 $T > 10^8$ K。)

在束和靶(最初)都处于低温的情况下,阻止长度由静电双流不稳定性决定。在强角向磁场的存在下,它因无碰撞冲击的形成而增强。双流不稳定性引起的质子的阻止射程在这里由下式给出:

$$\lambda = \frac{1.4c}{\varepsilon^{1/3}\omega_i} \tag{11.37}$$

这里的 c 是光速,ω_i 为质子离子等离子体频率。此外,$\varepsilon = n_b/n$,其中 n_b 是质子束中的质子密度,n 是氘靶数密度。如果束的截面为 0.1 cm²,则对于 10^7 A 的束,$n_b = 2 \times 10^{16}$ cm⁻³。对于 100 倍压缩氘棒,$n = 5 \times 10^{24}$ cm⁻³,$\omega_i = 2 \times 10^{-15}$ s⁻¹。我们得到 $\varepsilon = 4 \times 10^{-9}$,且 $\lambda \sim 1.2 \times 10^{-2}$ cm。当氘数密度 $n = 5 \times 10^{24}$ cm⁻³ 时,氘密度 $\rho = 17$ g/cm³。要使 $\rho z > 10$ g/cm³,则需要 $z \geqslant 0.6$ cm。由于 $\lambda < z$,因此满足热核爆震波点火的条件。

点火能量为

$$E_{ign} \sim 3nkT\pi r^2 z \tag{11.38}$$

对于 100 倍压缩氘,最初的 $\pi r^2 = 10^{-1}$ cm² 变为 $\pi r^2 = 10^{-2}$ cm²。由 $\pi r^2 = 10^{-2}$ cm²,$z = 0.6$ cm,$kT \sim 10^{-7}$ erg($T \sim 10^9$ K),我们发现 $E_{ign} \sim 10^{16}$ erg = 1 GJ。该能量由持续 10^{-7} s 的 10^7 A-10^9 V 质子束提供。时间短到足以保证氘冷压缩到高密度。在激光聚变实验中发现,10^3 倍压缩是可行的,点火能量降低到 100 MJ。

参 考 文 献

［ 1 ］　Strickland D, Mourou G. Opt. commun., 1985, 56: 219.

［ 2 ］　Winterberg F. Can a Laser Beam Ignite a Hydrogen Bomb: S-RD-1 (Secret Restricted Nuclear Weapons Data) NP-18252［R］. Washington DC: US Atomic Energy Commission, classified 1970, declassified 2007.

[3]　Basov N G, Guskov S Yu, Feoktistov L P. J. Sov. Laser Res., 1992, 13: 396.

[4]　Tabak M, et al. Phys. Plas., 1994, 1: 1626.

[5]　Kodama R, et al. Nature, 2001, 412: 798.

[6]　Kodama R, et al. Nature, 2002, 418: 933.

[7]　Kodama R, et al. Nuclear Fusion, 2004, 44: S276-S283.

[8]　Murakami M, Nagatomo H. Nucl. Instr. and Methods Phys. Res. A, 2005, 544: 67.

[9]　Murakami M, et al. Plasma Phys. Control. Fusion, 2005, 47: B815.

[10]　Winterberg F. Plasma Phys. Control. Fusion, 2008, 50: 035002.

[11]　Eberle J H, Sleeper A. Phys. Rev., 1968, 176: 1570.

[12]　Lieu O S, Shin E H. Appl. Phys. Lett., 1972, 20: 511.

[13]　Winterberg F. Z. Naturforsch., 2008, 63a: 1.

[14]　Müller B, Rafelski J, Greiner W. Phys. Lett., 1973, 47B: 1.

[15]　Xu X, Thadhani N N. J. Appl. Phys., 2004, 96: 2000.

[16]　Kidder R E//Physics of High Energy Density. New York: Academic Press, 1971: 348.

[17]　Harvey J K. J. Fluid Mech., 1962, 14: 585.

[18]　Moore F K, Leibovich S//Thom K H, Schneider R T. Research Uranium Plasmas and Their Technological Applications. Technical Information Office, NASA Sp-236, 1971: 95-103.

[19]　Squire H B//Batchelor G K, Davies R M. Surveys in Mechanics. Cambridge: Cambridge University Press, 1956.

[20]　Taylor G I. Proc. Roy. Soc. A, 1922, 102: 180.

[21]　Winterberg F. Phys. Rev., 1968, 174: 212.

[22]　Winterberg F. Phys. Plasmas, 2000, 7: 2654.

第 12 章　未　　来

12.1　哪种类型的燃烧

虽然很难预测未来,但可以做一些一般性的观察。在不久的将来,实现 DT 燃烧是肯定的,但除此之外,无法做出确切的预测,因为这将取决于经济和环境因素,以及不可预见的政治因素。

未来可能有这样几条路:

1. 将 DT 燃烧与 ^{238}U 或 ^{232}Th 燃烧结合起来,用 ^{238}U 或 ^{232}Th 的壳包住 DT 球体,对 DT 进行压缩和快速点火,如图 12.1 所示。

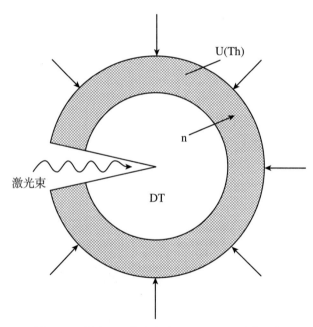

图 12.1　耦合 DT 快速点火→n→U(Th)裂变燃烧

2. 点火小型 DT 触发器,触发器点火大量 D。这可以通过类似于泰勒-乌拉姆构型的方式来实现,压缩并点燃 DT 和 D 球体,它们都放在一个"黑腔"内。这种构型如图 12.2 所示。

3. 通过达到 GV 电势实现纯 DD 燃烧。

用聚变-裂变微爆炸反应堆取代常规核反应堆将消除为运行常规核反应堆而进行铀浓缩和钚生产的需要。与聚变-裂变混合反应堆(其中燃烧的聚变等离子体被亚临界裂变反应堆包围)不同的是,不存在可能发生熔毁的危险。

DT 触发的氘燃烧将大大减少对锂的需求(用于产生氚)。这可能导致未来几乎纯粹的氘聚变燃烧,由 DD 反应释放的中子足以为 DT 触发器产生足够的氚。纯 DD 燃烧将完全消除对锂的依赖。

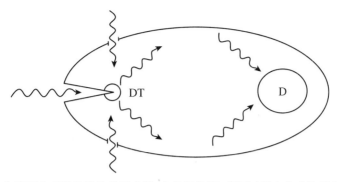

图 12.2　用 DT 代替裂变弹触发器的微型泰勒-乌拉姆构型,并通过激光束或粒子束对 DT 快速点火

12.2　驱动器开发

考虑到国家点火装置(NIF)激光驱动器的巨大尺寸,未来的一个主要方向将是寻找更紧凑的驱动器。而且由于激光器效率普遍较差,也在寻找更高效的驱动器。这两项要求对于微爆炸核脉冲火箭推进特别重要。对于地面发电厂,驱动器必须至少高效。高效但大型的驱动器是重离子加速器和宏粒子加速器。它们都有数千米长。这使得它们不适合微爆炸火箭推进,但两者都解决了"长距问题",使微爆炸与核燃烧室壁保持安全距离。对于激光驱动器,它们似乎只具有良好的长距性能,因为对于激光驱动器来说,微爆炸的光子闪光会破坏激光器的光学系统。粒子加速器不会出现此问题。

宏粒子加速器驱动器非常适合磁化靶聚变,在这种情况下,所需的撞击速度～50 km/s 使厘米大小的靶成为可能。这是非磁场辅助撞击聚变所需速度 200 km/s 的 1/4。这意味着对于磁场辅助的撞击聚变,只需要一个长度为 1/16 的宏粒子加速器。

12.3　GeV 强流相对论离子束驱动器

另一个有趣的驱动器概念是 GeV 强流离子束驱动器,其中束是从一个磁绝缘的 GeV 电容器中提取的,或者是从 11.7 节中描述的装置中的一个提取的。对于第一种情况,电容器可以由一个悬浮的超导环实现,它被封闭在一个由流经超导环的大环形电流产生的强磁场中。为了防止真空击穿,环必须在超高真空中悬浮。由于太空中存在这样的真空,这可能导致核微爆炸火箭推进的理想驱动器。如图 12.3 所示,将环变形为一个大的拉长结构,这样变形的环可以成为整个太空飞船的外表面,作为一个巨大的电容器,为离子束吸取能量,以触发热核微爆炸。正如猎户座核脉冲推进概念一样,微爆炸将在太空飞船后面的规定距离内发生。磁绝缘超导太空飞船末端的大型磁镜将柔和地排斥微爆炸的膨胀等离子体火球,并取代猎户座核脉冲推进概念中的推板,而不需要减震器。除了提供推力,膨胀的等离子体火球可以像图 12.3 显示的那样在一个环形电极中感应大电流,以驱动太空飞船前端的磁场线圈。放置在该线圈内侧的热离子发射器将在磁场增强期间从太空飞船中吸引电子,并将其释放到太空的真空中,对太空飞船充正电荷,使其达到 GeV 的静电势,为随后的微爆炸提供驱动能量。

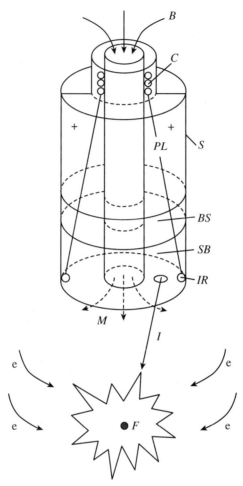

图 12.3 用于载人深空任务的先进氘聚变火箭推进。一艘超导"原子"太空飞船,充正电荷到
        GeV 电势,具有角向电流和磁场 *B* 产生的磁镜 *M*。*F* 为适当位置的聚变微型炸弹,由强
        流离子束 *I* 点燃,*SB* 为炸弹储存空间,*BS* 为有效载荷 *PL* 提供生物屏蔽,*C* 为线圈,通
        过从感应环 *IR* 引出的电流产生脉冲

从太空飞船上射出的激光束照射到微爆炸靶上,在汽化作为靶的一部分的小型火箭室
中的氢时,通过拉瓦尔喷嘴向太空飞船喷射,并为离子束点燃靶建立一条传导路径。由于强
流 GeV 离子束的电流可以远远高于磁捕获 DT(或 DD)核聚变 α 粒子的临界电流,这降低
了对靶压缩的要求。

利用 11.7 节所述的强流 GeV 质子束的产生,也可以实现地面 DD 聚变反应电厂中的
热核燃烧。

附录　最近提出的超级马克斯发生器热核点火方法与劳伦斯利弗莫尔国家实验室的 DT 激光聚变–裂变混合概念的比较

A.1　简　　介

自 1954 年以来,我一直积极参与惯性约束核聚变的研究,当时这项研究在美国还属于机密。我已经独立地发现了基本原理,并在 1956 年由冯·魏茨泽克组织的哥廷根的马克斯·普朗克研究所的一次会议上介绍了这些原理。为了达到高温,这些原理是古德利会聚冲击波和瑞利内爆壳解决方案。会议的摘要仍然存在,现在保存在斯图加特大学的图书馆里。

由于马克斯·普朗克研究所提出了一种类似恒星的磁约束构型,会议被点燃氘等离子体的乐观情绪压倒。在那个时候,用古德利的会聚冲击波解决方案点火热核反应似乎只有利用氘氚(DT)反应才有可能,因此被认为不值得资助。然而,特鲁布尼科夫(Trubnikov)和库德里亚夫采夫(Kudryavtsev)[1] 在 1958 年第二届联合国和平利用原子能会议上发表了一篇论文,表明来自磁化等离子体的电子同步加速器损耗的重要性之后,可行的氘聚变等离子体磁约束构型的希望已被放弃,取而代之的是氘氚磁约束构型。但由于燃烧的氘氚等离子体是高能中子的主要来源,非常适合天然铀或钍的快速裂变,因此很明显,聚变与裂变相结合,聚变产生中子,裂变产生热量。然而,这种方法像纯裂变反应堆那样不会消除裂变产物的产生,仍然会造成类似的环境核废物处理问题。

所提出的超级马克斯发生器纯氘微爆震点火概念可与劳伦斯利弗莫尔国家点火装置(NIF)激光 DT 聚变–裂变混合概念(LIFE)[2] 相比较。在超级马克斯发生器中,大量普通马克斯发生器为更大的二级超高压马克斯发生器充电,从中可以提取出强流 GeV 离子束,用于点燃纯氘微爆炸。LIFE 概念的一个典型例子是聚变增益为 30,裂变增益为 10,总增益为 300,裂变释放的能量是聚变的 10 倍。这意味着裂变产物的大量释放,就像在无聚变的纯裂变反应堆中一样。在纯氘微爆震点火的超级马克斯方法中,理论上可以达到相同数量级的增益[3]。如果可行,超级马克斯发生器氘点火方法将使激光作为热核微爆炸点火的手段过时。

激光 DT 惯性约束聚变反应堆构型需要高增益,通常为 10^3 数量级,以弥补较差的激光器效率。但是,高增益聚变微爆炸产生的强光子闪光以光速进入光学激光器系统,除非激光器与微爆炸保持安全距离,否则会破坏整个激光点火装置,这有其自身的技术问题。

用于点燃纯氘聚变反应的超级马克斯发生器概念如果可行,则不仅会绕过聚变–裂变混合概念,而且会使整个激光聚变方法过时,并且与普通马克斯发生器电脉冲能源方法一样(其中爆炸导线阵列发射的 X 射线压缩并点燃 DT 颗粒),大部分其他方法都会过时。

A.2　两个极端之间的解决方案

到目前为止,惯性约束核聚变只能通过使用裂变炸药作为点火手段(驱动装置)来实现。

这不仅适用于大型热核爆炸装置,如 1952 年的纯氘迈克试验(在南太平洋借助泰勒-乌拉姆构型进行),也适用于小型氘氚(DT 颗粒)微爆炸(通过百人队长-岩盐(Centurion-Halite)实验在内华达试验场用裂变炸药进行了实验验证)。根据这一经验,我们知道,驱动能量足够大,点火就容易,但很难用激光或电脉冲能源复制。因此,问题不在于热核炸药的构型,而在于驱动器,无论是像在迈克试验中那样点燃纯氘(D),还是像在百人队长-岩盐实验中那样点燃氘氚(DT),因为对于足够大的驱动能量,靶构型是次要的。

我要强调,"超级马克斯发生器"可以达到更大的驱动能量。它可以看作一个两级马克斯发生器,其中大量普通马克斯发生器承担一级的角色。如果目标是困难许多的纯氘微爆炸点火,超级马克斯发生器除了必须提供大得多的能量(与最强大的激光器相比)外,还要在热核靶中产生一个磁场,其强度足以将带电的 DD 聚变产物捕获在靶内。只有这样,热核燃烧传播的条件才得以满足。为了实现这一点,需要一束 100 MJ-1 GeV-10^7 A 的质子束。这是两个极端之间广受欢迎的解决方案,如图 A.1 所示。它有望通过超级马克斯发生器实现[3]。

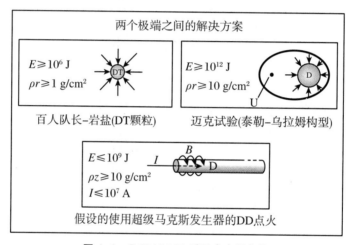

图 A.1　GeV-10 MA 质子束点燃氘靶

A.3　从马克斯到超级马克斯

图 A.2 是普通马克斯发生器的电路,图 A.3 是超级马克斯发生器的电路。图 A.4~图 A.6 显示了英里长的超级马克斯发生器的艺术视图,它由大约 100 个普通马克斯发生器充电,并与放置热核靶的室相连。

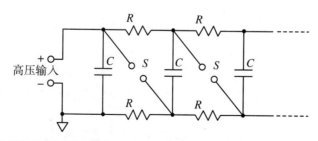

图 A.2　在普通马克斯发生器中,n 个电容器 C 充电至电压 v,并通过火花间隙切换到串联,将其电压相加至电压 $V = nv$

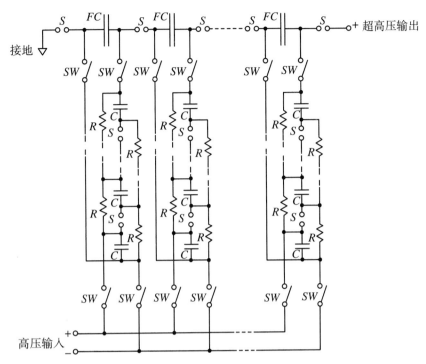

图 A.3　在超级马克斯发生器中,N 个马克斯发生器将 N 个快速电容器 FC 充电至电
压 V,电容器切换为串联,其电压相加为电压 NV

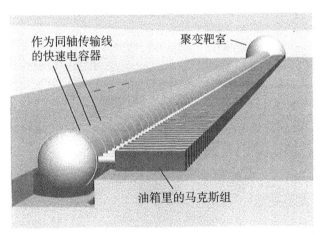

图 A.4　1.5 km 长的超级马克斯发生器的艺术想象,由 100×15 m 长的高压电容器组
成,每个电容器设计为磁绝缘同轴传输线。同轴电容器/传输线放置在大型
真空容器内。每个电容器/传输线由两个传统的马克斯发生器对称充电至
10 MV(± 5 MV)。充电完成后,马克斯发生器与电容器/传输线进行电解耦。
随后,各个电容器/传输线通过火花间隙开关串联(即"超级马克斯"发生器),
产生 1 GV 的电势

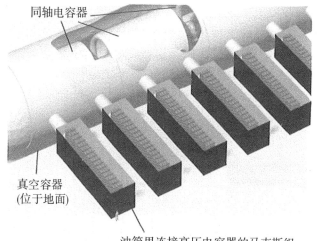

图 A.5　超级马克斯发生器的剖视详图。两个传统的马克斯发生
器组将一个同轴电容器/传输线元件充电至 10 MV

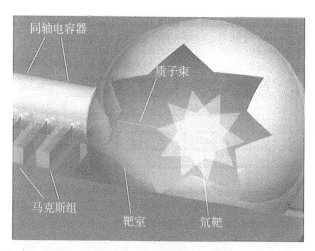

图 A.6　将 GeV-10 MA 质子束注入具有圆柱形氘靶的室，该质子束来自
由磁绝缘同轴电容器组成的超级马克斯发生器

　　如图 A.7 所示，超级马克斯是由一连串的同轴电容器组成的，其电介质必须能够承受内外导体之间 10^7 V 的电势差。

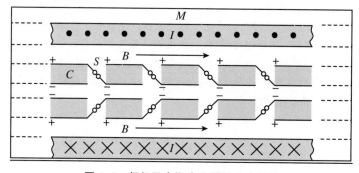

图 A.7　超级马克斯发生器的几个元件

在对超级马克斯发生器充电后,马克斯发生器与超级马克斯断开连接。如果超级马克斯的电容器保持电荷的时间足够长,那么这可以通过机械开关完成。

为了建立超级马克斯,它的电容器 C 被圆形火花间隙开关 S 切换成串联。超级马克斯的电容器被磁悬浮在一个真空隧道内,并通过一个轴向磁场 B 与隧道壁磁绝缘,该磁场由外部超导磁场线圈 M 产生,并且在超级马克斯建立期间通过轴向流动的电流产生的角向场产生。磁绝缘标准要求 $B > E$,其中 B 以高斯为单位,E 以静电 cgs 为单位。例如,如果 $B = 3 \times 10^4$ G,那么磁绝缘到 $E = 3 \times 10^4$ esu $\simeq 10^7$ V/cm(电子场发射的极限)都是可能的。如果要在串联电容器带正电荷的外表面和隧道壁之间承受 10^9 V 的电压,那么需要的距离稍稍超过 1 m。

一个内、外半径分别为 R_0 和 R_1,长度为 l,并填充有介电常数为 ε 的电介质的同轴电容器的电容为

$$C = \varepsilon \frac{l}{2\ln(R_1/R_0)} \ [\text{cm}] \tag{A.1}$$

假设电介质的击穿强度大于 3×10^4 V/cm,内导体和外导体之间的电势差为 10^7 V,那么两导体之间的最小距离 d 必须是 $d = R_1 - R_0 \simeq 2 \times 10^2$ cm。例如,如果 $l = 1.6 \times 10^3$ cm,$R_1 = l/2 = 8 \times 10^2$ cm,$\varepsilon \simeq 10$,可以得到 $C \simeq 2 \times 10^4$ cm。基于上述数据,储存在电容器中的能量 e ($V = 10^7$ V $\simeq 3 \times 10^4$ esu)是

$$e = \frac{1}{2}CV^2 \simeq 10^{13} \text{ erg} \tag{A.2}$$

100 个超级马克斯电容器的能量高达 $e \sim 10^{15}$ erg。如果电容器的半径增大为约 3 倍,或有更大的介电常数,又或者两者结合,则可以储存大约 10 倍以上的能量。这意味着对于大约 100 个电容器来说,10^{16} erg = 1 GJ 的能量可以储存在 1 英里长的超级马克斯中。

Fuelling[4] 提出的另一个想法为将第一级的普通马克斯发生器放在超级马克斯的同轴电容器内。这种构型的优点是不需要在放电前将马克斯发生器从超级马克斯的电容器上断开。因为超级马克斯的充电和放电在那里可以有非常快的速度,所以可以使用紧凑的水电容,其中 $\varepsilon \simeq 80$。超级马克斯的电容器也不需要与外壁磁绝缘,也许可以使用变压器油进行绝缘。给予超级马克斯的每个内段足够的浮力,例如通过添加气室,这些段可以悬浮在变压器油中。在那里,同轴电容器的外半径要大得多。这允许在超级马克斯中储存 GJ 的能量。

如果变压器油中电击穿的危险仍然存在,我们可以尝试通过变压器油的快速螺旋流动,破坏导致击穿的阶梯引线的形成来防止击穿油[5]。

A.4　将超级马克斯连接至负载

如图 A.8 所示,超级马克斯的最后一个电容器由圆柱形 Blumlein 传输线引导至负载。由于不确定 Blumlein 传输线是否能够承受足够长时间的 10^9 V 电压,因此可以考虑图 A.9(a) 所示的不同构型,其中选择具有大环形电流的超导环作为最后的电容器。在那里,由于环形电流产生的强角向磁场,电容器充电至 10^9 V,以防击穿壁。这一想法是作者之前在一个概念中提出的,即通过一束带电粒子将力充电到 GV 电势[6,7]。

负载为如图 A.10 所示的氘靶。它由一根固体氘棒组成,上面覆盖着一个薄烧蚀器,放置在一个圆柱形黑腔内。在黑腔和氘棒的左侧是一个充满固体氢的小型火箭室。

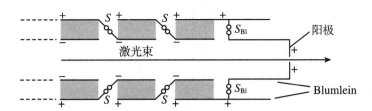

图 A.8　超级马克斯发生器的最后一个电容器与 Blumlein 传输线的连接

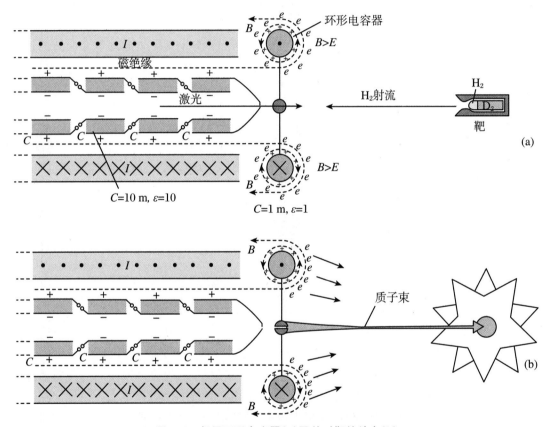

图 A.9　超导环形电容器(a)及其对靶的放电(b)

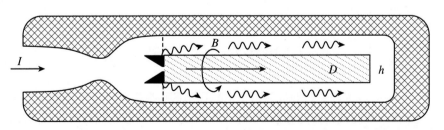

图 A.10　可能的氘微爆震靶:I 为离子束;D 为氘圆柱体;B 为磁场;h 为圆柱形黑腔

将能量从 Blumlein 传输线释放到靶的方法如下(图 A.11):1. 一个短激光脉冲被投射到微型火箭室,激光束穿过 Blumlein 传输线中心的一个小孔。2. 通过将微型火箭室中的氢气加热到高温,超音速的氢气射流通过拉瓦尔喷嘴射向 Blumlein 传输线的末端,在 Blumlein 传输线和靶之间形成一个桥。3. 于是第二个激光脉冲在氢气射流内部描出电离径迹,促进 Blumlein 和靶之间的放电,空间电荷中和等离子体将质子束箍缩成小直径。10^7 A 放电电流的强磁场有利于在富氢射流中产生质子束,这不仅是因为电子的阿尔芬极限,而且还因为 GeV 电子的大辐射摩擦与 $\gamma^2 = (1 - v^2/c^2)^{-1}$ [8] 成正比。由于对 GeV 质子有 $\gamma \sim 1$,但对电子有 $\gamma \geqslant 10^3$,电子的摩擦力要大许多数量级。GeV-10^7 A 的质子束聚焦到 0.1 cm² 的区域,我们可以计算出质子束中的质子数密度为 $n_b \simeq 2 \times 10^{16}$ cm⁻³。为了在氢气射流的等离子体中拥有一个非相对论电子回流电流,射流的数密度必须满足 $n_e \geqslant n_b$。必须满足这一条件,因为射流来自连接到靶的微型火箭室中密集激光加热的固体氢。如果使用如图 A.9(a)所示的磁绝缘超导环来代替 Blumlein 传输线向靶放电,那么环的充电和放电是由环中心的球形电极完成的,如图 A.9(b)所示。

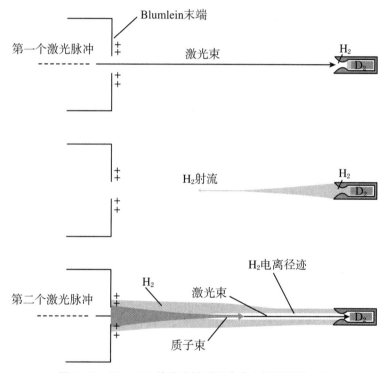

图 A.11　Blumlein 传输线的质子束轰击靶的事件序列

A.5　热核点火和燃烧

对于氘氚热核反应,半径为 r、密度为 ρ 的球体加热到 10^8 K 的温度时,燃烧传播的条件为 $\rho r \geqslant 1$ g/cm²。这需要大约 1 MJ 的能量。而对于氘反应来说,条件是 $\rho r \geqslant 10$ g/cm²,点火温度约为 10 倍。氘的热核爆震之所以可能,是因为 DD 聚变反应产物 T 和 ³He 的二次燃烧[9]。那里所需的能量将为 10^4 倍或者说约为 10^4 MJ,就所有实际目的而言,非裂变点火是无法达到的。然而,如果点火和燃烧是沿着氘圆柱体进行的,带电聚变产物被俘获在圆柱体中,那么 $\rho r \geqslant 10$ g/cm² 的条件可以变为

$$\rho z \geqslant 10 \text{ g/cm}^2 \tag{A.3}$$

其中 z 是圆柱体的长度。如果一个大电流流过圆柱体,产生一个强角向磁场,就有可能发生俘获。以下不等式给出了角向磁场俘获带电聚变产物的条件:

$$r_f < r_c \tag{A.4}$$

在式（A.4）中，r_f 是带电聚变产物的拉莫尔半径，r_c 是氘圆柱体的半径，其中

$$r_f = \frac{Mvc}{ZeB} \tag{A.5}$$

B 表示磁场强度，M 和 Z 分别表示带电聚变产物的质量和电荷，v 表示带电聚变产物的速度。从数量级来看，$v \sim c/10$。流过氘圆柱体的电流 I [A]产生的磁场在半径为 r_c 的圆柱体表面为

$$B = \frac{0.2I}{r_c} \tag{A.6}$$

将式（A.5）和式（A.6）代入式（A.4），可以得到

$$I > \frac{5Mvc}{Ze} \tag{A.7}$$

如果 $I \geqslant 10^7$ A，就很好地满足这一不等式。

　　如果 GeV-10^7 A 质子束通过粒子数密度为 n 的背景氢等离子体，它会在等离子体中产生由其电子携带的回流电流，其中电子的运动方向与质子相同。但由于质子束的电流和等离子体电子的回流电流方向相反，因此它们相互排斥。由于 GeV-10^7 A 质子束的停滞压远大于电子回流电流的停滞压，因此回流电流电子将被质子束排斥，移向质子束表面。

　　GeV 质子束的停滞压为（M_H 为质子质量）

$$p_i \simeq \rho_i c^2 = n_b M_H c^2 \tag{A.8}$$

当 $n_b \simeq 2 \times 10^{16}$ cm^{-3} 时，得 $p_i \simeq 3 \times 10^{13}$ dyn/cm^3。对于电子回流电流，可以得到（m 为电子质量）

$$p_e = n_e m v^2 \tag{A.9}$$

由回流电流条件 $n_e e v_e = n_i e v_i$，其中对 GeV 质子有 $v_i \simeq c$，可以得到

$$\frac{v_e}{c} = \frac{n_i}{n_e} \tag{A.10}$$

取 $n_e = 5 \times 10^{22}$ cm^{-3}（对未压缩的固体氘成立），则得到 $v_e \simeq 10^4$ cm/s，因此可以得到 $p_e \simeq 5 \times 10^3$ dyn/cm^2。尽管 n_e 大 10^3 倍，p_e 相比 p_i 可以忽略不计，就像高度压缩的氘中那样。因此，质子束的磁场足够强，足以将带电聚变产物捕获到氘圆柱体内的假设是合理的。

　　如果带电聚变产物被捕获在氘圆柱体内，并且满足 $\rho z > 10$ g/cm^2 这一条件，此外束能量足够大，可以满足在长度 $z > (10/\rho)$ cm 上被加热到温度 10^8 K，则热核爆震波可以沿着氘圆柱体传播。这将导致大的聚变增益。

　　高密度氘中单个 GeV 质子的阻止长度太大，无法满足不等式（A.3）。但强流质子束不同，其中阻止长度由静电质子-氘核双流不稳定性决定[10]。在强角向磁场的存在下，阻止长度因无碰撞冲击波的形成而增加[11]。仅对于双流不稳定性，阻止长度由下式给出：

$$\lambda \simeq \frac{1.4c}{\varepsilon^{1/3} \omega_i} \tag{A.11}$$

其中 c 为光速，ω_i 为质子的离子等离子体频率，$\varepsilon = n_b/n$，n 为氘靶数密度。对于压缩 100 倍的氘棒，$n = 5 \times 10^{24}$ cm^{-3}，$\omega_i = 2 \times 10^{15}$ s^{-1}，可以得到 $\varepsilon = 4 \times 10^{-9}$ 和 $\lambda \simeq 1.2 \times 10^{-2}$ cm。这一长度较短，再加上无碰撞磁流体冲击波的形成，确保了氘棒末端的束能量耗散到一个小体积中。由氘原子数密度 $n = 5 \times 10^{24}$ cm^{-3}，可以得到 $\rho = 17$ g/cm^3，要满足 $\rho z > 10$ g/cm^2 这一条件，则需要 $z \geqslant 0.6$ cm。由于 $\lambda < z$，因此满足热核爆震波点火的条件。

点火能量由下式给出：

$$E_{ign} \sim 3nkT\pi r^2 z \tag{A.12}$$

其中 $T \sim 10^9$ K。对于压缩 100 倍的氘，可以得到 $\pi r^2 = 10^{-3}$ cm^2，最初值为 $\pi r^2 = 10^{-1}$ cm^2。由 $\pi r^2 = 10^{-3}$ cm^2，$z = 0.6$ cm，可以得到 $E_{ign} \leqslant 10^{16}$ erg 或 $\leqslant 1$ GJ。这个能量由持续 10^{-7} s 的 10^7 A GeV 质子束提供。时间短到足以确保氘冷压缩到高密度。对于 10^3 倍的压缩（在激光聚变实验中发现是可行的），点火能量减少为 1/10。在击中靶时，质子束能量的一部分通过进入并轰击高 Z 材料锥体而耗散成 X 射线，将质子束聚焦到氘圆柱体上。释放的 X 射线充满氘圆柱体周围的黑腔，将其压缩至高密度，而大部分质子束能量在氘圆柱体末端加热并点燃氘圆柱体，在其中发射爆震波。能量和磁场都是由来自超级马克斯发生器的质子束提供的，比所有其他惯性约束聚变驱动器所能提供的都多。在 10^9 V 下，10^7 A 的质子束电流低于质子的阿尔芬极限。

A.6　爆炸释放能量的转换

如图 A.6 所示，氘微爆炸发生在真空黑腔内。如果这个黑腔的半径为 R，并且充满了强度为 B 的磁场，那么它就包含了磁能

$$e_M = \frac{4\pi}{3} R^3 \frac{B^2}{8\pi} = \frac{1}{6} R^2 B^2 \tag{A.13}$$

假设 $R = 15$ m $= 1.5 \times 10^3$ cm，$B = 2 \times 10^4$ G（普通电磁铁可以达到），可以得到 $e_M = 23$ GJ。

氘微爆炸的快速膨胀、完全电离的火球将磁场推向黑腔壁，如果壁上覆盖有感应线圈，则释放的聚变能将转换为电磁脉冲，持续时间 $\tau \simeq R/a$，其中 $a \simeq 10^8$ cm/s 是火球的膨胀速度。当 $R = 1.5 \times 10^3$ cm 时，可以得到 $\tau \simeq 1.5 \times 10^{-5}$ s。这个时间足够长，脉冲可以进行展宽并转换成有用的电磁能。

对于能量为 100 MJ、产额为 23 GJ 的点火，聚变增益为 $G = 230$，与 LIFE 概念大致相同。然而，由于即使在纯氘燃烧中，中子也是通过 DD 聚变反应产物氚的二次燃烧释放的，因此如 LIFE 概念[2]中那样，通过额外的裂变燃烧，可能获得更高的总增益。

A.7　其他可能性

用 10^{16} W 的功率在 $\sim 10^{-7}$ s 内提供高达 1 GJ 的能量产生了其他有趣的可能性：

1. 如果不是质子而是重离子被这样的机器在 GV 的电势下加速，那么这些离子在撞击时会被剥离掉所有电子，铀会被剥离掉所有的 92 个电子。由此这将导致束电流增加 92 倍至 $\sim 10^9$ A。在这样的超高电流下，一个完全不同的聚变靶，如图 A.12 所示，似乎是可能的，其中一根固体氘棒被放置在一个空心金属圆筒内。束的内部 I_i 将直接通过圆柱体内的氘，而束的外部 I_0 将被阻止在圆柱形壳中，从而将其能量沉积并使壳内爆到氘圆柱体上，同时压缩圆柱体内部的角向磁场。如果在束击中并点燃圆柱体的位置点火，则将导致沿圆柱体传播的氘爆震波。

2. 在 $\sim 10^9$ A 的束电流下，会生成一个大的向内的磁压。在束半径为 0.1 cm 时，磁场为 2×10^9 G 数量级，磁压为 10^{17} dyn/cm$^2 \sim 10^{11}$ atm。在这样的高压下，可裂变材料（^{235}U、^{239}Pu 和 ^{233}U）的临界质量可降低至 $\sim 10^{-2}$ g[12-14]。这将使微裂变爆炸反应堆不存在常规裂

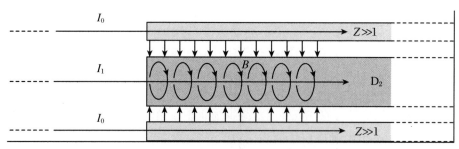

图 A.12　用强流重离子束轰击圆柱形含氘靶

变反应堆的熔毁问题成为可能。

3. 一般来说,可达到的超高压将有许多有趣的应用。一个例子是奇异核反应释放的聚变能,如 $p^{11}B$ 无中子聚变反应,可以想象在非常高的压强下可能发生。

A.8　讨　　论

由利弗莫尔国家实验室提出的聚变/裂变 LIFE 概念是国家点火装置进行的激光点火项目的产物。预计在不久的将来会实现点火。由于它的裂变成分很大,很难看出 LIFE 是如何与传统的裂变反应堆竞争的。和它们一样,它仍然存在裂变产物核废料问题。因此,没有核裂变,几乎不可能解决国家能源危机,正如加利福尼亚州州长施瓦辛格所说的那样[5]。

相比之下,提出的超级马克斯概念是一个雄心勃勃的项目,因为它认识到惯性约束聚变的根本问题是驱动能量,而不是靶。并且只有在数量级更大的驱动能量下,才能期待真正的成功。如果目标是燃烧氘,这一点尤其正确。与到处都有大量可用的氘不同,氘氚的燃烧取决于锂的可用性,而锂是一种相对稀有的元素。

同样值得将热核微爆炸点火的超级马克斯发生器方法与巴斯科(Basko)及其团队的工作进行比较[16,17]。他们希望用重离子粒子加速器达到同样的效果。他们同样提出了圆柱形靶,具有磁场(轴向和角向),以捕获带电聚变产物。他们在 DT 微爆炸的点火上表现良好,比激光可能发生的情况要好得多,但由于使用空间电荷有限的粒子加速器很难达到 PW GJ 的能量,他们认为只有借助 DT 平板才能点燃氘反应,就像我在 1982 年提出的概念[9]。在没有这种 DT 点火器的情况下,他们的计算预测用于压缩和点火的束能量大于 100 MJ,具有与超级马克斯发生器方法类似的增益和产额。他们给出这样一个结论,即热核微爆炸的点火很可能需要比预期更大的能量,并且更接近我在 1968 年所认为的悬浮超导电容器可以实现的数量[6],面临在大约 10^{-7} s 内释放 GJ 能量的前景。他们的建议的另一个缺点是需要在靶中产生强磁场。在提出的超级马克斯发生器方法中,离子束产生所需数量级的磁场,而在他们的方法中,必须通过一次性传输线上的辅助放电来建立磁场。

参 考 文 献

［1］　Trubnikov B A, Kudryavtsev V S. 2nd United Nation Conference on the Peaceful Use of Atomic Energy, Paper P/2213［R］.

［2］　Lawrence Livermore National Laboratory (LLNL). LIFE: Clean Energy from Nuclear Waste［EB/OL］. http://lasers. llnl. gov /missions/ energy _for_the_future/life/.

[3] Winterberg F. J. Fusion Energy，2009，28：290.

[4] Fuelling S. private communication.

[5] Winterberg F. J. Fusion Energy，2008，to be published. http://www. springerlink. com/content/6262561738342487.

[6] Winterberg F. Phys. Rev. ，1968，174：212.

[7] Winterberg F. Phys. of Plasmas，2000，7：2654.

[8] Landau L O，Lifshitz E M. The Classical Theory of Fields[M]. New York：Pergamon Press，1971：194.

[9] Winterberg F. J. Fusion Energy，1982，2：377.

[10] Buneman O. Phys. Rev. ，1959，115：503.

[11] Davis L，Lüst R，Schlüter A. Z. Naturforsch. ，1958，13a：916.

[12] Winterberg F. Nature，1973，241：449.

[13] Askaryan G A，Namiot V A，Rabinovich M S. JETP Lett. ，1973，17：424.

[14] Winterberg F. Z. Naturforsch. ，1973，28a：900.

[15] Schwarzenegger A. Press Release of 11/10/2008 by Office of the Governor of California[R].

[16] Basko M M，Churazov M D，Aksenov A G. Laser and Particle Beams，2002，20：411-414.

[17] Aksenov A G，Churazov M D//Hoffmann D H H. GSI Annual Report 2002-'High Energy Density Physics with Intense Ion and Laser Beams'. 2002：66.